科学史话

KEXUE SHIHUA

从自然科学的起源和发展
认识科学与哲学

刘冠杰 著

中原出版传媒集团
中原传媒股份公司

大象出版社
·郑州·

图书在版编目(CIP)数据

科学史话 / 刘冠杰著. -- 郑州：大象出版社，2025.2
ISBN 978-7-5711-2153-2

Ⅰ.①科… Ⅱ.①刘… Ⅲ.①科学史-世界-青少年读物 Ⅳ.①G3-4…

中国国家版本馆IVIP数据核字(2024)第066824号

科学史话
KEXUE SHIHUA

刘冠杰 著

出 版 人	汪林中
责任编辑	阮志鹏
责任校对	陶媛媛　马　宁　张迎娟
特邀设计	刘　民
美术编辑	付铼铼

出版发行	大象出版社(郑州市郑东新区祥盛街27号　邮政编码450016)
	发行科　0371-63863551　总编室　0371-65597936
网　　址	www.daxiang.cn
印　　刷	河南文华印务有限公司
经　　销	各地新华书店经销
开　　本	720 mm×1020 mm　1/16
印　　张	16.5
字　　数	252千字
版　　次	2025年2月第1版　2025年2月第1次印刷
定　　价	35.00元

若发现印、装质量问题，影响阅读，请与承印厂联系调换。
印厂地址　新乡市获嘉县亢村镇工业园
邮政编码　453800　　　　电话　0373-5969992　5961789

目　录

以史为鉴，弘扬科学精神（代序） …………………………………………………… 001

第一讲　自然科学的源头与希腊精神 ………………………………………………… 001

  1.1　古希腊的泰勒斯和"万物之源" ………………………………………… 003
  1.2　信仰"万物皆数"的毕达哥拉斯 ………………………………………… 008
  1.3　古希腊自然哲学的高峰——德谟克里特及其原子论 ………………… 012
  1.4　西方的孔子——苏格拉底 ………………………………………………… 016
  1.5　西方哲学的代表——柏拉图 ……………………………………………… 021
  1.6　自然科学的第一座丰碑——亚里士多德 ………………………………… 025
  1.7　科学理性传统的典范——欧几里得及其《几何原本》 ……………… 029
  1.8　开创自然科学实验先河的阿基米德 ……………………………………… 033
  1.9　古罗马帝国的辉煌与古希腊科学的"余晖" …………………………… 037

第二讲　与古希腊科学相映生辉的中华文明和其他古代文明 …………………… 039

  2.1　悠悠五千年的中华文明 …………………………………………………… 041
    （一）中国古代伟大的科学家——墨子 ………………………………… 041
    （二）古老的中医药学 …………………………………………………… 043
    （三）从"上晓天文"到"下知地理" ………………………………… 047
    （四）关乎国计民生的农学 ……………………………………………… 052

  （五）从中国传统数学到"哥德巴赫猜想" ················· 056
  （六）改变世界的"四大发明" ························· 059
 2.2 人类文明的曙光——两河文明与古埃及 ················· 065
 2.3 古印度的两河文化和阿拉伯人的贡献 ··················· 069

第三讲 黑暗的中世纪与欧洲文艺复兴对科学的影响 ········· 073
 3.1 中世纪黑暗中的科学曙光 ···························· 075
 3.2 影响深远的文艺复兴及其旗手达·芬奇 ················· 077
 3.3 哥白尼的天文学革命与近代自然科学的诞生 ············· 081
 3.4 天空立法者——开普勒 ······························ 085
 3.5 欧洲近代实验科学的奠基人之一——伽利略 ············· 089
 3.6 为科学摇旗呐喊的哲学家——弗兰西斯·培根 ··········· 093
 3.7 崇尚理性和数学演绎法的笛卡儿 ······················ 097

第四讲 牛顿开创的科学新纪元 ···························· 101
 4.1 牛顿——科学中的巨人 ······························ 103
  （一）牛顿出世 ·· 103
  （二）划时代的经典力学著作——《自然哲学的数学原理》··· 107
 4.2 从炼金术中走出来的近代化学 ························ 112
  （一）近代化学的奠基人玻意耳 ·························· 112
  （二）悲壮的化学之父拉瓦锡 ···························· 115
 4.3 探秘"电"与"磁" ································· 120
  （一）从富兰克林驯服"天火"到电池诞生 ················ 120
  （二）从"电生磁"到"磁生电" ························ 124
 4.4 "热"是什么——能量守恒与热力学 ··················· 129
 4.5 科学、技术与工业革命 ······························ 133
  （一）蒸汽机开启人类工业文明新时代 ···················· 133
  （二）第二次工业革命开启人类电气化时代 ················ 136
 4.6 关注人类自身的科学——生命科学 ···················· 141
 4.7 进化与遗传 ·· 145

	（一）生命的"神创论"与"进化论"	145
	（二）达尔文的进化论及其影响	148
	（三）修道院里的天才发现	152
4.8	原子与元素	157
	（一）关于原子：从德谟克里特到道尔顿	157
	（二）元素周期律——门捷列夫为化学建立秩序	160
	（三）原子真的不可分吗——发现电子	165
	（四）居里夫人与放射性：揭开原子核的秘密	168
4.9	地球与宇宙	173
	（一）宇宙诞生记	173
	（二）地球——人类家园的前世今生	176

第五讲 20世纪的科学革命 … 181

5.1	探幽寻微：走进亚原子世界	183
5.2	"量子"——让人难以捉摸的小精灵	187
5.3	波澜壮阔的"量子三部曲"之三	191
5.4	爱因斯坦的坎坷求学路	195
5.5	"以太"之谜	199
5.6	相对论横空出世：爱因斯坦颠覆人类思维	203
5.7	"时空弯曲"对决"牛顿引力"	207
5.8	从极大到极小：当代科学的探索与展望	211

第六讲 继往开来，勇攀高峰的当代中国科学技术 … 217

6.1	世界首颗量子科学实验卫星——"墨子号"	219
6.2	屠呦呦与青蒿素	223
6.3	"天眼之父"南仁东	225
6.4	大地之子黄大年	228
6.5	中国现代数学研究的兴起与"哥德巴赫猜想"	230
6.6	从"两弹一星"到遨游太空（上）	234

6.7　从"两弹一星"到遨游太空(下) ………………………………… 239

参考文献 ……………………………………………………………………… 245
从科学植根于哲学解读科学教育(代后记) …………………………… 248

以史为鉴，弘扬科学精神（代序）

随着时代的发展，科学对人类的影响越来越大。从微乎其微的基本粒子到浩瀚无际的茫茫宇宙，从简单的细胞到复杂的生命体，从现实社会到虚拟世界……伴随着科学在各个领域中获得的巨大成功，科学已经不仅从物质的层面渗透到人们生活、生产的方方面面，而且深刻地影响着人们的精神、思想、道德等领域。科学为人类带来了巨大变化——从生产方式到生活状态，成为人类文明史上最亮丽的一道风景。

"科学"这个词语也逐渐成了人们在社会生活中使用频率极高、早已耳熟能详的一个热词。然而，有个与此很不相称的现实，就是不少人对科学的认识和理解还比较肤浅、片面。一种较为常见的情况，就是对科普工作的理解，人们往往只是把普及科学知识、科学常识作为科普工作的主要内容，甚至是科普工作的全部，而对科学中至关重要的，通常以科学史为载体呈现出来的，譬如科学精神、科学态度、科学方法、科学思想等却鲜有提及。

科普工作的核心是提高公众的科学素养，科普工作的基本内容在一部比较有影响力的科普理论著作《科普学》中有一个非常明确的表述："科普的内容应该包括'五科'：科学知识、科学方法、科学思想、科学精神和科学道德。"同时在书中对"五科"的内涵也作了扼要介绍。科学教育是科普工作中一个非常重要的领域，该书对科学教育也有精辟论述："科学教育是一种以传授基本科学知识为手段（载体），体验科学思维方法和科学探究方法，培养科学精神与科学态度，建立完整的科学知识观与价值观，进行科研基础能力训练和科学技术应用的教育。"原《自然辩证法通讯》主编李醒民先生在为牛津通识读本之一的《科学哲学》写的序言中，也不无遗憾地说道："人们了解和把握的只是科学知识，人们窥见和注重的只是科学的物质成就。他们既不了解作为一个整体的科学的丰富内涵（作为知识体系、研究活动和社会建制的科学），也不把握科学的精神底蕴和文化意义，当然就更不知道如何以公允的态度和平和的心态正确看待科学了。"

当然，与普及科学知识相比，进行科学方法、科学精神、科学思想等方面的普及确实有点难度，因为很多人对什么是科学精神、科学态度、科学方法、科学思想等还不甚了了。但这个问题还是必须要面对的，因为这些恰恰是科学素养中不可或缺甚至是核心要素。而科学史的普及学习，为破解这一难题提供了一个不错的选择，不仅有效，而且简单易行。

我从2001年开始接触科学教育这个领域。在从事科学教育的工作实践及理论探索中，我对科学史与科学教育之间内在联系的认识逐步深化，并意识到学习科学史的重要性，尤其是在中小学的科学课堂中结合教学内容适当讲一点科学史的重要意义和作用。首都师范大学的丁邦平先生在其《国际科学教育导论》中提出："把科学史、科学哲学和科学社会学的有关内容纳入中小学科学课程中，以期提高学生对科学本质的理解，培养他们的科学精神和创新能力，是科学教育改革历久弥新的一个重大的课程与教学问题。""通过将科学故事作为学习科学概念的一个环节，可以使学生在心理上和情感上接近科学，激发他们的想象力，还可以使他们以一种移情的方式体验以往科学家的探究和思考方式。""其他科学教育学者，如萨滕认为，科学故事有益于科学教学，利用科学故事进行科学教学能够使儿童通过情感的方式掌握有用的概念。加拿大科学教育学者斯迪纳甚至大力倡导以科学故事为线索重新编写科学教材，以'故事线索'的方式进行科学教学。"

十几年来，从事科学教育的诸多经历让我萌发了写一点科学史的冲动。希望通过对自然科学的起源与发展的讲述，让学生对科学及科学的本质有一个准确的了解和认识，从而树立正确的科学观，因为这是形成公民科学素养的核心。所以，我在介绍科学的同时，对与科学有着同根同源的哲学和哲学的思想方法及其与科学的联系也作一些通俗的介绍。在此基础上，进一步思考科学教育中的一些基本问题，譬如科学教育的本质、科学教学的方法等。

因这本书的写作初衷是面向社会大众及中小学生，所以写作风格和语言力求通俗易懂，注重趣味性和可读性，读者群亦可扩大到大、中专院校的学生，从事科学教育的教师，以及其他社会群体和公众。期望通过这本书，呈献给读者一幅简洁、清晰、优美的关于人类科学、文化、思想发展的画卷。

在《科学史话》策划、创作、发表、出版的过程中，得到了各个领域的领导、专家、朋友的鼎力相助和支持。河南教育报刊社蔡东彩女士、《中学生数理化》杂志原主编吴东水先生、郑州科技馆原副馆长唐观宏先生在本书创作过程中给了我很多思路上的启发。《中学生数理化》编辑部的胡云志、程哲、穆林彬等编辑和姜明长主编都给予了热情鼓励和支持。地理学专家张来友教授、生物学博士袁秀云教授就一些专业术语给出了很好的建议，让我从中受益匪浅。大象出版社给予了高度关注和支持，于是方有今日的如愿以偿。

在《科学史话》的创作过程中，我曾经阅读和参考了大量有关科学史、哲学史，以及科学哲学的著作和文章，这些将在后面的参考文献中一一列出，并在此向所有的作者表示衷心的谢意。

希望这本书的出版发行，能为提高我国青年学生和公众的科学素养，为我国的科学教育和科普事业略尽绵薄之力。

写于 2024 年 3 月，郑州

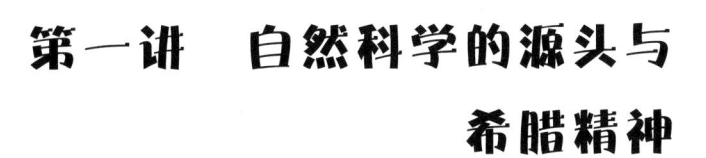

第一讲　自然科学的源头与希腊精神

1.1 古希腊的泰勒斯和"万物之源"

对于科学,相信大家都充满了向往与好奇,因为近代科学的出现,极大地改变了我们的生活和我们生活在其中的这个现实世界。放眼望去,我们周围已经很难找到与科学没有任何关联的东西了。当然,科学技术是一把双刃剑,利用不当也会给人类带来灾难。因此,科学的发展不但是影响人类历史发展的重要事情,而且是现代人必须要正确认识和严肃对待的事情。而要真正了解和认识科学,就要从其源头开始。

要追溯自然科学的源头,就必须回到距今已经有两千多年之久的古希腊。那时的古希腊,有这么一些特立独行的人,他们对一般人司空见惯的自然事物或现象,总要刨根问底地问个"为什么"或者"是什么",尤其是与人们生存生活密切相关的自然现象和事物,如风雪雷电、日月星辰、春夏秋冬的循环变化,等等。他们认为一定有某种根本性的规律和终极实体存在于万物之中。尽管世上的事物会不断变化,甚至是千变万化,但是这种实体和规律却不会改变。而对于当时颇为流行的宗教或者从神灵方面给出的超自然的解释,他们却不以为然,并且拒绝接受。

在他们之前,人们出于对自然现象的神秘感和不理解,以及对大自然的敬畏,每当遇到困难或者灾难时,常常不得不祈求于巫术、宗教和神话,或者从流行的神话传说中寻找慰藉和寄托。像希腊神话中无所不知、无所不能的主神宙斯,英俊、聪明、强健的太阳神阿波罗,命运多舛却又豁达刚毅、放荡不羁的酒神狄俄尼索斯,掌管着智慧、艺术、学问的女神雅典娜和美神维纳斯……当然,这些原始的宗教神话以及巫术,也是适应当时人们的需要而产生的,它们不仅有其存在的合理性,而且对以后自然科学的诞生,也有着一定的影响。所以,后世有些科学史家就主张将以巫术为代表的原始思维视为科学的前身。这种观点其实是想说明这样一个事实,那就是科学在原始时期就存在于人类的生活之中。以后科学的诞生和发展,进一步证明了科学离不开人类的生活和生产实践。

这些特立独行的人其实是代表人类进步思想的先行者,他们已经不满足当时盛行的宗教、巫术以及神话对一些自然现象似是而非的解释和说明，他们希望寻求的是"科学性"而非"宗教性"的答案。此后，他们追根求源且锲而不舍，成为人类历史上第一批真正意义上的科学家。但是在当时，希腊还没有科学这个词，而与之相应且广泛应用的是古希腊人创造的术语 philosophia，意即"爱智慧"。后来是日本的近代学者西周，首先将 philosophia 译为"哲学"。所以，哲学就是爱智慧、求智慧的学问，它包含着人类对那些迄今仍不能用确切知识来解释的事物的思考。也由此，后人常把这些最早的科学家称为哲学家，更准确的说法应该是自然哲学家，其中最著名的是米利都的泰勒斯（约前 624—约前 547）。因为米利都位于古希腊的爱奥尼亚地区，所以，由泰勒斯创立的哲学流派就常常被人称为米利都学派或爱奥尼亚学派。

公元前 6 世纪，希腊人在爱奥尼亚地区建立了他们的城邦米利都。由于具有特殊的地理位置，这里很快就成了中东和希腊的交通要道，以及商业和政治中心。当时，东西方最活跃的文化在这里进行接触、交流和碰撞，古埃及、古巴比伦等东方的灿烂文化为当地的思想家们带来了新的活力和文化元素。所以，人类历史上的第一批思想家、哲学家、科学家出现在这里也就不足为奇了。

泰勒斯出生于米利都的一个贵族家庭，从小就接受了良好教育。他曾到过埃及等东方国家游历考察，学习了古巴比伦观测日食、月食和海上测算船只距离的知识，了解到腓尼基人英赫·希敦斯基探讨万物组成的原始思想。他还曾到过美索不达米亚平原，在那里学习了数学和天文学知识。

据说，泰勒斯在埃及时曾经测算过大金字塔的高度。埃及的大金字塔当时已经建成一千多年了，但是却没人知道它的准确高度。有人试探着问泰勒斯，能不能解决这个难题，泰勒斯很有把握，爽快地答应下来。第二天，大金字塔前聚集了很多围观的老百姓，埃及的法老也闻讯来到现场。泰勒斯在大金字塔前首先让人不断地测量他在太阳下面影子的长度，当测量值与他的身高正好相等时，他立刻在大金字塔在地面的投影处做了一个记号，然后再丈量出大金字塔底到所做记号处的距离，从而得出了大金字塔的确切高度。当然，这个问题在今天确实算不得什么难题，初中的同学用相似三角形的原理就可以轻松解决。但在两千多年以前，这却是非常了不起的事情。现场的人们，包括法老，无不被泰勒斯的学问和智慧所折服。

大金字塔

还有一件小事，也颇能说明这位哲学家的学问和智慧。由于泰勒斯专注于各种研究，而生活却过得相当拮据和窘迫，有些人就嘲笑他不务正业。泰勒斯想，应该用事实证明，有了知识想挣钱并不困难。不久，机会就来了。那年由于天气不好，橄榄歉收，许多做橄榄油生意的商人都心灰意冷。但是泰勒斯通晓天文气象，他经过仔细观察和分析，认定来年将是风调雨顺，橄榄应该会大获丰收。第二年春天，泰勒斯先是不动声色地租下了米利都全部的榨油机，等到收获季节到来时，他的榨油机就成了抢手货，于是他靠高价出租榨油机很轻松地赚了一大笔钱。

当时，泰勒斯在几何、气象、天文、水利、工程等领域都有很深的造诣。像今天的中学生仍在学习的几何学，就是比泰勒斯晚出生两百多年的欧几里得，在泰勒斯研究成果的基础上，进一步研究发展形成的。他还因为曾经成功地预测到公元前585年的一次日全食而声名远播。据说19世纪的天文学家曾经计算过，公元前585年5月28日在爱奥尼亚确实发生过日食，出现了泰勒斯预言的大白天天空变暗现象。当时小亚细亚平原上有两个部落正打得难分难解，泰勒斯曾经发出过警告，说战争将会给他们带来灾难，所以当日全食发生后，交战的双方都害怕了，乖乖地收兵停战。但是泰勒斯在科学史上最大的贡献却不是这些，而是他首先提出了"水是万物之源"的思想。这一思想的形成是源自他对自然现象和自然界的长期观察和思考。

泰勒斯从小生活在海边，他在感受大海的浩瀚时，还观察到在太阳的照射下，海水蒸发到空中成为云，云又化成雨，并且重新落入大海，这使他觉得地球就是水凝聚而成的一种形式。在埃及游历时，泰勒斯认真研究过尼罗河的洪水，查阅尼罗河每年涨退的记录，仔细观察洪水退去以后的情况。他发现，每次洪水退后都会留下肥沃的淤泥，两岸的人们可以种出好的庄稼，收获到丰硕的果实。他也注意到，下过雨后的积水中往往会出现一些游动的虫子和蝌蚪。也许就是由于只有在水中，或者由于水的存在和滋润，才孕育并产生了众多的生物和生命，这给了他很大的启示，让他产生了"水是万物之源"的思想，并且努力用观察和理性思维给予解释和论证。

为什么是水

当然，泰勒斯的理论在我们今天看来，显然非常幼稚，准确地说其实是错误的。但泰勒斯提出这一理论的真正意义在于，他开创了人类从各种事物表面现象的多样性中，寻求隐藏在背后统一的思想方法和思考角度；寻求构成这个复杂世界的最终元素——而且今天的物理学家在很大程度上还在继续进行着这种寻求：从原子、质子、中子，直到夸克和弦。尤其是泰勒斯首先提出了"什么是世界本原"的哲学命题，开启了人类探索自然奥秘曲折而又伟大的科学历程，哲学也从这一命题正式开始了。此外，泰勒斯还首倡了对话形式，这是西方科学的重要原则。他和另一位希腊思想家，也是他的得意门生阿那克西曼德，就有过漫长的对话和坦率的争论，最终为解决争端，两人都转而求助于理性和本性，有些历史学家甚至将此转变看作是科学诞生的标志。所以，后来的史学家们根据这些把泰勒斯尊为人类科学和哲学的创始人，也就是理所当然的了。

1.2 信仰"万物皆数"的毕达哥拉斯

从前面所述大家已经知道：科学与哲学共同起源于对泰勒斯提出的"什么是世界本原"这一问题的深入思考和研究。但这里所说的研究，可不是用现在先进的仪器设备进行实验的研究。那时的人们进行研究的方法和手段，主要就是依靠观察和思辨。尽管他们的方法是极其原始的，但是他们的态度却是极其认真的，甚至可以说是极其专业的。他们是以理性的态度，或者说以理性的思考方式寻求真理，理解和解释我们置身其中的这个世界。从独立思考、怀疑开始，经过探讨、论证、质疑、求证，得出关于"世界本原"的结论和答案。上一篇讲过，希腊语中哲学——philosophia 的意思是爱智慧。对希腊人来说，智慧不是感性认识，更不是所谓的聪明，而是关于事物的原因和原理的理性思考。所以，理性态度就是哲学态度，也就是现今常说的科学态度。或许，也正是由于这种态度，才造就了西方特有的科学传统，并诞生了现代科学。

泰勒斯的周围有许多志趣相投者和崇拜者，其中有不少都是他的弟子与门生。他们完全可以不认同老师的观点，但是必须学习老师独立思考、深入理解的思想方法。他们可以有自己的观点和看法，但必须为其提供合理的解释，确凿的证据。泰勒斯很器重的一个学生阿那克西曼德（约前610—前546），就不同意泰勒斯关于"水是万物之源"的观点，而认为世界上存在一种根本性的"材料"，它没有固定形态和确定性质，但却是万物的来源和归宿。他把这种物质称为"无限"，当"无限"受到冷与热的作用时，就会形成水、土、气、火四种元素。泰勒斯的另一个学生阿那克西米尼（约前588—约前525）则认为世界是由气构成的，这"原生之气"通过凝聚和升腾转化成其他各种形式，进而构成了世界万物。

稍晚一些的赫拉克利特（约前540—约前480与前470之间），对"世界本原"的理解似乎更为深入。他认为世界上的一切都是运动发展变化着的，包括"世界本原"。他认为世界的本原是火，火没有一刻是静止的，万物本原的最大特性就是"动"，世间万物永远处于矛盾和改变之中，即使静止不动的物质中也存在着看不见的流变和运动。他提出了万物皆流,万物皆变的辩证法思想。实际上,对赫拉克利特来说,世界上唯一不变的就是变化本身,他的一句著名格言就是"人不能两次踏进同一条河流",很像我们常说的一句话:"每天的太阳都是新的。"

在泰勒斯的所有学生中,名气最大的要数毕达哥拉斯(前580至前570之间—约前500)了,但后世的

世界究竟是由什么构成的

人们一般都不把他归到米利都学派,这是因为他后来自创了以"万物皆数"而闻名于世的毕达哥拉斯学派,名气之大甚至超过了泰勒斯。毕达哥拉斯认为世界的本质是数学,万物之间存在差异的真正原因并不是物质的组成,而是其中包含的数量关系。

毕达哥拉斯出生在爱琴海中的萨摩斯岛上,离米利都不远。据说泰勒斯见毕达哥拉斯聪明过人,想收他为学生,但由于自己年事已高,就让其最得意的学生阿那克西曼德代替自己教他,还劝毕达哥拉斯也像自己年轻时那样到埃及等地求学。毕达哥拉斯听从了老师的教诲,在米利都学习了一段时间后,就到埃及游学去了,之后又去了巴比伦和印度。在这些地方,他主要学习数学,当然也学习了天文、宗教、哲学等知识。这次游学使毕达哥拉斯受益匪浅,灿烂的古巴比伦文明和印度文明中所蕴含的丰富知识,为其后来创立毕达哥拉斯学派打下了坚实的基础。

大约在公元前530年,毕达哥拉斯回到了家乡萨摩斯岛。但这时的萨摩斯岛已经被波斯人占领,毕达哥拉斯不得不离开家乡,之后移居意大利南部的克罗顿。在这里,他一边教书,一边从事数学研究,并逐渐建立了自己的学派——毕达哥拉斯学派。这是一个崇尚数学,却又带有一定神秘色彩的具有宗教性质的团体。毕达哥

拉斯学派的最大贡献是在数学方面，最著名的就是大家所熟悉的"毕达哥拉斯定理"，即直角三角形的两条直角边的平方和等于斜边的平方。据说这个定理的发现还有一个有趣的传说。

有一次，毕达哥拉斯应邀出席一个宴会，主人宫殿般的豪华餐厅的地面是用美丽的正方形大理石铺成的。由于佳肴迟迟没有上桌，有些饥肠辘辘的宾客开始不耐烦了，而善于观察的毕达哥拉斯的注意力却被脚下的大理石地砖吸引住了。他发现，以一块地砖的

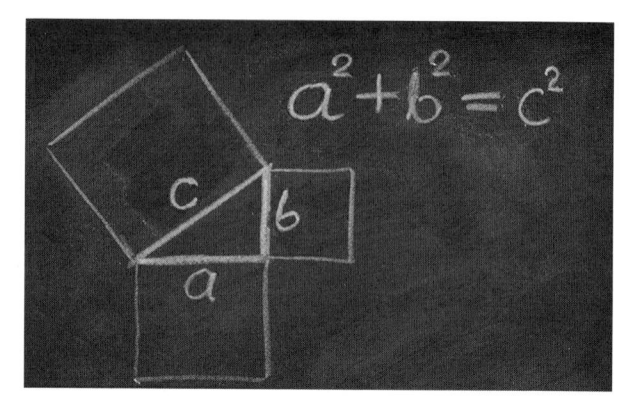

毕达哥拉斯定理

对角线为边作一个正方形，其面积恰好等于两块地砖的面积。他又拿了一支笔，蹲在地上，以两块地砖拼成的矩形的对角线为边，另作一个正方形，发现这个正方形的面积等于5块地砖的面积，也就是以两股为边作正方形的面积之和。由此，毕达哥拉斯大胆推断：任何直角三角形，其斜边的平方应该正好等于另外两条直角边的平方和。那一顿饭，这位大师的视线始终没有离开地面。

还有一件小事也颇能说明毕达哥拉斯对观察的重视。有一天，一位王子邀请毕达哥拉斯观看一场盛大的竞技比赛。比赛期间，王子好奇地问他："哲学家是做什么的？"毕达哥拉斯说："就拿今天来参加盛会的人来说吧，与会的每个人都有自己的想法和目的。有来看热闹的，有为奖赏而拼死拼活的，也有专为巴结奉承您而来的。而我来这里只是为了'观察'和'思考'这里的一切。而'观察'和'思考'就是哲学。"与重视观察相反，毕达哥拉斯最看不起的就是出风头。德国的大哲学家黑格尔曾经说过："真正的教养必须在最初就避免出风头，犹如毕达哥拉斯的教育制度，要求学生最初5年必须保持缄默。"

其实，毕达哥拉斯发现上述定理并没有什么了不起，因为远在他之前，中国、巴比伦都发现了这一定理，在中国叫作勾股定理。毕达哥拉斯的功劳在于对这一定

理给予了证明。因为在古希腊,哲学家通常不会仅满足于结论,他们更注重对结论的证明和证据,对更深层次的探索和思考,这就是哲学的传统吧。所以,为了证明这一定理的普遍性,毕达哥拉斯在学派中提出两个问题:第一,是否所有直角三角形都满足这一关系,即斜边的平方等于两条直角边的平方和?第二,反过来,满足这一关系的三角形是否一定是直角三角形?为了证明这两个问题,学派内进行了深入的研究和激烈的辩论,每个人提出的方法都需要经过严格的检验和论证,最后终于获得成功,结论就是:直角三角形的这种关系永远成立,反之亦然。

定理证明成功使学派上下一片欢腾。为了隆重庆祝这一胜利,毕达哥拉斯特地杀了100头牛大摆筵宴,所以后人也把这一定理称为"百牛定理"。按说,这一定理只是一个纯粹的数学定理,并不能给毕达哥拉斯他们带来任何现实的利益,但他们为此而欣喜若狂,大设"百牛宴",似乎让人难以理解。可是,史学家的研究告诉我们:古希腊的哲人们追求的是真理,他们对真理的探索是纯粹的、虔诚的,不带任何功利性。他们孜孜以求的仅仅是解开自然界一个又一个的未解之谜,以使自己得到一次次心灵上的快乐和精神上的满足,并认为这才是人生的意义和价值所在,而对世俗的追求和享受却不屑一顾。在后面将要讲到的阿基米德等人那里,我们还会更多地感受到这种震撼心灵的狂热和执着。或许,这种狂热和执着也正是在人类历史上能够出现"希腊奇迹"的真正原因。希腊人的"特质"创造了"希腊奇迹",于是就有了今天的"言必称希腊"之说。

毕达哥拉斯学派不是纯学术性的,而是一个集学术、宗教、政治于一体的团体。学派成员必须遵从许多严格的秘传教规,这些教规是建立在禁欲主义、数字命理主义和素食主义("百牛宴"大概是一次特殊破例)基础上的。我们要全面了解毕达哥拉斯,就不应该忽视毕达哥拉斯学说中不太科学的观点,以及一些并不科学甚至是不人道的行为。毕竟,这些观点是他全部理论生涯中不可或缺的一部分。譬如,他从数字命理主义产生了"万物皆数"的思想,还产生了对数字的神秘感。他认为数字10是神圣的,所以就得出我们现在所说的太阳系应该有10个成员的结论。显然,这是不科学的。

1.3 古希腊自然哲学的高峰
——德谟克里特及其原子论

在古希腊的自然哲学中,如果用现代科学这把尺子来衡量的话,最有价值的莫过于德谟克里特(约前460—约前370)和他的老师留基伯提出的原子论了,因为这一理论竟然预测到了20世纪原子物理学家的发现,而且今天的物理学家还在继续着这种探索。尤其难得的是,他们的理论达到这一高度,靠的不是粒子加速器等现代化的尖端设备和工具,而是深入的观察和艰苦的思索。

据说留基伯是德谟克里特的老师,他第一个提出了原子的概念,但是系统阐述原子论的是德谟克里特,他使得原子论能够广为人知并得以流传,所以史学家们常常把德谟克里特作为原子论的创立者。

德谟克里特出生于一个富商家庭,家境不错,但是他却淡泊名利,只专注于对各种知识和各类问题的研究和思考。他小时候曾经学习过神学和天文学方面的知识,对东方文化有着浓厚的兴趣。他在学习时非常专心,经常把自己关在花园的一间小屋里,物我两忘。据说有一次他父亲从小屋里牵走了一头牛,但在小屋里的他却没有察觉。他的想象力丰富而且深刻。为了丰富自己的想象力,有时他会到一个荒凉的地方,甚至一个人待在墓地里,他感觉在这些地方更有利于自己想象和思考。

德谟克里特长大以后,先是来到雅典学习哲学,后又到埃及、巴比伦、印度等地游历学习,前后长达十几年。在埃及,他学习了3年几何,在尼罗河流域研究那里的灌溉系统。在巴比伦,他向僧侣学习如何观察星辰,推算日食发生的时间。他外出游学使他花费了父亲留给他的大部分财产,而且他整天写一些别人看来似乎都是"荒诞不经"的文章,还在花园里解剖动物的尸体,以至于族中有人认为他发了疯,并把他告上法庭,控告他犯了"挥霍财产罪"。根据该城的法律,犯了这种罪的人要被剥夺一切权利,当然也包括财产的继承权,并被驱逐出城。

但是在法庭上,德谟克里特为自己作了出色的辩护,他说:"和我的同辈相比,我漫游的国家和地方最多,听有学问的人的讲演最多;在我的同辈人中,勾画几何图形并加以证明,没有人能超越我,就是埃及专门丈量土地的人也未必能超越我……"他还在法庭上宣读了他的名著——《宇宙大系统》。他的学识和雄辩使他大获全胜,法庭不但判他无罪,还奖励他500塔仑特——这差不多是他所"挥霍"财产的5倍。

德谟克里特博学多才,在很多领域都有深刻的见解和突出的贡献,连马克思都由衷地称赞他是"经验的自然科学家和希腊人中第一个百科全书式的学者"。而在科学上,德谟克里特最大的贡献,是继承和发展了留基伯的原子论,为现代原子科学的发展奠定了基石。原子是非常小的,不但肉眼看不到,就是用显微镜也看不出来。那么在两千多年前,原子论是怎么提出来的呢?

自从泰勒斯提出"水是万物之源"之后,很多人都提出过关于"世界本原"的各种观点,除了前面已经提到的阿那克西曼德的"无限"、阿那克西米尼的"气"、赫拉克利特的"火",还有著名的哲学家恩培多克勒的"四元素说",即认为世界万物都是由"水、土、气、火"四种元素产生的,以及阿那克萨哥拉的"种子说"等。德谟克里特分别研究过他们的理论,但是比他们思考得更为深刻。有人说:"哲学的可贵之处就是在世人习以为常的地方提出问题,并表现出解决问题的新思路。"德谟克里特就是透过生活中一些司空见惯甚至是风马牛不相及的表面现象,寻找出其中的共性和本质,并提出了构成世界万物的更为深层次的东西——原子。他发现,屋檐滴水,时间长了就会滴穿石头;手上的戒指,戴时间久了会变薄;耕地的犁、切菜的刀,用久了会磨损;铜像的手,被人握的次数多了就会变小;等等。这些东西是怎样损耗的呢?他认为这些损耗虽然人们看不见,也感觉不到,但肯定是一点点发生的。由此可以判断这些东西是由极小的粒子构成的,否则这些现象就难以解释。既然这些东西是由极小的粒子构成的,那么就可以推知自然界所有的物质都是由极小的粒子——原子构成的。物质的另外一些特性,比如气味,只有当这种物质的原子触及人的鼻子时,人们才能感觉到。他还认为,原子通过运动、碰撞,相互间发生作用,形成了各种各样的物质,并以此解释了世间万物为什么会有不同的重量、形状等特性。

根据原子论,德谟克里特还提出了由于原子的旋涡运动而产生了地球的天体演化的天才设想。两千多年后,大名鼎鼎的德国哲学家康德,不知是不是受了德谟

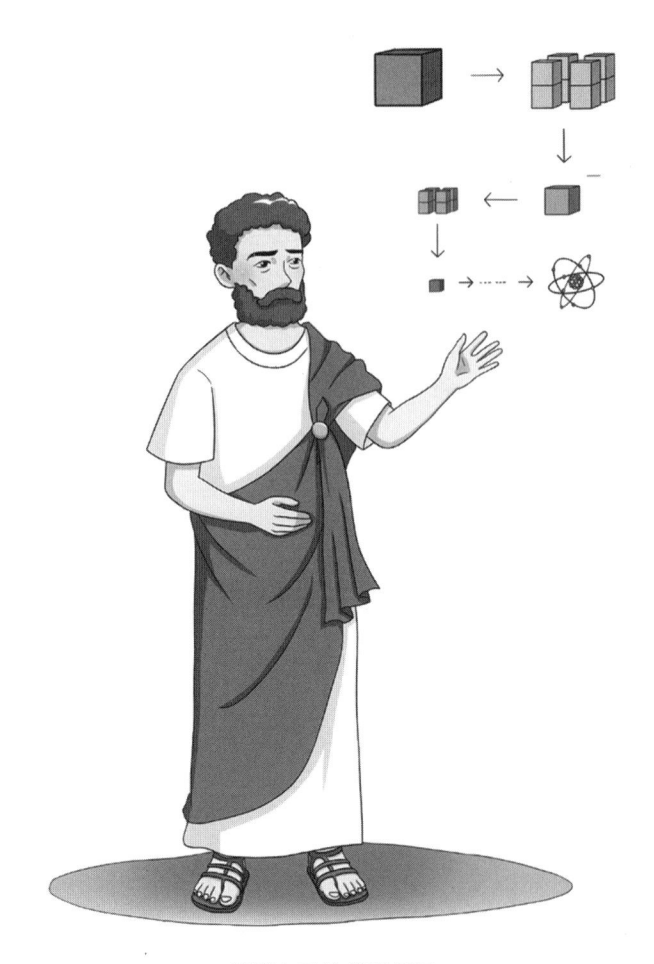

德谟克里特发现原子

克里特的启发，写下一本名叫《宇宙发展史概论》的书，在这本书中，康德就是用旋涡运动来说明天体起源的，甚至他的描述也与德谟克里特大致一样：初始的宇宙是无边无际的呈现混沌状态的尘埃，由于旋涡运动把它们聚集到了一起，最后形成了星系，包括我们的地球和太阳。

德谟克里特是一个彻底的唯物主义者，在他的原子论里，没有给唯心主义留下任何存在的空间。他认为，原始人在残酷而奇妙的自然现象面前感到恐惧，只好臆造出各种各样的神来解释一切的未知。其实，除了永恒的原子和虚空，从来就没有不死的神灵。他甚至认为，人的灵魂也是由最活跃、最精微的原子构成的，因此它也是一种物体。原子分离，人体消亡，灵魂当然也随之消失。当然，这种说法太过牵强。

德谟克里特的原子论宣示的是一种纯粹机械论的宇宙观，这在有神论仍是舆论主流的当时，自然要受到很多人，尤其是宗教徒和一些保守的同代人的强烈不满，大名鼎鼎的柏拉图就扬言要烧掉德谟克里特留下的所有著作。另外，原子论与其他所有的希腊理论一样，纯粹是思辨的产物，没有什么方法可以证明它，当然也无法否定它。因此，原子论和其他流行的理论一样，并没有更强的说服力，所以它受到冷落也就不足为奇了。一个世纪以后，古希腊晚期的哲学家伊壁鸠鲁继承和发扬了德谟克里特的原子论，使得古希腊的原子论更加丰富和系统，成了古希腊自然哲学的理论高峰，以后的学者再也未能超越。直到19世纪，沉寂了两千多年的原子论才被道尔顿发现并发扬光大，成为近代物理学和近代化学最基础的理论。所以，在科学高度发达的今天，我们不能忘记，是德谟克里特的原子论在通向现代自然科学的道路上迈出了关键的一步。

1.4 西方的孔子——苏格拉底

德谟克里特提出原子论以后,古希腊哲学的研究方向发生了很大的变化,不再沿着泰勒斯和德谟克里特所倡导的在自然界中寻求万物本原的方向发展,探索客观世界和自然奥秘,而是转向了关注人生、道德、伦理、政治和社会,代表人物就是赫赫有名的苏格拉底(前469—前399)和柏拉图(前427—前347)。

提起苏格拉底和柏拉图,很多人即使不了解,可能也都听说过。与泰勒斯、德谟克里特等人相比,这两位的知名度还要略高一些。他们的名气之所以要大一些,是因为从苏格拉底开始,哲学的研究方向发生了根本性的变化:从探索万

苏格拉底

物本原的自然哲学转向了研究人与社会。前面我们讲的人和他们研究的自然哲学,被史学家们称为前苏格拉底哲学。

说起苏格拉底,他可圈可点的故事就太多了。我们就从他的"大智大勇"来说吧。在苏格拉底时期,希腊的雅典城里活跃着一些所谓的"智者",代表人物主要有普罗塔哥拉以及高尔吉亚等人。这些"聪明人"对泰勒斯提出的"世界本原"不感兴趣,他们感兴趣的是"人"本身。本来,把哲学思考从研究山水树木、日月星辰等客观实在转向研究人类与社会,的确是很有意义的,但是他们的路子走歪了。比如,普罗塔哥拉教导人们,要想获得成功,就需要小心谨慎地接受传统惯例,这并不是因为传统惯例是正确的,而是因为理解和运用它们会给人们带来现实的利益;高尔吉亚则是教授人们如何赢得辩论的技巧,无论其命题是否荒谬。这些人经常到各地讲学,但是讲的内容多与真理、是非无关,主要是教人如何讲话,如何能够把黑的说成白的。所以有人也把他们称为是诡辩哲学家。虽然这些"智者"是在教别人如何

获得好处,但首先获得好处的是他们自己,因为聆听他们"教诲"的人是要付费的。

这些人是职业教师,他们的论调不仅在当时很有市场,即使在当今,也会被许多人追捧。但是他们遇到了一个强有力的敌手,一个有史以来最伟大的老师——苏格拉底。

苏格拉底认为人最重要的莫过于进行正确的思考,思考人生的意义和价值,思考什么是德,什么是善。他认为未经审视的人生是不值得过的。他说:"这个世界上有两种人,一种是快乐的'猪',一种是痛苦的人。宁做痛苦的人,不做快乐的'猪'。"在他看来,人更应该做的是追求高尚的道德和探求世界的真理,而不是仅仅追求生活上的享乐。他是一个优秀的社会道德教师,但他的教学方法和生活方式很独特,他既不设馆,也不收取任何报酬,但如果请他吃饭他也不推辞,喝酒颇有君子之风——不畏缩,也不过量。他的课堂就是雅典城里的街道、广场等公共场所。在这里,他会很有耐心地与他遇到的任何人,不论是将军、法官,还是木匠、小贩,讨论或是辩论有关道德、友谊、人生、战争等方方面面的问题。

苏格拉底的教学方法也是独一无二的。他从不对学生以及讨论、辩论过的对手进行说教,对于对方提出的问题,也从不作正面的回答,并总是谦虚地称自己什么也不知道。他最擅长的是从与对方的谈话中发现错误和漏洞,并且穷追不舍,提出一连串的质疑,迫使对方在回答他的质疑时进行思考,最终让对方自己寻找答案,产生属于自己的思想,所以人们称苏格拉底是"思想助产士",也就是"思想接生婆"——顺便说一句,他的母亲还真的是一位接生婆。

譬如,一个学生问苏格拉底什么是善行和恶行,苏格拉底反问:"盗窃和欺骗是善行还是恶行?"

学生:"是恶行。"

苏格拉底:"欺骗敌人呢?"

学生:"是善行,不过我刚才说的是对朋友,不是对敌人。"

苏格拉底:"打仗时,军队已处于劣势,指挥官为了鼓舞士气,对士兵说援军快要来了,但实际上并没有援军,这种欺骗是恶行吗?"

学生:"是善行。"

苏格拉底:"你说盗窃对朋友是恶行,如果朋友极度疯狂,有人怕他自杀,就偷偷拿走了他的剑,这是恶行吗?"

学生:"是善行。"

苏格拉底就是通过这样一问一答的方式,使学生逐步纠正自己原有的认识,产生新的思想。

还有一个挺有意思的故事,也是一个学生问苏格拉底,怎样才能坚持真理？苏格拉底没有直接回答,而是找来一个苹果,举着问:"你们闻到什么味儿了吗?"学生们你看看我,我看看你,但没有人回答。他就一边走一边晃动着手里的苹果,问:"有谁闻到了苹果的香味儿?"这时有个学生说:"我闻到了。"苏格拉底又问:"还有谁闻到了?"见没人回答,就再次摇晃着苹果从每个人的身边走过,并边走边说:"请你们务必集中注意力,仔细闻一闻空气中的气味儿。"然后又问:"大家闻到苹果的香味儿了吗?"这时多数学生都说闻到了。稍停了一会儿,苏格拉底又一次踱着步来到学生中间,让每位学生闻一闻苹果后,再次问道:"都闻到苹果的香味儿了吗?"这时,除了一个学生,其余学生全都承认闻到了。那个没有举手的学生左右看了看,不禁慌了,终于也承认自己闻到了苹果的香味儿。这个学生的窘态引起了其他学生的哄笑,苏格拉底也笑了:"大家闻到了什么味儿?"学生齐声回答:"苹果的香味儿。"

这时,苏格拉底脸上的笑容不见了,他举起苹果缓缓地说:"非常遗憾,这是一个假苹果,什么味儿也没有。"

怎样才能坚持真理？相信每个人都会有自己的思考和答案。

苏格拉底不仅对别人提出的问题从不给出具体的答案,甚至他本人有时也不清楚他们所探讨的、互相质疑的问题的答案到底是什么。如:什么是善的本质？什么是正义的本质？什么是正确的行动？……当有人非要打破砂锅问到底时,苏格拉底会坦率地承认自己的无知,而且态度和语气非常严肃认真。然而位于德尔斐城的阿波罗神庙的祭师——一个被认为具有非凡的良知良能的人,却宣称苏格拉底是最有智慧的希腊人。对此,苏格拉底说:"我只知道一件事,就是我一无所知。"但是,这恰恰正是哲学的出发点。哲学的开端就在于懂得怀疑,特别是怀疑我们的信念、教条和公理。哲学思维的本质就是质疑,就是提出问题。而且,哲学思维越深入,越纯粹,质疑就越彻底,提出的问题也就越尖锐。

其实,科学又何尝不是如此呢?没有怀疑,没有独立思考,就不会有创新,科学也就不可能发展进步,更不可能有我们现在每天都在享受的一切。美国著名的物理学家、1965年诺贝尔物理学奖得主理查德·费恩曼就多次强调:科学"在其所有的价值中,最大的价值无疑是怀疑的自由"。他认为,"为了能够进步,我们必须承认自己的无知,为怀疑留下空间","我们的怀疑能力将决定文明的未来","怀疑的自由——对科学的发展来说这是绝对关键的"。所以,从这个意义上说,是哲学的思维方式造就了科学的伟大传统,科学因深深地植根于哲学之中才能枝繁叶茂,长成今天的参天大树。

苏格拉底不认为自己有智慧,只是说自己热爱智慧、追求智慧,智慧就是对事物的本质和终极真理的深入思考和不懈追求。这似乎与一般人,尤其是与年轻人想象中的智慧不大一样,但我们仔细想一想,这也许才是人类最高的智慧。苏格拉底对人生价值、社会道德、政治正义的追求,和他那种专挑毛病的质疑方式,让很多自命不凡的人在众人面前下不来台,很没面子,于是他们就找借口把苏格拉底抓了起来,想将他置于死地。

法国画家雅克·路易·大卫于1787年创作的油画——《苏格拉底之死》

在哲学史上,很难有比苏格拉底之死更加震撼人心的事件了。

本来,苏格拉底有很多机会可以免于一死。譬如他只要象征性地作一点自我批评,或者对法官稍稍客气一些,便有可能被免除死刑。甚至在被判死刑后,他的学生想办法要把他解救出来,也被苏格拉底拒绝了。他认为法律的价值远高于个人的生命,逃跑会破坏法律,放弃自己一生的追求会令自己蒙羞。所以他安详地喝下了狱卒为他准备的毒酒,在毒性即将发作时留下了这样的临终遗言:"克里托,我还欠阿斯克勒庇俄斯一只公鸡,你能记着替我还清这笔债吗?"

苏格拉底用生命诠释了什么是大智大勇。同时,他也成为这个世界上为真理献身的代表。

1.5 西方哲学的代表——柏拉图

苏格拉底有"西方的孔子"之称,这是有道理的。首先,因为他和我国的孔子生活在同一个时代,这个时代在人类历史上有着特殊的意义,德国哲学家雅斯贝斯把它称为人类文明的"轴心时代",大致涵盖公元前800年到公元前200年。在这个时代,同时诞生了爱琴海、地中海沿岸的古希腊文明,黄河、长江流域的中华文明和恒河两岸的古印度文明,这三大文明影响人类发展数千年。轴心时代的意思就是说,从那时起展开了一个新的时代,就像从画轴上展开了一幅画卷一样。

轴心时代的最大特点是思想开放。人们在思想上、精神上还没有那么多的条条框框和枷锁束缚,因此人的智慧得到了充分的释放,能够"百花齐放、百家争鸣",从而使得彪炳史册的思想家、流传并影响千古的学问不断涌现。那时希腊的很多城邦实行民主制,地方管理等事情不是一个人或几个人说了算,而是需要很多人经过公开的辩论、投票后才能决定。法庭也初具现代法庭的模样,原告、被告和相当于现在律师的人都可以在法庭上申诉和辩论。所以当时在希腊会"说"是很重要的,雅典城内辩论成风。苏格拉底也总是跟人辩论,当然涉及的内容通常是很深刻的,并且总是以对方认输、承认自己的错误和无知收场。所以,在他身边就逐渐吸引了一批追随者和崇拜者,柏拉图就是其中的一位,并且是其中的佼佼者。

从保存下来的一个古代雕像残骸中我们可以看到苏格拉底是秃顶、大扁脸、突眼睛、朝天鼻,其貌不扬;柏拉图却是英俊潇洒,有着宽阔的肩膀。苏格拉底出身贫微,生活潦倒;柏拉图出生于奴隶主贵族家庭,家境富裕。但与苏格拉底相遇成为柏拉图一生的转折点,让他成了世界上很有影响力的哲学家。

年轻时的柏拉图喜爱文学、艺术,尤其热衷于体育运动。他相貌堂堂,孔武有力,曾两次在希腊大型运动会上获奖。自从遇到苏格拉底以后,他就被苏格拉底的深邃思想和人格魅力所深深吸引并折服,也因此从身体运动场上的拼搏转到了思想运动场上的驰骋,奋斗终生且矢志不渝。

当时的苏格拉底和那些活跃于各种场合的"智者"们——更贴切些应该称之为

"智术师"们一样，经常进行辩论，二者似乎没有什么区别。但是，柏拉图却将智术师和哲学家区分开了。在柏拉图眼里，他的老师苏格拉底是哲学家，不是智术师，原因是智术师收费而苏格拉底不收费。大家可能会觉得奇怪：收费或不收费有这么重要吗？当然，柏拉图是这样理解的：收了谁的钱，就要把谁说成是有理的，也就是说，智术师要论证的结论是事先已经决定好的——大家要注意，这一点非常关键。哲学家一般不会直接给出结论，甚至也不知道结论是什么。虽然他们事先会有一些预想，就像科学中的假设一样，但是他必须为这个预想提供证据，进行论证，并且在论证中经常会自我否定而不是固执己见，最终接受的是证据确凿、经得起推敲的结论（这与科学有异曲同工之妙）。所以，哲学家是通过论证追求真理，智术师尽管论证技术很高明，但他们并不是追求真理的人。由此可见，要成为一个真正的哲学家真不容易。

柏拉图雕像

　　苏格拉底和孔子一样，也是述而不作，他们的思想都是由其学生把他们的讲话记录下来，进行整理后才得以流传的。柏拉图忠实地继承了苏格拉底的思想，并且在苏格拉底的影响和指导下，开始从纯粹为图口舌之快的辩驳，逐渐转变为剖毫析芒的分析和卓有成效的探讨。他的大量作品，都是以苏格拉底式的口吻呈现的，一方面确实是他对苏格拉底思想言论的总结，另一方面也表现出他对苏格拉底的深厚情谊。他说："过去和将来都不会有柏拉图写的著作，现在以他署名的作品都属于苏格拉底。"所以人们很难在苏格拉底思想和柏拉图思想之间作出区分。

　　苏格拉底死时柏拉图才28岁，柏拉图因竭力营救苏格拉底而成了嫌犯，因此柏拉图在雅典也待不下去了，但这也正是他出去一览天下的好机会。据说他先后到过麦加拉、埃及、居勒尼、南意大利和西西里等地，甚至有人还认为他曾到过印度。在游历中他考察了各地的政治、法律、宗教，学习研究了各地的数学、天文、力学、音乐和各种哲学学派的学说。在这些广博知识的基础上，逐步形成了自己的学说，以及对改革社会制度的见解。

公元前387年,已是不惑之年的柏拉图回到了雅典,并创办了一所学校,取名阿卡德米学园,又称"柏拉图学园"。学园的创立是柏拉图最重要的功绩之一,当时希腊有才华的青年多被吸引到这里学习。柏拉图和苏格拉底一样,引导并鼓励学生学会独立思考、穷理析微,师生之间经常进行平等的探讨、辩驳和争论。在这里,没有人会喜欢学生在老师后面亦步亦趋,他们认为批评才是传播真理的有效途径和重要力量,学园因此得到迅速发展,并为后来西方各门学科的发展提供了许多原创性的思想,被认为是希腊世界最重要的思想库和人才库。后世评论,是柏拉图的学园开创了西方学术自由的伟大传统。

在学园里,柏拉图一边教学,一边著书立说。流传下来的40多篇对话录和13封书信是他和苏格拉底思想智慧的结晶。在这些作品中,我们可以找到他关于形而上学、神学、伦理学、心理学、教育学、政治学和艺术的思想理论,甚至还可以找到带有现代乃至后现代气息的时髦问题,如女权主义、优生与节育等,真是应有尽有。著名哲学家怀特海说:"两千年的西方哲学史都是柏拉图的脚注。"爱默生说:"柏拉图就是哲学,哲学就是柏拉图。"虽然有所夸大,但不可否认的是,西方哲学的许多流派,都可以从柏拉图哲学中找到思想渊源。

博大精深的柏拉图哲学,是建立在"唯心论"基础上的,这似乎与科学格格不入。但柏拉图的思维方法、思想方法却是科学方法、科学思想、科学精神中极其重要的内容。

确实,科学在苏格拉底和柏拉图那里是不受重视的。对体现"唯物论"思想光辉的德谟克里特的原子论,柏拉图是极不认同的,不但予以摧毁性的批判,还要烧掉有关的书籍。但他对数学却情有独钟,认为数学是哲学必不可少的开端,也是哲学的最高形式,这大概是因为他对数学的严密论证和逻辑推理有着极大的兴趣。像毕达哥拉斯一样,他也认为世界是由数学规则统治的,组成宇宙的元素不是水,也不是火,而是两种直角三角形。所以,在阿卡德米学园大门的上方,有一句但丁风格的语言:"不懂数学者不得入内。"

在阿卡德米学园里,柏拉图度过了快乐的晚年。他桃李满天下,学生们的成功使他受人尊重。他爱学生,学生也爱他。一个学生结婚,请他吃喜酒,八十岁的他高高兴兴地赴宴了。随着良辰在欢笑中飞逝,他困了,于是就在屋中角落的椅子上小睡。第二天早上宴席散去时,人们过来叫他,却发现他已经安详地从小睡进入长眠了。全雅典城的人把他送到了墓地。

1.6 自然科学的第一座丰碑——亚里士多德

对科学来说，古希腊哲学家中贡献最大的要数亚里士多德了。有人评论："苏格拉底授人类以哲学,亚里士多德授人类以科学。"在亚里士多德以前,科学尚处在胚胎之中,正是因为有了他,科学才得以出世。

公元前384年,亚里士多德出生在马其顿的斯塔吉拉城,父亲是马其顿国王的朋友和御医。他从小就生活在医学氛围中,所以有很多机会使他接受科学的教育和熏陶。

医生的职业,尤其还是国王的御医,令亚里士多德的父亲很有钱,能够为亚里士多德提供非常宽裕的生活条件。按照一般人的想法,亚里士多德应该子继父业,也成为一个医生,过着衣食无忧的生活。但是亚里士多德却想去雅典,家人也很支持。

在那时,甚至以后很长的一段历史时期,哲学都是一门包罗万象的学问,人们只有致力于研习哲学,才能成为优秀的政治家、法官或教师。而在当时的雅典,学习哲学最好的地方当然是柏拉图的阿卡德米学园了。亚里士多德从18岁进入这所学校,一待就是20年。在这里,他学习勤奋,很舍得大把花钱买书,买回来就仔细研读,深入探究书中的思想,这种习惯他保持了一生。他收集到的书能够建成一座图书馆,他的众多学术成果之一,就是建立了图书分类方法。对此,柏拉图也非常赏识,称亚里士多德的家是"书斋",亚里士多德是"书虫"。

在柏拉图的学园里,亚里士多德无疑是非常优秀的学生。20年的光阴他没有虚度,他用这充裕的时间去学习和思考,零距离地接触、领悟他的老师——史上最伟大的哲学家的思想。亚里士多德是天才,天才的特点之一是善于对他接触的思想、知识进行"过滤",不是稀里糊涂一股脑儿地接受。他会怀疑,会思考,会批判地接受,也会否定。尽管亚里士多德热爱柏拉图,敬重柏拉图,但他对柏拉图的一些思想理论却绝不苟同,尤其是柏拉图典型唯心的"理念说"。

什么是"理念说"呢？大家先听个有关"理念"的小故事吧。

据说柏拉图的一个学生在阿卡德米学园学习了几年后,回家探亲。父亲见到儿子很高兴,就特意杀了一只鸡慰劳他。席间,父亲问儿子:"你跟着伟大的柏拉图学习哲学也有几年了,你能给我说说都学到了些什么吗?"

"好啊,爸爸。"儿子愉快地回答,然后指着碗里的鸡问,"你看这是几只鸡?""一只呀,儿子。"父亲不假思索地回答。

儿子笑了,但很认真地说:"爸爸,在你看来只有一只,在我看来是两只:一只是眼睛看到的个体的鸡,还有一只是老师告诉我们的理念中的鸡。"

父亲听后,就把盛鸡的碗端到自己的跟前,也认真地说:"孩子,你的哲学学得真好,现在你就吃你的理念中的鸡,我来吃个体的鸡。"

这当然只是个笑话,但也确实是柏拉图的观点。在他看来,世间万物都是变化无常的,但在万物之上有一个永恒的东西,就是"理念"。就像刚才讲的鸡,世界上的鸡不计其数,而且各不相同,但是理念中的鸡却是唯一的、不变的,而且是先有了理念中的鸡,才有了世界上无数的个体的鸡。柏拉图认为,理念中的鸡就像是一个"模子",先有"模子"才能产生千千万万的鸡。

但是,亚里士多德可不那么好糊弄。他有思想,会思考。他说柏拉图把事情整个弄反了,世界上是先有了形形色色的鸡,然后才有了鸡的概念,也就是鸡的理念。说得学术一点,就是说鸡的理念是从具体的鸡经过"抽象"产生的。

随着亚里士多德逐渐成熟,他与柏拉图的分歧也越来越大,两人的争论也越来越激烈。有一个柏拉图和亚里士多德对话的浮雕,生动地表现出两人对话时的情景:表情认真,情绪还有点激动。对此,柏拉图很无奈,他沮丧地诉苦说:"亚里士多德驳斥我就像年轻力壮的马驹子对抗他年迈体衰的母亲一样。"亚里士多德并没有因顾及老师的感受而放弃自己的哲学,他说的一句传世名言"我爱我师,但我更爱真理",让多少人感慨不已。

柏拉图去世后,亚里士多德也离开了阿卡德米学园。他接受一位同学——一个小城邦的统治者赫米亚斯的邀请,担任其顾问,并在那里结了婚,所娶妻子就是他这位同学的妹妹(也有说是侄女)。一年后,与亚里士多德家族颇有渊源的马其顿国王腓力二世诏请他去做老师,教授亚历山大(前356—前323)哲学。这时的亚历山大还只是个13岁的毛头小子。公元前338年,雄心勃勃的马其顿国王统一了

拉斐尔的《雅典学派》以柏拉图与亚里士多德两位智者对话为中心展开画面

希腊大大小小一百多个城邦，规划并准备统一世界时，却倒在了刺客的手下，于是亚历山大就登上王位，但也离开了哲学。虽然他的老师是世界上伟大的哲学家，几年下来他对哲学是否有感觉无从考证，但这个稚气未脱的年轻国王很快就开始东征西讨，仅用了短短13年，就建立起一个横跨欧、亚、非三洲的亚历山大帝国。亚历山大的生命定格在了33岁，他所建立起来的帝国也随之土崩瓦解，而他的老师的哲学却影响人类思想上千年。

公元前335年，亚里士多德重新回到雅典。他也和柏拉图一样，创办了一所学校，取名吕克昂学园。但与阿卡德米学园偏重数学以及思辨和政治哲学不同，吕克昂学园则倾向于生物学和自然科学。亚里士多德像舍得花钱买书一样舍得花钱收集世界各地的动植物标本，并创建了世界上第一个动物园。亚历山大大帝曾经呼吁世界各地的猎人、园丁、渔人，为亚里士多德提供他所需要的各种动植物材料。受亚里士多德的建议，亚历山大还曾花巨资组织远征队考察尼罗河的源头，研究它定期泛滥的原因。

那个时代还没有钟表，也没有温度计，更没有望远镜，亚里士多德的研究工具和设备少得可怜,只有一把尺子,一根罗盘针,以及其他少量的代用工具。他没法做更多的实验,能做的只是不停地观察,然而他做得非常出色。譬如他想研究鸡的胚胎在蛋壳内的发育情况,就用母鸡同时孵化30枚鸡蛋,然后每天打开一枚观察研究,并且做了非常详尽的记录,最终得出了科学的结论。

在吕克昂学园,亚里士多德也和柏拉图一样,一边教书,一边著书立说。他的教学方法也很独特,经常和学生们在校园的林荫道上一边漫步一边讲课、讨论、辩论,他的学派也因此得名"逍遥学派"。亚里士多德的著作卷帙浩繁,据说有400部到1000部,其内容几乎涵盖了所有领域——哲学、物理学、逻辑学、政治学、伦理学等。在自然科学方面,他总结了苏格拉底以前希腊人自然哲学的成果,又以更科学的分类汇集成了组织缜密、宏大壮丽的科学实体,这些集中体现在《物理学》《气象学》《论天》《动物志》等著作中。

亚里士多德对自然科学的最大贡献是最先创立了科学的研究方法。他把自然作为研究的对象并进行科学分类,使自然科学和社会科学逐渐演变为若干门独立学科。在科学方法论上,他重视观察与实验,并身体力行,亲力亲为。他首先提出归纳与演绎两类方法,强调数学合理体系与逻辑推理的作用……他的这些基本观点和方法,对以后的科学发展产生了极其深远的影响。所以,在史学家看来,真正意义上的自然科学是从这里拉开的序幕。

公元前323年,亚历山大染疾身亡,其帝国也轰然坍塌。重新获得独立和自由的雅典,把对亚历山大和马其顿的怨气、仇恨都撒到了亚里士多德身上。亚里士多德极其明智地选择离开雅典,但他说这不是怯懦,只是不愿让雅典又一次背上扼杀哲学的恶名。

公元前322年,大师在寂寞中撒手人寰。

1.7 科学理性传统的典范
——欧几里得及其《几何原本》

在科学史上，人们所说的古希腊时期通常是指公元前7世纪到公元2世纪这一时期。从政治历史意义上讲，这段时间先后经历了古希腊、马其顿帝国（也就是亚历山大所建立的庞大帝国）、古罗马。在科学史上，这一时期又被分为两个阶段：第一个阶段从公元前7世纪到公元前4世纪，此阶段学术中心在雅典，代表人物就是泰勒斯、毕达哥拉斯、德谟克里特、苏格拉底、柏拉图、亚里士多德。人们通常称这一阶段为古希腊时期。第二阶段是从公元前4世纪到公元2世纪，代表人物有欧几里得、阿基米德、盖仑等。人们通常称这一阶段为希腊化时期。之所以把这一时期称为希腊化时期，是缘自并非希腊人的亚历山大大帝。

亚历山大是马其顿人。在当时以雅典为中心的希腊人眼里，马其顿只是偏远北方一个没有什么文化的蛮族。但亚历山大不同，他受到过伟大导师亚里士多德的教诲，对希腊文化充满崇敬和热爱。所以，他在侵略征战过程中在给所经之处带来很大破坏的同时，也把希腊的文学、艺术、科学和技术带到了世界各地，并使希腊文化与当地文化融为一体且大放异彩。尽管他所建立的帝国在他死后很快就土崩瓦解，但在这些地区建立起来的属于希腊的文化"王国"，却依然存在并延续了整整500年，这就是史学界把这一时期称为希腊化时期的原因。

希腊化时期也称为亚历山大时期，这是由于当时的学术中心已从雅典转移到了埃及的亚历山大城（也称为亚历山大里亚）。亚历山大城濒临地中海，扼守欧、亚、非三大洲交通要道。亚历山大大帝征服埃及后，很快就发现了这个地方具有重要的战略意义，于是就在一个小渔村的基础上，建造了这个可以统治欧、亚、非三大洲的帝国都城，并以自己的名字命名为亚历山大城。此后，托勒密一世在亚历山大城修建了当时世界上最大的博物馆和图书馆。优越的环境条件，浓厚的学术氛围，吸引了当时世界各地的学者到这里学习、工作和交流，其中不少人都对后世产生重大影响，像文学大师卡列马胡斯、史学家曼涅托、"地理学之父"埃拉托色尼、天文学界的骄子阿里斯塔克和克罗狄斯·托勒密等。当然，还有以下将要讲到的，也是最重要的两位——欧几里得（约前330—前275）和阿基米德（前287—前212）。

亚里士多德以后，希腊科学文化进入希腊化时期。这一时期的特点是自然科学开始摆脱前期自然哲学的直觉、猜测与思辨模式，产生了欧几里得几何学、阿基米德力学、托勒密天文学及盖仑医学。我们今天熟悉的实证科学及其观念，就是从那时起产生并逐渐发展起来的。欧几里得几何学是人类历史上第一个公理化的数学体系，它为后人提供了一个完整的演绎系统和公理化方法，历经2000多年，至今仍是人们接受初等数学教育的入门级教科书。同样，阿基米德的浮力定律也仍是现在中学物理的必修内容。阿基米德把观察、实验同数学方法融为一体，对近代科学的诞生和发展产生了巨大影响。

据说欧几里得生于雅典，当时雅典仍是古希腊文明的中心，浓郁的文化氛围让欧几里得深受影响。当他还是个十几岁的少年时，就渴望进入阿卡德米学园学习。

一天，欧几里得和几个同龄人来到位于雅典城郊林荫中的阿卡德米学园。学园的大门紧闭，上面写着"不懂数学者不得入内"。这是当年柏拉图亲自立下的规矩，为的是让学生们知道他对数学的重视。这些年轻人面面相觑，不知是进是退，而欧几里得却自信满满地推开大门走了进去。

说起几何学，真是挺有意思的。生活中的很多事物都与它有关，但它又不

欧几里得雕像

同于这些具体的事物，因此当时的人们就认为通过学习几何可以发现真理和世界奥秘。柏拉图曾经声称："上帝就是几何学家。"所以，研习几何在当时已蔚然成风。

在欧几里得以前，人们已经积累了大量的几何学知识，但这些知识没有系统

性,是些片段、零碎的知识,就像是一堆可以盖房子的砖头、沙子、木料、水泥,在等待一位能工巧匠把它们变成一座漂亮的楼房。而欧几里得就是这个盖楼人。

欧几里得通过对柏拉图的数学思想,尤其是对当时的几何知识、几何学理论的深入研究,产生了一个强烈的愿望,就是把这些几何学知识加以理论化和系统化,形成一个完整的知识体系。为此,欧几里得长途跋涉,从爱琴海边的雅典古城,来到尼罗河流域的亚历山大城,为的就是在这座文化蕴藏丰富、已经成为整个地中海地区文明中心的城市实现自己的愿望。在此地的无数个日日夜夜里,他一边收集以往的数学专著和手稿,向有关学者请教,一边试着著书立说,阐明自己对几何学的理解。最终,欧几里得几易其稿,于公元前300年前后完成了《几何原本》一书。

《几何原本》是一部在科学史上影响深远的巨著。书中首先确定了5条"公理",5条"公设",然后给出了119个定义和465个命题及其证明。公理和公设都是不证自明的基本原理。亚里士多德把所有科学共有的基本原理称为公理,而把只为某一门科学接受的原理称为公设。欧几里得在一系列公理、公设和定义的基础上,进行了严密的逻辑推导。其中,所有的定理都是从一些确定的公理中演绎出来的,或者以先前已被证明了的定理为前提,经过推理后得出结论。应用公理化方法建立演绎体系是欧几里得为人类做出的巨大贡献,这一方法后来成为用以建立任何知识体系的典范,深刻影响了以后的科学及其发展。物理学中的热力学理论就是建立在三个经验定律的基础上的。牛顿的代表作《自然哲学的数学原理》,从结构到写作方式,都可发现《几何原本》的影子。这种方法甚至还被应用到神学、哲学和伦理学中。荷兰著名哲学家斯宾诺莎就是从定义和公理出发建立起他的哲学体系,他的代表作就是《用几何学方法作论证的伦理学》。西方近代哲学的创始人笛卡儿把"我怀疑"作为建立自己哲学体系的第一块基石,同样也是这种思想的继承和应用。所以,我国物理学家杨振宁认为,近代科学之所以诞生在西方,其中一个直接原因就是受欧几里得《几何原本》的思维方式和文化内涵的影响。

欧几里得由于《几何原本》一书而名垂千古,他还有两句话也为后人所津津乐道。

第一句话是"几何无王者之道",说话的对象是当时的埃及国王托勒密(注意此人不是主张"地心说"的托勒密)。数学在欧几里得的推动下,逐渐成为人们生活中的一个时髦话题,以至于当时的托勒密国王也想学点儿几何学。虽然这位国王见多识广,但欧氏几何却在他的理解能力范围之外。于是他问欧几里得:"学习几何有没有捷径?"欧几里得严肃地说:"抱歉,陛下,几何无王者之道。"明确告诉托勒密国王,学习几何没有什么捷径。在这方面,国王和普通老百姓是一样的。

另一句话是,一个刚入门不久的学生问欧几里得:"老师,学几何有什么好处?"欧几里得的回答是:"请给这个小伙子3个硬币吧,因为他学习几何就是想得点好处。"

重温一下前面曾经讲过的毕达哥拉斯对数学的执着和狂热,我们不能不叹服古希腊思想家们追求真理的纯粹精神。

1.8 开创自然科学实验先河的阿基米德

由于欧几里得几何学的影响和推动，亚历山大时期的科学迎来了空前的繁荣，在亚历山大古城涌现出一大批对后世产生重大影响的科学家，其中最有代表性的要数阿基米德（前287—前212）了。

阿基米德出生在西西里岛的叙拉古城，也就是现在意大利南部的锡拉库萨，当时它是属于希腊的一个城邦。阿基米德的家庭是当地的名门望族，与当时的叙拉古国王希罗二世还沾亲带故。他的父亲是一个造诣颇深的天文学家和数学家，很重视对他的教育，于是阿基米德被送到亚历山大城留学。

阿基米德到亚历山大城时，欧几里得已经不在人世，于是他就转投到了欧几里得的学生、当时已是亚历山大图书馆馆长埃拉托色尼的门下学习，由此而论，阿基米德就是欧几里得的再传弟子了。在这里，他先接受了哲学和数学的基础教育，然后又做了一些很有意义的研究，其中最成功的就是研制了"阿基米德螺旋泵"。这是他受命担任工程师，负责解决尼罗河三角洲大规模农田灌溉问题时发明的，直到现在，埃及的一些地方还在使用这种泵。阿基米德在亚历山大城广交贤士，他的很多研究成果都是通过他与这些学者朋友交流时所写的信件保存并流传下来的。

阿基米德是一个理论天才与实验天才完美结合的理想化身，在他身上我们可以找到多种身份的光环：数学家、物理学家、天文学家、发明家、工程师，等等。每一种身份在当时都是出类拔萃的象征，因而阿基米德被人们认为是牛顿以前最伟大的科学家。著名的英国科学史家丹皮尔称阿基米德是"古代世界第一位也是最伟大的近代型物理学家"。还有人这样评价阿基米德：任何一张开列有史以来三个最伟大的数学家的名单之中，必定会包括阿基米德，而另外两人通常是艾萨克·牛顿和卡尔·弗里德里希·高斯。

阿基米德可能是大家最为熟悉的科学家，而原因大概是阿基米德说过很有名的三句话："我知道了！""给我一个支点，我就可以撬起整个地球！""不许动我的圆！"每句话的后面，都有一个大家熟悉的故事。

我们就先从"我知道了"这句话说起吧。

公元前240年,阿基米德结束了在亚历山大城的留学和工作,回到自己的家乡叙拉古,并应邀当上了国王的科技顾问,帮助解决生产、生活以及军事技术方面的问题。有一天,国王把一块纯金交给一个工匠,让他打造一顶皇冠。皇冠做得很漂亮,美轮美奂,国王非常高兴,重赏了工匠。但是后来有人告密,说工匠在制作过程中做了手脚,用同等重量的银子偷换了部分黄金。工匠当然矢口否认。究竟工匠有没有捣鬼?既要检验真假,又不能弄坏皇冠,国王就把这个难题交给了阿基米德。

拿到皇冠后的阿基米德,冥思苦想却总也想不出一个两全其美的好办法。一天,他跳到浴盆里洗澡,因为水很满,人往盆里一坐,水就从浴盆里溢了出来,而且他感觉自己的身体也轻了很多。阿基米德突然灵光一现,一下子想到了一个好办法。他也顾不得洗澡了,光着身子一边跑一边喊:"尤里卡!"意思就是"我知道了"。后面的故事我想大家即使没有听过也一定猜得出来:同样重量的金子和银子,排出水的体积肯定是不一样的。皇冠之谜解开了,人们也记住了"尤里卡",并且把全世界最著名的发明博览会用"尤里卡"命名,以此来纪念阿基米德。

但阿基米德的伟大在于他并不满足于解开皇冠之谜,他的思维方式和灵魂是属于希腊传统的。接下来阿基米德对他的方法进行了论证,从理论上做进一步的思考和研究。他反复地做实验,认真研究浸入水中物体的受力情况,结合数学方法,最终提出了浮力定律和一个计算公式:

$$F_{浮} = G_{排液} = \rho_{液} g V_{排液}$$

用这个看起来很简单的数学式子,就可以准确地计算出浸入液体中的物体所受到的浮力大小。这个理论对造船业的影响和意义非同寻常,它极大地促进了当时造船业的进步和发展。而当时希腊的海上贸易非常发达,所以造船业的发展对希腊人钱袋子的影响也就可想而知了。

这个故事听起来很简单,但它在科学史上却是意义非凡、影响极大的。从前面的史话中我们知道,阿基米德以前的希腊科学主要还是一种哲学的思辨,尤其是柏拉图对实验和技术的蔑视,更是一种对科学发展的羁绊和阻碍。但科学在阿基米德这里发生了革命,他成功地把实验、观察和数学方法同希腊人追求理性的传统完美地结合在一起,把他的理论建立在比思辨更为坚实可靠的经验基础之上,为以后科学的发展树立了不同于欧几里得，但与欧几里得同样伟大的另一种方法论典范。近代科学是理性方法与实验方法（或者说经验方法）携手合作的硕果，如果说欧几里得的《几何原本》是希腊理性传统方法的典范，那么阿基米德则是开创了近代科学的实验方法，同时又是把这两种方法完美结合的典范。

阿基米德的第二句话是"给我一个支点，我就可以撬起整个地球！"，这是一个关于"杠杆原理"的故事。埃及人早在公元前1500年就知道运用杠杆移动重物了。他们造了那么多的金字塔，可以想象在没有起重机的时代，移动那么多的大石块肯定少不了杠杆这种简单实用的工具。但埃及人没有发现杠杆原理，是阿基米德总结了埃及人的经

阿基米德杠杆原理

验，首先发现了物体的"重心"和如何确定重心的方法。在此基础上，他又系统地研究了杠杆，发现了杠杆原理，并利用这个原理设计制造了许多机械，还豪迈地说："给我一个支点，我就可以撬起整个地球！"——这句话并非完全是吹牛，阿基米德的一个得意之作，就是在一艘刚造好的大船上，安装了一套由杠杆和滑轮组成的机械装置，他让国王轻轻拉动一根绳子，就轻而易举地把这个庞然大物送进了大海。这件事让国王佩服得五体投地，当场给他的臣民下令："从今以后，凡是阿基米德说的话，必须一律听从。"

"不许动我的圆！"这句话是阿基米德临终前留给世人的绝音。

公元前214年，野心勃勃的罗马人率领舰船和军队向叙拉古城发起进攻。他们打过无数次仗，称得上是英勇善战的罗马军队，但在这里遇到的对手却是一位年逾古稀的智慧老人。据说阿基米德利用杠杆制造了一种"投石机"，威力无比。当舰船攻过来时，城里会突然飞出一阵"石雨"，把船只砸得千疮百孔。勉强攻到城下，城里又会伸出类似起重机的巨型吊臂，将船只高高举起再狠狠摔下。有的书中还

记载阿基米德发明了"聚光镜",利用聚焦的太阳光烧毁敌船和设备。面对这样的对手和武器,罗马人成了惊弓之鸟,阿基米德被他们描绘成了"几何妖怪"。罗马军队的首领马塞拉斯一筹莫展地说:"我们还能同这个懂几何的'百手巨人'打下去吗?他轻松地坐在海边,把我们的船只像掷钱币一样抛来抛去,舰队被弄得一塌糊涂,还射出那么多的飞弹,比神话里的百手妖怪还厉害。"

但最后城门还是被攻破了,据说是城里出了奸细,这时仗已经打了三年。当一伙罗马士兵闯入阿基米德家中时,他正聚精会神地研究沙盘里的几何图形。看到这伙人来势汹汹,阿基米德一边护住沙盘,一边喊:"不许动我的圆!"——他的这句话和1800年后的伽利略因为信仰"日心说"被宗教裁判所宣判终身监禁时,喃喃自语的"可地球还在转动呢"这句话一样,成了流传千古的绝唱。它们共同象征着追求真理的执着精神和为科学献身的精神。

阿基米德死了,死在了野蛮无知的罗马士兵的长矛之下。罗

不许动我的圆

马统帅马塞拉斯听说后深感遗憾,因为他曾经下令要保护和善待阿基米德。他惩罚了那个违抗军令的士兵,又找来阿基米德的亲属,妥善安葬了这位为后世留下巨大"财富"的伟大老人,并且按照他生前的愿望,在墓碑上刻了一个圆柱容球的几何图形。

1.9 古罗马帝国的辉煌与古希腊科学的"余晖"

在西方说到古典文明,指的就是古希腊文明和古罗马文明。这是两种非常伟大但又非常不同的文明。

传说中的罗马人的先祖罗慕路斯身世坎坷,曾经靠一只母狼的乳汁才得以活命。罗慕路斯长大后,曾到台伯河边寻找那只哺育过他的母狼,虽未能如愿,但却相中了台伯河畔的肥沃土地和有利的军事地形,于是他就在此处建起了一座以自己名字命名的"罗马"城,时间大约是在公元前753年。罗马人靠着勤劳节俭逐渐强大起来,罗慕路斯也就理所当然地成了罗马部落的王。罗慕路斯的祖先伊尼阿斯曾在危难时刻受到一个叫拉丁努斯的首领救助,并娶了拉丁努斯的女儿为妻。为了表示对拉丁努斯的感谢,伊尼阿斯及其后人就称自己是"拉丁人"。这就是现在意大利、西班牙等拉丁人的起源。

与希腊人重理性、重精神相比,古罗马人更注重实际和享受。他们的建筑工程在气势、质量和艺术方面简直称得上无与伦比,且不说闻名于世的剧场、斗兽场、广场、凯旋门等,就连他们修的道路质量都非常好,四通八达。他们修建的超大型豪华公共浴池,占地面积相当于15个标准足球场,能同时容纳3000人。它不仅提供热水浴、冷水浴、日光浴,还有健身房、运动场、图书馆、茶馆、酒吧。这些浴室不单单是为了人们休闲和娱乐,还体现了古罗马人"健全的大脑长于健康的身体"的理念。为了保证水质洁净,很多城市的用水都是通过高架水道从远处的山泉引来的。据说当时古罗马人的人均用水量,比现在最能浪费水资源的美国人还要多。这些高架水道建造得十分精准坚固,今天到意大利还能见到,有的还在使用。同样,古罗马城内2000多年前铺设的地下排水道,宽大坚固,至今城内的污水、雨水,还在通过它们顺畅地流入台伯河。

尽管古罗马人对科学缺乏兴趣,但他们对从古希腊延续下来的科学和科学传统,倒也并不拒绝。对古罗马人影响最大的是古希腊天文学家喜帕恰斯、托勒密,以及医学领域的集大成者盖仑。

喜帕恰斯(约前190—前125)是古希腊伟大的天文学家,他一生的大多数时间是在亚历山大附近的罗得岛上度过的,因为在岛上更适合夜间对星空进行观测。喜帕恰斯继承了亚里士多德探索宇宙的精神,他也认为地球是宇宙的中心,而不是太阳。他用"本轮"模型代替了亚里士多德及其以前沿用的"天球"模型,更好地解释了许多天文现象。其后,约生于90年的托勒密,将喜帕恰斯的许多思想具体化,并且汇集了当时全部的天文学成就,完成了《天文学大成》一书,建立了一个以他的名字来命名的体系,那就是大家都熟知的但却错误的"地心说"。托勒密的"地心说"尽管错误,但不失伟大,原因是它不但能够解释当时观察到的各种天文现象,满足了人们的"常识性"求知欲,而且它还有一个比较严谨的、用数学方法演绎的推理体系。在其后的一千多年里,《天文学大成》成了天体研究的扛鼎之作,直到1543年哥白尼用"日心说"取而代之。

盖仑(约129—200)是古罗马医师、自然科学家和哲学家。162年,古罗马流行疟疾,当地的医生都束手无策,而他却治好了许多的患者,包括当时的行政长官恺撒的妻子。盖仑深知了解人体结构对于医生的重要性,但是当时的古罗马法律不允许解剖人体,于是他就通过解剖山羊、猴子等动物间接了解人体。盖仑系统研究了古希腊时代的医学知识和解剖学知识,发展了机体解剖结构和器官生理学概念,为西方医学中解剖学、生理学和诊断学的发展奠定了初步基础。他一生写了许多书,留存至今的就有83本,是公认的西方医学的奠基人。

在科学史上,一般认为古希腊时期的科学到盖仑就结束了,他与托勒密都是古希腊科学的继承者,并且还有所发展,被称为是古希腊科学的"余晖"。科学史进入到古罗马时期,古罗马人重视应用技术,但却不懂得研究科学与技术互相促进的依赖关系,对哲学更是不感兴趣。到200年,古希腊的灿烂文化在古罗马的统治下消亡殆尽,西方世界进入了长达千年的漫漫长夜。

第二讲　与古希腊科学相映生辉的中华文明和其他古代文明

2.1 悠悠五千年的中华文明

（一）中国古代伟大的科学家——墨子

中国古代文明起源于黄河流域，以黄帝和炎帝为首的两个部落，经过一场战争后又结盟形成了华夏民族的主干，从而开启了中华民族悠悠五千年的文明史。

与其他的古代文明相比，中华文明是唯一没有中断的连续且统一的文明。古巴比伦文明、古埃及文明、古印度文明等都因天灾人祸等原因发生过文化突变和断裂，以至于楔形文字、象形文字等，至今还无法解读。而现代的中国人，却能读懂商朝时的甲骨文——现代汉字的直系祖先，目前中国发现的最早的文字。

每当提到中国古代的文明成果和科学成就时，中国人的自豪感总会情不自禁地溢于言表。确实，我们的祖先在长期的生产实践和生活中，创造出了人类文明史上独具特色的辉煌，为人类社会的发展和进步做出了巨大贡献。秦朝以前是我国科学的萌芽阶段，代表人物是战国思想家墨翟（约前468—前376），世人称之为墨子，他所形成的学派被称为墨家。当时诸子百家中的孔子、老子、庄子、韩非子等人，都是著名的思想家、教育家。而墨子与他们相比，还多出了一个身份——科学家，更恰当的称谓是"科圣"。

墨子相传是春秋末期战国初期宋国人（今河南商丘），但是其出生地据说是在鲁阳，即现在的河南省鲁山县。墨子祖上本是贵族，后来逐渐没落，到了墨子这一代，他已经是一个地地道道的平民了。小时候的墨子当过牧童，为了生计还学过木工，尽管后来并没有成为一个专业的木匠，但是他手工精巧，可与当时的巧匠鲁班相比。

墨子像

墨子在中华文明发展历史上最为独特的贡献是他在科技领域所取得的远超当时世界水平的一系列成果。这些成果集中收在《墨经》中。《墨经》是《墨子》一书的重要组成部分，总共有《经上》《经下》《经说上》《经说下》《大取》《小取》6篇，其内容广泛且深刻，涉及科学、逻辑、认识论等领域中的问题。

说到"原子"时，人们首先想到的是德谟克里特，一般人都认为是他和他的老师留基伯提出了原子论。其实当德谟克里特在地中海沿岸讲述原子的时候，地球这边的墨子也在讲解"端"的思想。墨子所说的"端"就是"无间"的意思，即内部没有间隙、不可分割，是物质的最小单位，一切物质的最终单元。这与德谟克里特的原子论并无二致，只是同一种认识的两种表达而已。在同时代的科学发现方面，墨子在光学上所取得的成就最为突出，他是世界上第一位系统地研究几何光学的科学家，其研究内容涉及平面镜、凹面镜、凸面镜等，并提出了几何光学的基本原理。墨子曾认真研究过"小孔成像"问题，他发现物体通过小孔所形成的像是倒立的，并以此推断，提出了光是沿直线传播的这一原理。关于力，墨子认为："力，形之所以奋也。"也就是说，力是使物体运动的原因，使物体运动的作用就叫作力。当然，这个观点从现代科学的角度来看是不够严谨的。墨子还提出了"止"的概念，他认为物体停止运动是来自阻力的作用，如果没有阻力，物体就会一直运动下去。这个观点比同时代亚里士多德提出的观点高明多了，亚里士多德认为停止是物体的本性，没有力物体就不会运动。直到16世纪，墨子的这一理论才被伽利略和牛顿用惯性定律予以表述，并被写进了牛顿的大作《自然哲学的数学原理》一书中。在力学方面，墨子还深入研究了杠杆、斜面、重心、滚动摩擦等问题。墨子对声音的传播也进行过一定的研究，他发现井和罂有放大声音的作用，并将其巧妙地应用在了城池的防御中，以监听敌人是否在挖地道，地道挖于何方，从而提前做好御敌准备。在方法论上，墨家的逻辑学也被称作"墨辨"，总结出了假言、直言、选言、演绎、归纳等多种推理方法，与古印度的因明学、亚里士多德的三段论一同被西方汉学界誉为"古代三大逻辑系统"。墨子在建立或论证自己的政治、伦理及科学思想中，就大量地运用了逻辑推论的方法，是中国古代逻辑理论体系的重要开拓者。此外，墨子在数学、宇宙学等领域，都有远超当时国际水平的研究成果，他的数学研究已经呈现出微分的思想萌芽。

尤其难得的是，墨子不像古希腊的哲学家们那样只是坐而论道和思辨，他是个实干家，是个技术精湛的大工匠，制造了各种各样的劳动工具和武器。制造劳动工具是为了提高劳动效率，制造武器则是为了以战止战，这是墨子一贯的思想。

《墨子·公输》中有这样一个小故事：公输般是春秋末期战国初期著名的能工巧匠，因为是鲁国人，所以被世人称为鲁班。在当时，楚王想攻打宋国。就把鲁班召去，负责制造攻城伐寨的武器和工具。墨子知道后，为了帮宋国守城，就去找楚王和鲁班，想劝说他们放弃攻打宋国。楚王当然不答应，他认为有鲁班相助，必胜无疑，于是墨子就与鲁班当场进行了较量。在这场较量中，每当鲁班拿出一样武器攻城，墨子马上就有应对的武器和方法，鲁班再换招式，墨子总能见招拆招，把鲁班搞得无计可施，于是楚王就动了杀心。墨子当然也觉察到了，当他看出楚王想杀他时，他很平静地说，他在宋国有300个学生都已掌握了这些方法，即使他被杀害，楚王也无法取胜，这番话最终迫使楚王放弃了攻打宋国的想法。

英国的汉学家、中国科技史学者李约瑟曾由衷地称赞："墨家的科学成就超过整个古希腊！"

当历史的车轮驶入21世纪之后，我国在科技领域连续发力，奋起直追，取得了一系列令世界瞩目的成就，尤其是"墨子号"量子通信卫星的成功发射，让我们又一次站在了世界的高峰。这些，我们将在后面的章节予以介绍。

（二）古老的中医药学

在我国古代众多的科技文明成果中，最具特色且最有价值的当数中医药学了。大家可能都听说过"神农尝百草"的故事。说的是古时候，人们还不懂得种庄稼，只能以狩猎和采集野果、野菜为生，但是有些植物是有毒的，所以人们因误食有毒植物而中毒死亡的事儿经常发生。为了解决这个难题，当时的首领神农氏，也就是传说中的炎黄二帝中的炎帝，几乎尝遍了所有的植物，曾经中毒无数次，最终不仅从中找出了可供食用的植物，而且还发现了一些可以治病的药用植物。神农氏将这些植物让百姓有选择地进行种植和培育，从此开始了中国的农耕文明，医药学也相伴而生。这是我国最原始的科学，但却包含了科学最基本的要素：发现问题—观察实验—归纳总结。这也说明了一个最基本的原理，科学来源于人类生活、生产的需要，来源于实践。

　　与我国古代其他的学科相比，中医药学的典型特征是既有系统的理论架构，又有深厚的实践探索和积累，这正好符合了现代科学发展的普遍性规律。自然科学在发展的过程中形成了两个重要的传统，一个是理性传统，或者说是理论传统，另一个是经验传统。任何一门可以称之为科学的学科的发展，像天文、地理、生物学、化学等，都是在这两个传统的支持和引领下，在实践探索与思考中，逐步建立了该领域的理论体系，然后接受实践的检验，并对实践予以指导。从这个角度来评价中国古代的科技成果，中医药学无疑是最具科学形态的学科。

神农尝百草

　　具体地讲，在理论方面，阴阳五行说奠定了中医药学的理论基础。阴阳学说强调人体的阴阳平衡和协调，用以保证人体正常的生理活动，如果阴阳失调，人就会生病。"五行说"原来是战国时期的重要思想，用"金、木、水、火、土"来说明世界万物的起源与多样性是相互统一的，与西方早期的"水、土、气、火"四元素说类似。后来的"五行说"又发展出五行相生相克、循环终始的内容，成书于先秦至西汉间的《黄帝内经》把这种思想引用到人体中，结合早期的经络知识，在强调人体脏腑器官相互依存、相互制约的"生、克"关系下，与"阴阳说"共同形成了后世中医理论的重要内容。此后的两千多年，这一理论不仅没有被取代，而且还在不断地被丰富、发展和完善。在这一理论的指导下，今天的中医药学不仅是中国医疗卫生保健系统的重要组成部分，还在世界范围内得到越来越多的重视。

　　一般的科学理论，在发展过程中都有或多或少的代表人物，如力学中有伽利略、牛顿，电学中有安培、法拉第、麦克斯韦等人。同样，在中医药学的发展历史上，也有一批著名的医学家和许多医书典籍流传至今。其中，扁鹊和华佗最为我们所熟悉。扁鹊姓秦,名越人,因医术高明,人们就用黄帝时期神医扁鹊的名讳称呼他为扁鹊先生,久而久之,他原本的名字反倒被人们渐渐淡忘了。扁鹊是战国时期的名医,精通内、外、妇、儿、五官各科。据《汉书·艺文志》记载,扁鹊曾著有《扁鹊内经》《扁鹊外经》等医学书籍,可惜已经年久失散。但扁鹊根据长期行医经验总结出来的"四诊法",即望、闻、问、切流传至今,并且现在依然是中医诊疗所采用的主要方法。尤其是切脉,这是自古以来中医在探查病人病情时最常使用的,也是最基本的诊疗方法,扁鹊最早发明并将其应用于实践后,提出了相应的脉诊理论。在《史记》中,司马迁为扁鹊撰写了一篇传记,见于《扁鹊仓公列传》,使得扁鹊成了我国历史上第一个有正式传记的医学家。在这篇传记中,司马迁以精彩的笔墨,记叙了几个扁鹊治病救人的故事。其中的一个故事讲的是有一次扁鹊路过虢国,听说虢国的太子死了,于是扁鹊就去询问太子死亡的症状,经过一番查看,他发现太子只是"尸厥",并非真死,就用针砭术把太子救活了。这事儿传出后,人们都夸扁鹊是能使人起死回生的"活神仙"。而韩非子在《扁鹊见蔡桓公》一文中既讽刺了蔡桓公的讳疾忌医,更体现出扁鹊对疾病防微杜渐、重视"治未病"的医疗理念。从这些事迹可以看出,扁鹊不但拥有高深的医术,还具有高尚的医德。

在我国还有一位大家比较熟悉的古代名医,他就是华佗。华佗最擅长的是外科,被后人称为"外科圣手",他是世界上最早使用麻沸散对病人实施全身麻醉,而后进行开刀手术的医生。在我国形容一个医生医术高明,就常常称其为"华佗再世",这充分说明了华佗在国人心目中的地位。与华佗同时代的南阳人张仲景,在我国有"医圣"之称,他写的《伤寒杂病论》开创了我国古代医学理论与临床实践相结合的先河。唐代"药王"孙思邈所著的《千金方》记载了6500多个药方,不仅数量多,而且效果好。到了明朝后期,较为有名的医学家是李时珍,他的巨著《本草纲目》在世界范围内都极具影响。

李时珍出生在医学世家,从小便对医学耳濡目染,而后潜心学医。他在行医中发现,前人编著的药书中,对于各种药物的描述不仅混乱,而且还有很多错误。作为医生,李时珍深知这种状况如果不及时纠正便会造成严重后果,于是他立志重新编写一部《本草纲目》。他这一写就将近30年。其间,为写书他搜集、查阅的相关著述有800多种,为了获得准确的信息资料,但凡有疑问的地方他都要实地考察,甚至亲自品尝药草。为此，他跋山涉水、风餐露宿，有时还会遇到生命危险。在这期间还有一个小插曲，李时珍因为治好了楚王儿子的气厥病，就被留在楚王府当官，主管医药事宜，后又被推荐到太医院。但是他心系《本草纲目》，干了不到一年就托病辞职了。

《本草纲目》全书52卷，190多万字，收载药物1892种，分16部、60类，附有药方11000余个，插图1100余幅。该书规模宏大，内容准确严谨，不仅是我国医药学的集大成之作，还是一部伟大的博物学、生物学、化学著作。《本草纲目》于1596年在南京首次出版，史称金陵版，很快就风靡国内，先后翻刻再版几十次之多。此后很快就引起了全世界的关注，继传入日本、朝鲜之后，又被译成拉丁、法、俄、德、英等多种文字，仅英译本就有十几种，被誉为"东方医学巨典"。达尔文在著《物种起源》时，就引用了《本草纲目》中的内容，并盛赞该书是"中国古代的百科全书"。1955年，李时珍被联合国教科文组织列为首批"世界历史文化名人"。

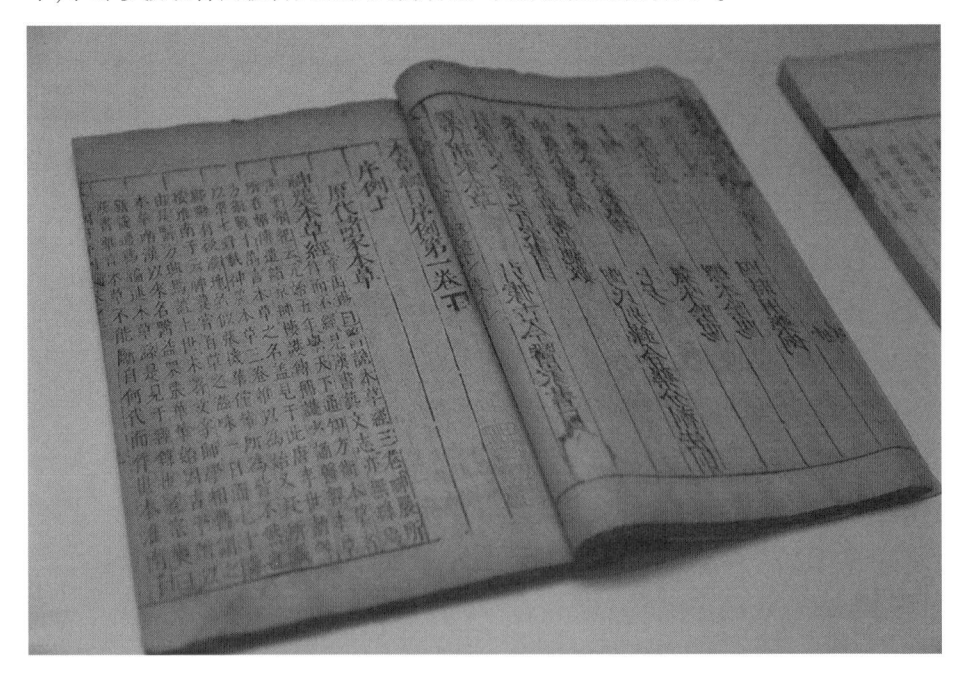

《本草纲目》书影

中国的中医药源远流长，博大精深，它在造福我国人民的同时，也已经得到越来越多的国家和地区的认可和接受。事实上，日本已从我国的《伤寒杂病论》《金匮要略》等古方申请了210个古方专利。像去日本旅游时,常被中国游客纳入购物清单的龙角散、救心丸、命之母等日本汉方药等,都是源自我国古代经典名方,原料大部分也是来自中国。所以,开发并保护利用好我国宝贵的中医药资源,已经成为我国医药科研领域中的一项重要任务。2019年10月20日颁布的《中共中央国务院关于促进中医药传承创新发展的意见》(以下简称《意见》),使我国的中医药发展迎来了高光时刻。《意见》要求国务院中医药主管部门、药品监督管理部门牵头组织制定中医药典籍、技术和方药名录,收集筛选民间中医药验方、秘方和技法,围绕国家战略需求及中医药重大科学问题,建立多学科融合的科研平台,完善中医药"产学研一体化"的创新模式。荣获2015年诺贝尔生理学或医学奖的屠呦呦受中医药典籍启示提取出青蒿素,充分彰显了中医药的科学价值。"一株小草改变世界,一枚银针联通中西,一缕药香穿越古今……"我们有理由相信,古老的中医药与现代科技结合,必将产生出更多的原创成果,屠呦呦的青蒿素不会是唯一。

(三)从"上晓天文"到"下知地理"

在古代各国文明中,天文学是最先得到发展的,这与天文学和人类的生产、生活联系极为密切有关。古代中国在天文学上的成就,主要表现在天文仪器的制造、天文观测与推算、历法的制定三个方面,这三个方面相互关联、相互促进,有了好的仪器才能做好观测、推算,进一步制定出准确的历法。

中国古代的天文学理论有两部分,一是关于宇宙的生成与演化,二是关于宇宙的结构。老子在《道德经》中就谈到了宇宙的生成问题,他认为"天下万物生于有,有生于无",这是中国最早的宇宙生成理论。老子这里讲的"有"与"无"是一对哲学概念,不能为宇宙演化的过程,即在绝对的"无"中是如何生出"有"的这一过程提供支持。宇宙的生成问题在西汉时期的《淮南子》一书中也给出了说明,书中写到所谓"有生于无",就是"有形"生于"无形","无形"不是绝对的虚无,它虽然看不见、听不到、摸不着,但却是一种客观存在,天下万物都是由它化生出来的。这一思想与前面讲过的古希腊思想家阿那克西曼德的"无限"及阿那可西米尼的"气"的思想颇为相似。在此基础上,《淮南子》又进一步描述了宇宙演化的图景:最初的宇宙是一团混沌不分的气,此后逐渐开始出现阴阳二气的分离。阳气轻清,飞扬上升而为天;

阴气重浊，凝结聚滞而成地。随着阴阳二气的推移运动，逐渐形成了四季的循环往复，万物衍生。很显然，无论是老子的"有生于无"，还是《淮南子》中阴阳二气的相互作用，都是哲学思辨与想象的结果。其实哲学思辨与想象也是科学发展中很重要的方法，尤其在科学发展的初期，即自然哲学阶段，看似凭空想象的思辨，却提出了一些很重要的科学概念和科学思想。譬如前面谈到的原子的概念和万物皆数的思想，最终成为现代科学发展的重要基础。曾经争论了将近两千年的日心说和地心说，最初也是思辨的产物，最终日心说胜出，成就了哥白尼的天文学革命，成为近（现）代科学诞生的标志。

关于宇宙结构的讨论，则以"盖天说"与"浑天说"的旷世之争最为精彩。根据宇宙生成演化的阴阳二气理论，很自然地得出了盖天说的结论，即天在上、地在下的宇宙结构，日月星辰依附在天壳上运动。盖天说还认为太阳在天壳上运动的轨道可以分为"七衡六间"，每衡每间的距离都可以用立杆测影的方法，以及勾股定理和其他的数学方法推算出来，天地之间的距离就是用这种方法推算出来的。

盖天说在汉武帝时期遇到了浑天说的有力挑战，两种学说之间因编制新的历法产生了激烈的争论，当时的太史令司马迁上书汉武帝，建议修订编制一部新的历法。得到批准后，司马迁开始组织人员进行工作，但是工作不久分歧就产生了，一位来自四川的民间天文学家落下闳，不同意当时流行的盖天说的观点。他认为天是一个圆球，天包着地，天大地小，天在外地在内，这个观点后来被称为浑天说。因为对宇宙结构的认识不同，所以两种学说对天文观测的方法、仪器的制作与使用，以及编制新历的观点均不统一，导致下面的工作无法正常进行。于是司马迁就向汉武帝汇报请示，汉武帝英明果断，直接让他们分成两个组，各自按照自己的思路继续工作，制定两个历法，然后再比较，谁的历法更接近实际天象就用谁的。最终的结果是根据浑天说制定的历法与实际天象更加符合，于是我国历史上著名的《太初历》就此诞生了，也由此初步奠定了浑天说在天文领域的理论基础。但是"浑盖之争"在此后一千多年的时间中，一直没有停止过，总体来说，还是浑天说逐渐占据了上风。当然，从现代科学的观点来看，无论是浑天说还是盖天说都不是正确的科学理论，但是难得的是二者在一千多年的争论中，一直秉持着不唯权威不唯上的科学精神和科学方法，并始终坚持自己的思想观点。而争论双方在处理争议时所遵循的原则和方法则是判断孰是孰非,关键是看谁的理论更符合实际,更接近观测结果,这也是现代科学发展中一直秉持的实证主义原则。

生活在东汉时期的张衡(78—139)是浑天说的杰出代表人物之一。他生于南阳西鄂(今河南南阳石桥镇)的一个官宦家庭,是东汉时期著名的天文学家、文学家、地理学家、数学家、发明家。张衡曾两次出任太史令,这是古代专司天文的政府官员,他精通天文历法,著有《灵宪》一书,集中体现了其天文学理论及思想。书中他描绘了宇宙的演化过程是"元气剖判,刚柔始分,清浊异位",最终"天成于外,地定于内",大意是元气最初混沌不分,后来才开始有清浊之分,清气和浊气相互作用便形成了宇宙。清气所成的天在外,浊气所成的地在内。由此他建立起浑天说的宇宙结构。在天文仪器制造方面,张衡堪称绝世高手,他根据浑天说制造出了浑天仪。

浑天仪是依靠流水的力量带动浑象(铜球)的转动,用以表现天体运动,一天刚好转一圈,到了晚上,人们可以从仪器上看到星星的起落,与实际天象几乎完全吻合。大家最熟悉的是张衡发明的地动仪,其制作之精巧,世所罕见。地动仪由精铜铸成,形似酒樽,上面有八个口含小铜珠的龙头,均匀地朝向东、南、西、北、东南、东北、西南、西北八个方位,每个龙头下面有一个铜蟾蜍昂头张口。一旦发生地震,朝着地震方向的小球就会落入下面铜蟾蜍的口中。据史料记载,该仪器曾探测到138年甘肃发生的一次地震。可惜如今地动仪已失传,后来不少人根据文字资料想复原地动仪,但是都未成功。

张衡不仅是天文学家、能工巧匠,他在文学、哲学、绘画等领域也都有很高的造诣和成就,因此有西方人称他为"东方的亚里士多德",其成就甚至堪比一千多年后欧洲文艺复兴的巨人达·芬奇。

我国在天文学的仪器制造和观测上还有一位高手,他就是元朝时期的郭守敬。1276年,当时的皇帝忽必烈让郭守敬负责制定新的历法,为此郭守敬改进和研制了近20种天文仪器,而后又在全国设立了27个观测点,获得了大量高精度的重要天文数据,并在此基础上编制了《授时历》,这是中国历史上沿用时间最长的历法。西方有个传教士看了郭守敬研制的观测仪器后极为赞赏,称郭守敬是"东方的第谷"(关于第谷,在"天空立法者——开普勒"一篇中会专门介绍)。1970年,国际天文学会将月亮上的一座环形山命名为"郭守敬环形山",以此纪念这位杰出的天文学

科学史话

家。郭守敬在河南登封设计建造的观星台,与当地著名的少林寺、中岳庙、嵩阳书院等名胜古迹一同吸引了国内外的大量游客前来观赏。

观星台

当然,古代中国在天文学上的成就还远不止这些,南北朝时期著名的数学家、天文学家祖冲之,精确测算了一个回归年为365.2428148天,与今天的测算值只差了46秒。一行,唐朝僧人,本名张遂,是一位杰出的天文学家,他在世界上首次测算出了地球子午线的长度。这些发现与发明在世界科学史上都有特殊的意义和贡献。所以,在巴黎"发现宫"科学博物馆的墙壁上就并列刻有祖冲之和其他世界著名科学家的名字,月球背面的环形山,其中一个就是以祖冲之的名字命名的。

在科学上,天文和地理经常是联系在一起的。"地理"一词在我国最早出现在《周易·系辞》中,有"仰以观于天文,俯以察于地理"之句,其"地理"即指地球表面的意思。最早的地理著述是出现在战国时期的《山经》和《禹贡》。《山经》主要记载上古地理中诸山,后来有人又编著了《海经》和《大荒经》,西汉刘向、刘歆父子将其合编为《山海经》,其内容对研究历史地理有重要的价值。《禹贡》则根据河流、山脉等自然地理实体的情况将全国分为冀、青、徐、扬、荆、豫、梁、雍、兖九个州,后世常用"九州"代指中国。

中国古代著名的地理学家有很多,西晋时期的裴秀(224—271)是其中的佼佼者。裴秀在地理学领域中最突出的贡献是绘制地图,他在总结前人制图经验的基础上,提出了著名的"制图六体",即绘制地图必须遵守的六项原则,分别是分率(比例尺)、准望(方位)、道里(距离)、高下(地势起伏)、方邪(倾斜角度)、迂直(河流、道路的曲直)。裴秀的"制图六体"是绘制平面地图的基本理论,在中国地图学的发展历史上有着划时代的意义,在世界地图学史上也占有重要地位。英国著名的中国科学史专家李约瑟称裴秀为"中国科学制图学之父",与古希腊著名的天文学家、地图学家,"地心说"的代表人物托勒密齐名。

北魏时期的郦道元因给《水经》作注而闻名。郦道元生于官宦之家,他从小就喜欢游览祖国的山川河流,尤其热衷于研究各地的水文地理及自然风貌。他在阅读了大量的地理书籍之后,发现其中有很多地方因为岁月流逝已经发生了很大的变化,于是他就以三国时期的《水经》为蓝本,撰写了一部地理学巨著——《水经注》。《水经注》共计40卷,约30万字,记述的大小河道共1252条,对各水系都分别叙述了源头、干流和支流的情况,对研究我国古代历史地理有着非常重要的参考价值。

明朝的徐霞客(1587—1641)是著名的旅行家、地理学家,南直隶江阴(今江苏江阴)人。他自幼酷爱旅游,为此不避严寒酷暑、饥渴劳累,足迹遍历河南、河北、山东、山西、江苏、浙江、陕西、安徽、广东、湖北、湖南、江西、福建、广西、云南、贵州等16个省。徐霞客每到一地都要认真考察当地的风土人情、名胜古迹、山川河流,以及动植物概况,并且将所见所闻详细地记录下来。徐霞客的游历日记在其有生之年并未加以整理,其死后由季梦良、王忠纫整理编次后成为我国的地理名著《徐霞客游记》。2011年国务院将每年的5月19日定为中国旅游日,5月19日是《徐霞客游记》首篇《游天台山日记》的开篇之日。北宋时期的沈括在11世纪时就提出:山脉是大陆板块的抬升,而大陆以前是海底。这个事实在西方直到19世纪才被认识到。

谈到中国的地理学,必然会提到中华人民共和国第一位地质部部长李四光。李四光早年曾经留学日本、英国,1931年获英国伯明翰大学自然科学博士学位。他从20世纪30年代开始陆续撰写出版了《中国地质学》《地质力学之基础与方法》

《地质力学概论》等一系列具有里程碑意义的著作,在国际地理学界有着巨大影响。1949年年底,李四光冲破重重阻碍回到了祖国。他回国前就预见到中国以后的发展离不开原子能,祖国的安全需要原子弹,所以在回国时他千方百计地带回了一台伽马仪,为后来国家寻找铀矿发挥了重要作用。过去很长一段时间,中国一直被认为是一个贫油的国家,国外一些别有用心的人企图在能源上卡住中国的脖子。李四光根据他创立的地质力学理论,预言在松辽平原、华北平原、江汉平原等地存在可以储油的地质构造,后来果然先后发现了大庆、大港、胜利、华北等大油田,一举扭转了我国能源短缺的困难局面,为中国石油工业的发展和建设立下了无人可以替代的卓越功勋。

(四)关乎国计民生的农学

自古至今,农业一直都是中国社会发展的基础,中国也被世界公认为是农业的发源地之一。早在春秋战国时期,我国就形成了"三才""三宜"的农学思想。"三才"一词最早出现在《易经·系辞下》:"易之为书也,广大悉备,有天道焉,有人道焉,有地道焉。"可见"三才"理论是讲天、地、人的变化与关系的,它是战国时期比较流行的一种哲学观,主要被人们运用于经济生活、政治活动、军事作战等方面。后来《吕氏春秋·审时》将这种哲学思想引入农业生产中,提出"夫稼,为之者人也,生之者地也,养之者天也",阐明了农业生产的三大要素也是天、地、人,而且把人的因素放在了首位。"三宜"原则是"三才"理论的一种衍化,强调在农业生产中要做到"时宜""地宜""物宜",即在农业生产中要根据天时、地利的变化和农作物生长发育的规律,采取相应的措施,这样才能获得最好的收成。明代的农学家马一龙对此做出了进一步说明:"合天时、地脉、物性之宜,而无所差失,则事半而功倍矣。"中国古代这些宝贵的农学思想,为中国农业生产的优良传统奠定了理论基础,对我国农业生产发展产生了巨大的影响。

总体上说,中华文明是一种农业文明,农业文明构成了中华文明的主干,农业关乎国计民生,是整个社会发展的基础。所以,历代官府和农学家都很重视总结农业发展实践中的经验,并将其编写成书,从选种、育种、播种,到整地、中耕、灌溉、施肥等,形成了一套完整的技术体系,便于推广先进的生产技术,其中最著名的有《氾胜之书》《齐民要术》《农政全书》等。

《氾胜之书》一般被认为是我国最早的农书，作者为西汉末年农学家氾胜之。氾胜之祖上并不姓氾，姓凡，后来为了逃避秦末的战乱流落到如今山东曹县氾水一带，并改姓氾。氾胜之在汉成帝时官拜议郎，曾任劝农使者和轻车使者，在当时的都城长安附近（今陕西关中地区）指导农业生产，成绩显著，后升任为御史。《氾胜之书》是氾胜之对黄河流域的农业生产经验和操作技术的总结，但是原版的《氾胜之书》在北宋初期的时候就已经失传了，现在流传下来的《氾胜之书》，其实是《齐民要术》等一些农书中引用《氾胜之书》中的内容，经重新整理编辑而成。书中详细介绍了豆子、麦子、稻子等十几种农作物的栽培方法，记载了合理利用水肥以保证土地小面积高产的"区种法"，以及对种子进行预处理，以达到防虫、防旱、增产效果的"溲种法"等。

《齐民要术》是一部综合性农书，"齐民"就是平民，指一般老百姓；"要术"就是指谋生的方法。其内容涉及农作物栽培、农具制造、耕作技术、畜牧兽医、食品加工等方面。书中还提出了一些很重要的生物学思想，譬如生物物种与生活环境的关系问题，以及人工选择、人工杂交、定向培育等问题。作者贾思勰是北魏时的农学家，山东寿光人，曾任高阳郡太守。当时战乱频仍、民不聊生，贾思勰从传统的农本思想出发，著书立说，普及农业知识，以期能够富国安民。《齐民要术》全书共10卷92篇，约11万字，是我国现今保留下来的最古老的农书，它不仅奠定了我国农学发展的基础，在中国农学史上有着重要的意义，而且也是世界上现存最早、系统最完整的农学著作，书中所记载的一些农学和生物学知识，在世界上长久保持领先水平。

《农政全书》是集我国古代农业科技之大成的一部巨著，有"农业技术百科全书"之称。全书共60卷，70多万字，内容有农本、田制、农事、水利、农器、树艺、蚕桑、蚕桑广类、种植、牧养、制造、荒政等12个领域。作者徐光启是上海县法华汇（今上海徐家汇）人，进士出身，官至礼部尚书兼东阁大学士、文渊阁大学士，明代著名的科学家、农学家，在农学、数学、天文学等方面都有突出贡献。

徐光启以毕生的精力从事农学研究并亲自实践。他一生中曾经数次"解甲归田"，亲自栽培耕作，进行农事研究和撰写农书。1607—1610年间，他在上海老家的农田里试种甘薯、棉花等,进行农学试验,撰写出《甘薯疏》《吉贝疏》《芜菁疏》《种棉花法》《代园种竹图说》等农学著作。1613年,因与朝中一些大臣政见不合,徐光启辞官来到天津,在海河边带人搞水稻种植的试验。当时人们都认为北方不适合种稻子,他就专门从南方请来种稻子的能人进行试验,最终大获成功,并据此撰写了《北耕录》一书。1625年,徐光启开始整理编纂《农政全书》,即使1632年在他重新入阁参政后,书稿资料也总是带在身上,随时对书稿予以补充修改,甚至在病中他依然笔耕不辍。最终于1639年,徐光启逝世6年后,由陈子龙等整理编定,才有了这部具有完整农学体系的《农政全书》,为后世留下了宝贵的农学遗产。

此外,东汉崔寔的《四民月令》别具一格地采用了按照月份编写农书的体例,逐月书写了当时农业生产的情况。北宋末年陈旉的《陈旉农书》是我国最早专门总结南方水田耕作种植经验的综合性农书,全书共三卷,上卷主要讲水稻的种植方法,也谈到了麻、粟、芝麻等其他农作物。中卷着重讲述江南地区水稻种植所使用的牲畜——水牛的饲养管理。下卷则专门讲述桑蚕。元代王祯的《王祯农书》是一部综合了北方黄河流域旱田耕作和江南水田耕作两方面经验的大型农书,全书共分为三部分,第一部分是"农桑通诀",总体讲述了我国农业生产的起源和历史,系统讨论了农业生产的各个环节。第二部分是"百谷谱",分别讲述了小麦、水稻、谷子、瓜果、蔬菜等农作物的起源和栽培方法。第三部分是"农器图谱",详细介绍了各种农器构造和制作方法,书中附有大量绘图,在当时实属难得。上述这些农书为我国古代农业发展做出了突出贡献,有些技术甚至在现在依然有一定的生命力。

从古至今,中国人一直非常重视农田水利的基本建设。基本的农田水利工程有两类,第一类是开渠道以满足农作物灌溉的需要,第二类是开水沟用于排除农田里多余的水。商、周时期的农田中就已经有了大大小小的沟渠,分别起着向农田引水、输水、配水、灌水以及排水的作用。战国时期,列强争霸,为了达到富国强兵的目的,水利事业备受重视。魏国西门豹在今河北临漳一带主持兴建的漳水十二渠,是我国最早的大型渠系。举世闻名的都江堰也是在那个时期修建的,而且现在依然在防洪抗旱方面发挥着巨大的作用,守护着天府之国的万顷良田。

古代蜀地(今四川)非涝即旱,有"泽国"之称。都江堰位于岷江中游,岷江是长江上游的一大支流,发源于成都平原北部的岷山,沿江两岸山高谷深,水流湍急。到

都江堰

了灌县（今都江堰）附近，岷江进入一马平川的成都平原，水势浩大，往往冲决堤坝，泛滥成灾。而在灌县西南有一座玉垒山，阻挡江水东流，所以每到洪水季节，常造成当地东旱西涝。公元前316年，秦国吞并了蜀国，秦惠文王为了将蜀地建成其对外扩张的基地，就派精通治水的李冰出任蜀地太守，决定彻底治理岷江水患。

李冰是战国时期著名的水利工程专家，精通天文地理。他上任后的第一件事儿就是带着儿子李二郎等人到岷江沿岸进行实地考察，了解水情及查看地形地势等情况，而后制定治理岷江的规划方案。李冰把都江堰的分水口放在成都平原冲积扇的顶部灌县玉垒山处，这样可以保证有较大的引水量和形成通畅的渠首网。整个都江堰渠首枢纽主要由鱼嘴、宝瓶口、飞沙堰三大主体工程构成，三者有机配合，协调运行。鱼嘴是都江堰的分水工程，其主要作用是把岷江分成了内江和外江两部分，外江在西边，是岷江正流，主要用于排洪，最终在宜宾汇入长江。内江在东边，是灌溉渠系的总干渠，渠首就是宝瓶口，宝瓶口不仅是进水口，还能调节进入内江的水量。岷江水流经宝瓶口再分成许多大小沟渠河道，组成一个纵横交错的扇形水网，浇灌成都平原的千里农田。飞沙堰的功能是控制内江的水量，当内江水位过高时，洪水就经由平水槽漫过飞沙堰流入外江，以保障内江灌溉区免遭水淹。都江堰工程设计巧妙、布局合理、规模宏大，建成之后兼具防洪、灌溉和航运三大功能，不仅在中国水利史上,在世界水利史上也是极其罕见的。

都江堰建成之后,蜀地也随之发生了巨大的变化,农业生产迅猛发展,成了举世闻名的鱼米之乡。唐代大诗人杜甫称赞蜀地"旱则引水浸润,雨则杜塞水门,故水旱从人,不知饥饿,则无荒年,天下谓之天府"。农业的发展保障了人们的生活和社会的稳定,成都也逐渐发展成为四川以及整个西南地区的政治、文化、交通中心。两千多年过去了,都江堰不仅依然在发挥着它的巨大作用,而且已经成为当地著名的风景名胜和历史文化旅游胜地。建在都江堰渠首的二王庙,是当地老百姓对李冰父子治水伟业的纪念。主持修建都江堰工程的李冰,被四川人民誉为"川主",受到了四川乃至全国人民世世代代的怀念和敬仰。

(五)从中国传统数学到"哥德巴赫猜想"

在中国科学史上,数学历来都是人们重点关注的一个重要领域,它和天文学、农学、医学以及其他的实用技术一样,曾经取得了举世瞩目的成就。

中国古代数学的发展首先是从数的认识和计数方法开始的。古代中国数字产生的具体时间,现在还无从考证,但可以肯定的一点是,在传说中"结绳记事"的年代,古代的先人们就已经有了数的概念。在殷墟出土的商代甲骨文中,已经出现了数字的具体记录,包括从一到十及百、千、万,最大的数字是三万,而且在这些数字中已经出现了十进制的计数方法。由此可见,我国自有文字记载开始,计数方法就已经使用十进制了,比世界上其他一些文明产生较早的地区,如古巴比伦、古埃及、古希腊等地区所使用的计数方法要先进得多。马克思曾将十进制计数法称为"最妙的发明之一",李约瑟也评价说:"如果没有这种十进位制,就几乎不可能出现我们现在这个统一化的世界了。"

与希腊数学重视演绎和推理相比,中国数学更加重视的是算法,更加侧重于实际运用。数学在中国古代被称为算学或算术,甚至到了20世纪的60年代,我国小学数学课本上的书名还是"算术"。为与十进制计数法相适应,中国古人很早就发明了一种非常重要的计算方法——筹算。筹算是一种以算筹为工具的计算方法,这种方法在春秋战国时期就已经使用。后来在算筹的基础上,人们进行改进与创新,又发明了算盘,因为算盘上面有一个个的算珠,所以用算盘作为计算工具的计算方法就被称为珠算,它因实用、方便及计算速度快,在元末明初就开始普及并逐渐取代了算筹。虽然现在筹算和算筹已经彻底退出了历史舞台,但我们在工作和生活中还会经常用到的"筹划""统筹"等词语,仍然留下了其存在的痕迹。

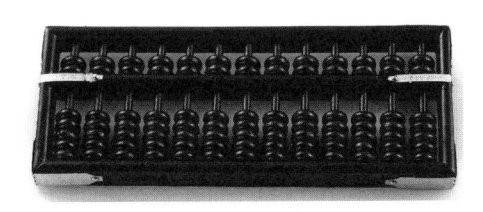

算盘

中国珠算是中华文化宝库中的瑰宝,被誉为"中国的第五大发明",还被联合国教科文组织列入人类非物质文化遗产代表作名录。在现代化的计算机诞生以前,算盘一直都是我国主要的计算工具,为我国的经济建设、科技发展、社会进步做出了巨大贡献。现如今,随着计算机的普及和应用,算盘作为计算工具,也和算筹一样淡出了历史舞台,但是以珠算作为主要载体的珠心算,却以其超快的计算速度,又具有开发儿童早期智力潜能的作用,受到越来越多的专家、学者、家长、教师的重视和青睐。新加坡和马来西亚这些受中华传统文化影响较大的国家,都把珠心算列为小学生的必修课程。

十进制的计数方法和筹算法是先秦时期中国在数学领域取得的重要成果,而《周髀算经》则是现存中国古代数学著作中最早的一部。《周髀算经》作者不详,但是书中所涉及的数学、天文学知识,有的则可以追溯到西周时期(前11世纪—前8世纪),其内容主要是从数学的角度,讨论天文学中的"盖天说"宇宙模型,这反映了中国古代数学与天文学的密切关系。在数学上,《周髀算经》的主要成就是介绍了分数运算、勾股定理及其在天文测量中的应用,其中以勾股定理最为突出。勾股定理在西方被称为毕达哥拉斯定理,而在《周髀算经》就记载有西周开国时期周公与大夫商高讨论勾股测量的对话,商高在回答问话时提到"勾广三、股修四、经隅五",即我们今天常说的"勾三、股四、弦五"。据说勾股定理是大禹治水时总结出来的,但是大禹治水年代久远,确切时间无法准确考证,而周公和商高的对话是在西周初期,时间可以确定是在公元前1100年左右,比毕达哥拉斯发现勾股定理大概要早500多年。

《周髀算经》主要是以文字形式叙述了勾股算法,但没有给出任何证明。而在中国数学史上,最早完成勾股定理证明的是东汉末年三国时期的赵爽。据史料记

科学史话

载,赵爽曾研究过张衡的天文学著作《灵宪》和刘洪编制的《乾象历》,尤其深入研究了《周髀算经》,并作了详细注释。通过对几何图形截、割、拼、补等数形结合的方法来证明代数式之间的恒等关系,从而证明了勾股定理。这种方法既具严密性,又具直观性,为中国古代数学以形证数、形数统一、几何和代数紧密结合、互不可分的独特风格树立了一个典范。

在此后的历史上,中国数学经历了三个高峰期。第一个高峰出现在两汉时期,它是以《九章算术》的出现为标志,标志着中国古代数学体系的形成。《九章算术》是中国古代非常重要的一部数学著作,它确切的作者无从考证,一般认为它是汉代以前历代学者集体智慧的结晶。书中收集整理了246个数学问题,并逐个予以解答,而解答这些问题涉及分数四则运算、比例算法、解方程、各种形状的面积和体积的计算、勾股测量术等。书中对负数概念及正负数加减法则的提出,在世界数学史上是最早的。

第二个高峰出现在魏晋南北朝时期,代表人物是刘徽和祖冲之、祖暅父子,标志性成果是刘徽为《九章算术》作注,以及祖冲之把圆周率计算到小数点后七位。古时候,为经典名著作注是中国文人的一个传统,这大概是因为汉朝以前主要用竹简作为文字载体,书写很不方便,所以这些典籍都写得非常简约凝练。作注就是为了使原著更加详细明了,丰满完善,有些注解作品内容量甚至远远超出了原著。像南北朝时北魏的郦道元为《水经》作注,取名《水经注》。《水经》是中国第一部记述河道水系的专著,记载相当简略,扼要介绍了当时国内137条重要的河流。而《水经注》完成后竟然有40卷,30多万字,成为一本独立的巨制名著。所以,《九章算术》成书后,自然也有很多人为之作注,而最成功的当数刘徽。刘徽的《九章算术注》旁征博引,用明晰流畅的文字阐述了原文中深奥简约的内容,而且还追根溯源,力图理清各种数学方法、数学理论之间的关系,其中不乏许多刘徽个人的独创。经过刘徽的注释,《九章算术》的结构更加严谨,内容更为充实,从而确立了它在数学史上的地位,成为可以与欧几里得的《几何原本》相媲美的数学经典名著。在世界数学史上,《几何原本》是在公理化基础上进行演绎推理的典范,而《九章算术》则是以计算见长的算法体系的代表作。如同《几何原本》对西方数学的影响一样,在其后一千多年的时间里,《九章算术》一直是东方数学的标准教科书,对朝鲜、日本等国也都产生了深远影响。

刘徽在为《九章算术》作注时,为了证明圆的面积公式和求算圆周率,创造性地提出了基于极限思想的"割圆术"。具体来说就是:当圆内接多边形的边数无限增加时,多边形的周长就会无限接近圆的周长,进而可用多边形周长代替圆的周长来计算圆的面积。刘徽从圆内接正六边形开始计算,将边数逐次加倍,最高求算出圆内接正三千零七十二边形的面积,并求得圆周率 $\pi = 3.1416$,这个数值的求算在当时世界上是遥遥领先的,尤其是他的理论中所蕴含的极限概念和直曲转化思想,是牛顿和莱布尼茨微积分理论的先导,这是极其难能可贵的。

在刘徽工作的基础上,祖冲之父子把我国的古代数学推到了一个新的高度。祖冲之是世界上第一个把圆周率的数值计算到第7位小数的人,他推算出圆周率的准确值应该是 $3.1415926 < \pi < 3.1415927$,这个数值的推算是同时期世界上其他数学家难以企及的。直到一千年后,他的这一纪录才被阿拉伯数学家打破。祖冲之的儿子叫祖暅,也是一位杰出的数学家,他在数学上的主要成就是成功解决了在《九章算术》中关于球的体积计算有误的问题。其实刘徽在为《九章算术》作注时也发现了这个问题,但是未能解决,而最终这个难题被祖暅攻克,弥补了《九章算术》中的一大缺陷。

中国的传统数学在宋、元时期达到了最高峰,出现了一批著名的数学家和数学著作,如秦九韶和他的《数书九章》,李冶和他的《测圆海镜》《益古演段》,杨辉和他的《详解九章算法》《日用算法》《杨辉算法》,以及朱世杰和他的《算学启蒙》《四元玉鉴》等。这四个人被人称为是宋、元四大数学家,他们的研究成果成为当时世界数学的高峰,无人能够超越。

明代时,中国的传统数学开始走向低谷。随着西方数学的传入,中国的传统数学也开始与世界接轨,而后渐渐被现代数学所取代。而在近(现)代数学的研究中,中国一位默默无闻的数学家陈景润,因"哥德巴赫猜想",再次站在了世界的最高峰。对此,我们将在后面的章节中予以介绍。

(六)改变世界的"四大发明"

讲到中国古代文明及其对世界的影响和贡献,人们最为熟悉且津津乐道的莫过于"四大发明"了。马克思曾经对其中三项给予了很高的评价:"这是预兆资产阶级社会到来的三项伟大发明。火药把骑士阶层炸得粉碎,指南针打开了世界市场并建立了殖民地,而印刷术则变成新教的工具……"在这段话里,马克思主要强调了火药、指南针、印刷术对资本主义的兴起和发展所产生的巨大影响,但他并没有提造纸术,其实从对世界文明的发展来说,造纸术的影响丝毫不亚于其他三种。

纸在我们今天看来非常普通,但在人类文明的发展和传承中,纸却发挥了无法估量的作用。很难想象,如果没有纸,中国的四大名著,莎士比亚的戏剧集,以及欧几里得的《几何原本》和牛顿的《自然哲学的数学原理》等书籍,该会以何种方式流传至今。

为了认识纸的作用,我们不妨回到人类没有纸的时代,看看那时的人们是如何书写和记录的。

中国最早的文字是刻在一些龟甲或兽骨上的,这就是有名的甲骨文。由于龟甲、兽骨的数量有限,所以后来人们常把文字刻在竹片或者木板上,然后再把它们用绳子串在一起,称为竹简或木牍。成语"学富五车"形容读书多,学问大,而"五车"即指五车书,不过这里说的书是指竹简,而不是今天随处可见的纸质书。而古时国外,譬如古希腊,人们则是把文字写在羊皮上,人称羊皮书。在古埃及,人们用一种天然的类似于纸张的植物——纸草,在上面书写记录,人称纸草书。纸草书质脆易折,不易保存。古印度的情况和古埃及差不多,人们将白桦树的树皮或者贝多树的树叶当作书写的材料,印度非常有名的《贝叶经》,就是因将经文写在了贝多树的叶子上面而得名。在古巴比伦,人们则是把文字刻在泥板上,晒干后的泥板和石头一样坚硬,可以长期保存。

短暂地回顾一下,大家就知道纸有多重要了。东汉时,蔡伦总结以往人们造纸经验革新造纸工艺,他改进的"造纸术"被列入中国古代"四大发明"之一。据说蔡伦喜好琢磨研究各种器物的制造和改进,其中最有意义的就是他改进了造纸的工艺和技术,用树皮、麻头、破布、旧渔网等原料造出了价廉质高的纸。纸的发明和应用,为人们的书写和阅读带来了极大的便利。其实在蔡伦改进造纸术之前,中国已经有了比较原始的纸。它是古人在处理蚕茧、制造丝织品时得到的副产品,叫"絮纸"。大家都知道,中国古代的制茧业、丝织品是非常有名的,当时人们把蚕茧煮好

第二讲　与古希腊科学相映生辉的中华文明和其他古代文明

造纸术

以后，放在席上捶打成丝绵，当人们把丝绵取下来后，发现席上还留有一层薄薄的丝纤维，晒干后可以在上面书写，于是就发明了絮纸。类似的还有在制造麻料衣服时产生的副产品，当然这样得到的絮纸是非常有限的。蔡伦研究了絮纸的材料和产生过程后，开始对造纸的原料和工艺进行改进和创新。他利用来源广泛且廉价的木、棉纤维，代替了稀少且昂贵的丝、麻纤维，从此纸作为一种商品和载体，迅速地普及开来。到了唐代，出现了很多名贵的纸张，譬如鼎鼎有名的安徽宣纸，很多大师书法、绘画的传世之作用的都是这种纸。到了宋代，一个叫毕昇的普通雕刻工发明了活字印刷术，这是与造纸术齐名的另一项伟大发明。这两项发明使得后来渐渐有了现在我们经常捧在手中的书，书也成了人类文化和文明得以保留和传承的无可替代的重要载体。今天，尽管科技发达，人们已经进入了数字时代，电子书也正在大踏步地走进我们的生活，甚至它也许会是未来文字的归宿，但是电子书不可能完全取代实体书，因为它缺乏纸的气味、触感，缺乏阅读时纸书给人带来的迷人体验。

在毕昇发明活字印刷术之前，人们广泛使用的是雕版印刷。工匠们把要印刷的书或者文章刻在木板上，字都是反写的，就和现在人们常用的印章一样，然后在木板上刷上油墨后印在纸上，装订成书。毕昇在长年累月的雕刻工作中，逐渐认识到雕版印刷的诸多弊病，认为人们费了很大功夫刻成的雕版，用过之后就被弃置不用了，既浪费又不方便，于是他就开始琢磨如何改革印刷技术，从而引发了印刷史上的第一次革命。毕昇的活字印刷术是将胶泥制成大小和长短规格一致的活字，胶泥烧制以后变得很坚硬，印刷时把这些用胶泥制成的活字按照文章的排版顺序排放在铁板框内，然后将框内字与字之间的缝隙用熔化的石蜡、松香填充，冷却后所有的胶泥活字就都固定了下来，最后再进行印刷。印刷完毕，用火加热把石蜡、松香熔化，取出活字按一定顺序保存待用。与雕版印刷相比，活字印刷大大提高了印刷的速度和质量，优势是显而易见的。其后，制造字的材料和技术也在不断地发展和改进。元朝著名的农学家王祯曾经创造了木活字印刷术，同时他还制造了一个转轮排字架，把所有的木活字按照一定的规律排在可以转动的轮盘上，大大提高了排版的速度。此外，除了泥活字和木活字，在中国古代活字印刷中，还有锡活字、铜活字和铅活字。1450年，德国的谷登堡用铅、锑、锡合金制成了金属活字，而这种合金里的锑有个不同于一般物质热胀冷缩的性质，那就是冷胀热缩，这样制成的活字字迹格外清晰，谷登堡的这一发明使得活字印刷技术日臻成熟和完善。当历史的车轮驶入20世纪后期时，印刷领域爆发了第二次革命。我国北京大学的王选教授所主持研发的汉字激光照排技术洗尽"铅"华，迸发出印刷领域的电火之光，实现了人类印刷技术的又一次飞跃。1987年5月22日，世界上第一张通过激光照排整页输出的中文报纸诞生，随后，北大方正的激光照排技术迅速产业化并被市场广泛接受，王选教授也因此获得了2001年度国家最高科学技术奖，并被誉为"当代毕昇"。

　　火药的发明应该归功于古代的炼丹术士们。中国的炼丹术和西方的炼金术都源自于原始巫术。只是炼丹术士希望得到的是能够让人长生不老的丹药，而炼金术士们则是希望把锡、铁、铜、铅等普通的金属，变成真金白银。追求长生不老对不少古代帝王都有巨大的诱惑力，所以自战国以来，炼丹术士就成了皇宫里的座上宾。中国的炼丹术和西方的炼金术一样，既有一些江湖术士混迹其中，沽名钓誉借机行骗，也有一些很有名气的科学家、医学家热衷此道，药王孙思邈就热衷于炼丹，而牛顿、玻意耳等人就很钟情于炼金。当然，从现代科学的角度看，炼丹和炼金一样，注定都要失败，但是它们在客观上对科学所起的作用却是不容置疑的，近代化学的萌芽就是在长期炼金、炼丹实践中萌发出来的。孙思邈在长期炼丹的活动中，意外地发现某些物质混合后很容易起火燃烧，这引起了他的注意，通过不断研究，他在《丹经》一书中第一次记载了配制火药的基本方法，其中的主要成分是硫黄和硝石。到了唐末，出现了将木炭、硫黄和硝石按一定比例配成的黑火药，其中木炭和硫黄都很容易燃烧，而硝石的主要成分是硝酸钾。硝酸钾受热时极其容易分解并释放出氧气，氧气具有强烈的助燃性，所以黑火药一旦遇到火，或者受到撞击，就会剧烈燃烧甚至发生爆炸。到了宋代，打仗时就开始用火药制造火药箭等火器，主要目的是在敌方的阵营中放火，制造混乱，以便乱中取胜。此后，用火药制造的武器越来越多，功能也越来越强大。大约在 13 世纪初，中国的火药传到了阿拉伯地区。13 世纪末 14 世纪初时，火药又从阿拉伯地区传到了欧洲，并且在欧洲逐步制造出了比中国的火雷、火铳更先进的武器，像能够发射子弹的步枪和发射炮弹的大炮之类，这就使得欧洲各国在军事和战争中取得了很大的优势，从而对欧洲历史的发展和变化，乃至世界格局的演变都产生了重大影响。

随着科技的发展，指南针在人们生活中所起的作用越来越小，因为强大的卫星导航已经覆盖了人们生活的方方面面，除非是在极端条件下，譬如无线信号覆盖不到的地方，这时候就需要指南针来确定方位，而在一般情况下，指南针还真就找不到用武之地了。但是，这丝毫不会降低指南针在人类社会的文明发展中曾经发挥的重要作用。

根据可靠的文字记载，中国人早在公元前 3 世纪的战国时期，就已经发现了磁石吸铁和磁石"司南"的现象，在《韩非子·有度》一篇中，就有关于"先王立司南以端朝夕"的记述。这里所谓的"司南"，就是指把天然磁石打磨成勺子的形状，而后放在光滑的圆盘中央，当磁勺静止时，勺柄就会自动地指向南方，以此确定方位。但是这种司南由于磁性较弱，加上勺子与底盘间的摩擦力，所以灵敏度较差。到了

司南

宋代，司南才逐渐演化成了指南针。北宋沈括在《梦溪笔谈》一书中，详细介绍了指南针的制作和功能，以及人工制造磁体来强化磁性的方法。此外，他还首次记录了地磁偏角的发现，以及对磁偏角的认识。

  指南针一经问世，很快就被应用到了航海方面，北宋时就有了靠指南针确定航向来航海的记载。到了明代，指南针的使用趋向成熟，郑和七次下西洋所带领的船队，无论是船队规模还是航海技术，在世界航海史上都是空前的，即使是半个多世纪后，在世界航海史上很有名气的哥伦布、麦哲伦，也无法与之相比。大约在13世纪初，指南针经由阿拉伯地区传到了欧洲及世界各地，极大地促进了世界航海事业的发展，增进了世界各国人民之间的文化交流和贸易往来。小小的指南针，却实实在在地为世界文明的发展做出了重大贡献。

2.2 人类文明的曙光——两河文明与古埃及

现在,已经没有人会怀疑近代科学是从古希腊特有的哲学文化传统中发展而来的了。这个传统,就是对理性、理论的痴迷和追求,如果说得更具体一些,就是通过对隐藏在事物背后的原因、原理和机制进行深入思考、探索、归纳和概括,然后形成理论,最终用这些理论对其他事物和现象进行合理的解释、说明,甚至预言。这一点,大家从前文可能已经有所了解和感悟。除古希腊外,世界四大文明古国也对科学的发展做出了卓越贡献。

据考证,人类文明最早的发源地之一,是今天伊拉克境内两条河流之间的平原,这两条河分别是幼发拉底河和底格里斯河,这个平原古称"美索不达米亚",意为"两河之间的地区"。在这个地方,曾经有过一个闻名遐迩的巴比伦城,它位于现在巴格达南部约 90 千米的地方,曾是古巴比伦王国和新巴比伦王国的都城。被后人誉为"古代世界七大奇迹"之一的"空中花园"就在这里。

"空中花园"是巴比伦文明的象征,在它的背后还流传着一个优美动人的传说。

新巴比伦人打败了曾经灭亡了古巴比伦的亚述人以后,新巴比伦成为当时最强盛的王国。国王尼布甲尼撒二世娶了米底(今伊朗高原西部)的公主米梯斯为王后。米梯斯眷念家乡的山峦风光,但在巴比伦却连一个小小的土丘也看不到。为此,这位有着花容月貌的王后整日闷闷不乐,有时还会为此伤心落泪。尼布甲尼撒二世知道了王后的心思以后,就在王宫的东北部建造了一个层层叠叠的阶梯花园,里面栽种有各种各样的名贵树木和奇花异草。园中还开辟了幽静的林荫小道,以及潺潺流水的小溪,站在顶层,既能俯视城内大街小巷中摩肩接踵的商贩,还可眺望城外河流田野中的农夫。国王的一番苦心终于赢得了王后的芳心和笑容,同时也给后世留下了悬念和遐想。

巴比伦有"神祇之门"的意思。公元前 19 世纪,阿摩利人首先在此地建立了古巴比伦王国,而第六任国王就是赫赫有名的汉穆拉比,他完成了两河流域的统一大业,并以制定了人类历史上第一部较为完备的成文法典——《汉穆拉比法典》而闻名于世。公元前729年，古巴比伦被亚述人灭亡，巴比伦城也遭到了毁灭性的破坏，随后都城移到了底格里斯河上游的尼尼微。斗转星移，到了公元前612年，亚述王国又被迦勒底人灭亡，随后迦勒底人建立起了新巴比伦王国，首都又迁回到了巴比伦，并对原来的巴比伦城进行了大规模的改造和扩建，覆盖区域从幼发拉底河的东岸发展到了西岸。新巴比伦王国在尼布甲尼撒二世当政时达到鼎盛时期，"空中花园"仅是其气势恢宏、造型精美的建筑艺术代表作之一，巴比伦城也成为当时中东地区最重要的工商业中心和世界上最繁华的城市。

呈现在当今世人面前的巴比伦的多彩历史和科学文化，是19世纪40年代由考古学家从叙利亚挖掘出的几十万块泥板书中

藏于巴黎卢浮宫的《汉穆拉比法典》石碑

解读出来的。泥板书中的图形、符号、文字等，笔画均一头粗一头细，就像楔子或钉子一样，所以得名楔形文字或钉头文字。这种楔形文字是由居住在两河流域的苏美尔人创造的，与中国的甲骨文颇为相像，都是人类历史上最古老的文字之一。从这些晦涩难懂的楔形文字中，人们得以窥见古巴比伦在数学、天文学等领域曾经拥有的辉煌和做出的卓越贡献。

科学是由于人类生活、生产的需要而产生发展起来的。从泥板书中可以发现，因为生活和交易中需要计数和换算，于是就产生了数学；生产中需要测量和掌握气候、天气的变化，于是就产生了几何学和天文学。公元前1800年前后，巴比伦人发明了60进制的计数系统，其计算方法与现在通用的时间表示方法很相似。在泥板书中，专家们还找到了巴比伦人制定的乘法表、平方表、立方表。我们今天采用的日历，大部分也是出自于巴比伦人的构思，这种构思是基于他们对太阳、月亮和行星的精密观察。在公元前4000年左右，巴比伦人制定了一年中的四季和月份。到公

元前2000年左右，巴比伦人把一年确定为12个月，共360天，为减小误差，他们又制定了闰月来调整时间。同时，巴比伦人还学会用一根直立的木杆来表示时间。把一天分为若干小时、若干分钟、若干秒也是他们的构思。

从泥板书中可以找到很多巴比伦人关于教育方面的内容。与毕达哥拉斯、柏拉图、亚里士多德的教育教学相比，巴比伦教育重视的是应用性知识的传授和用来解决具体问题的方法；希腊人更注重对事物本质的求索、原理的论证和理论的构建，而这些才是科学的核心。

现在，我们再来了解一下远古时代的另一伟大文明——古埃及文明。就像幼发拉底河、底格里斯河孕育了巴比伦文明，黄河、长江孕育了中华文明一样，尼罗河孕育了古埃及文明。每年的夏季，尼罗河都会定期泛滥，但泛滥的河水带给古埃及人的不是灾难，而是福音。泛滥的河水可以预知且水势平缓，不会突如其来，让人猝不及防。当河水消退后，留下的是广袤无际的覆盖有几厘米厚肥沃泥土的田野和牧场，到了秋季，在这片田野和牧场上到处都是丰硕的果实和肥壮的牛羊。当每年泛滥的尼罗河水消退以后，人们不得不重新丈量土地，计算面积。所以古埃及人很早就掌握了三角形、梯形、多边形，以及圆形的面积计算方法，因此古埃及人也被誉为几何学的开山鼻祖。

提到埃及，大家首先想到的往往会是金字塔和金字塔里的木乃伊。木乃伊就

木乃伊

是经过药物处理并保存完好的干尸。古埃及人相信，人死了以后只要尸体保存好，不腐烂，有朝一日还可以复活。对尸体的处理涉及很多医药和化学的知识。金字塔是埃及人修的坟墓，人生前的地位越高，死后所建金字塔就越高大。最著名的金字塔要数古埃及第四王朝的法老胡夫的金字塔，它与巴比伦的"空中花园"一样，是"古代世界七大奇迹"之一。

胡夫金字塔也叫大金字塔，它的底部是一个边长约为232米的正方形，四面是四个两两相接的全等的等腰三角形，高度为146.5米，相当于当今现代社会一座四十多层的摩天大楼。这个大金字塔最令人称奇的是它所显示的古埃及人高超绝伦的建筑技艺。这座金字塔大约用了230万块石头，每块石头重约两吨半，石块之间没有用灰泥之类的黏合剂，完全靠石块本身彼此合缝，而接缝处竟然连根针也难以插进去。塔底部的四条边，长度误差仅为20厘米，不到千分之一；四个直角的最大误差及四边的方位同准确的东西南北方位之间的误差也都微乎其微。因为篇幅所限，我们无法详细介绍大金字塔内部复杂精细的构造，但仅从这几个简单的数据中，就足以让人对古埃及人4000年前在算术、测量技术及天体观测方面所取得的伟大成就感到惊讶。至于那么多两吨多重的石块又是如何一块一块地搬运上去的，也同样让现在的人们感到匪夷所思。金字塔至今还藏有很多未解的历史之谜。

说起古代文明，还要提到一个人们普遍还很陌生的名字——腓尼基。腓尼基位于地中海东岸，原名叫"迦南"，因为生产一种紫红色染料而被人称为"腓尼基"，意为"紫色的国度"，公元前2000年初，这里兴起了若干城邦。约公元前13世纪，腓尼基人创造了由22个字母构成的文字系统，极大地方便了人们的生活、生产和交流。后来，希腊人在腓尼基字母的基础上创造了希腊字母。在希腊字母的基础上，又形成了罗马及其周围地区的拉丁字母。如今欧洲各国的拼音字母差不多都是从希腊字母和拉丁字母演变而来的。

古巴比伦、古埃及、腓尼基和古希腊都位于地中海沿岸，古希腊人吸收并借用了古埃及、古巴比伦以及其他古国的文明成果，形成了古希腊文明。所以，古希腊文明不是古希腊人原创的原始文明，但是却深深地烙有古希腊的智慧特征，并对人类的科学史影响深远。

2.3 古印度的两河文化和阿拉伯人的贡献

在历史上,人们通常把开始具有农业、城镇、国家、文字雏形的人类生活视为文明的发端。根据目前的考古发现,恒河、印度河流域的古印度文明约出现在公元前2500年。印度北枕喜马拉雅山,南接印度洋,西临阿拉伯海,东面是孟加拉湾,三面环海,一面靠山。恒河发源于喜马拉雅山南麓,横贯印度北中部,最终流入孟加拉湾。它与发源于冈底斯山,流经印度西北部而后进入阿拉伯海的印度河共同孕育了古印度文明,同被誉为印度的母亲河。

历史上的印度,基本上没有建立过高度统一的政权,而是大大小小的王国各自为政;也没有统一的语言,各民族部落使用的方言多达上千种。世界三大人种——黑人、白人、黄种人在印度都有分布,再加上屡遭外族入侵和统治,所以印度人血统混杂。这样独特的历史背景使得它融入了欧、亚多种文化元素。由于这种特殊的历史背景,印度难以形成完整连续的历史记述,有的只是些神话故事和传说,真正的历史被笼罩在了云里雾中。印度的远古文明直到1922年才在印度河流域的哈拉巴

哈拉巴文化遗址

地区被发掘出来，人称"哈拉巴文化"。从已经发掘的遗址来看，当时的城市规划和建筑已经具有相当高的水平。房屋一般用烧制的砖建造，有的隔出许多大厅和房间，并有良好的排水设施，而一些小房屋则根本没有排水设施，这说明当时的社会已经出现了贫富不均。哈拉巴文化遗址中出土了大量铜器，其中有各种美妙绝伦的手工艺品和奢侈品，由此可以想象当时工匠的技艺非常精巧。制陶和纺织是哈拉巴文化的两个重要部分，染缸的发现表明当时人们已经掌握了纺织品染色技术。城市的繁荣使哈拉巴的商业盛极一时，不仅国内贸易活跃，国际交往也非常频繁，考古发现获得了很多与伊朗、阿富汗、缅甸、中国贸易往来的资料证据。

所有的人类文明中都必然会含有科学的成分，古印度文明也不例外。譬如在天文学上，生于476年的阿耶波多就是一个非常了不起的天文学家，他认为地球是一个球体，绕着地轴自转，月食是地球的阴影落在月亮上引起的，一个太阳年的长度是365.3586805天，这个计算与现代天文计算相比，误差极小。此外，古代印度在医学领域也有非常突出的成就，并且多数都被保存并流传至今，这大概与印度的宗教传统，尤其是佛家人慈悲为怀对医学格外眷顾有关吧。

对现代科学来说，古印度人最伟大的贡献是提出了"零"的理论和作为演算基础的十进制方法（中国在同一时期也已经有了十进制的计数方法，所以十进制计数方法也有可能是从中国传入印度的）。据考证，在哈拉巴文明时期，他们就开始采用十进位制，公元前9世纪知道了使用"零"的符号，建立起了自然数系统。1881年的夏天，印度的一个农民在挖地时发现了一部写在桦树皮上的手稿，上面记载了公元前后数个世纪的印度数学，手稿内容非常丰富，涉及了分数、平方数、级数求和与代数方程等多方面内容。其中最有意义的就是手稿中出现了完整的十进制数码。这种简单明了的计数系统和运算方法，优越性非常明显。这种简单的印度数字在中世纪时，随着阿拉伯帝国的崛起和阿拉伯科学的繁荣，由阿拉伯学者和商人传到了西方，并被阴差阳错地称为"阿拉伯数字"，而它的原创地印度，反倒渐渐被人淡忘了。尽管这种数字具有明显的优点，但在基督教控制下的西方，却被认为是异教徒的东西而长期受到冷落，直到后来才在西方流行并使用，进而打开了现代数学和科学的大门。现在回过头来看，印度为人类文明和科学奉献的这一独特礼物，丝毫不亚于腓尼基人发明字母和文字所做出的贡献，二者还真有异曲同工之妙。

阿拉伯人对人类文明和科学发展所做的贡献是绝对不容置疑的。上篇文章中谈到的两河文明和古埃及文明，都位于阿拉伯地区。世界两大宗教——基督教和伊斯兰教也都诞生于阿拉伯地区。阿拉伯半岛是世界上最大的半岛，位于亚洲的西南，三面环海，北边是一望无际的沙漠，其间也点缀有草原和绿洲，这是阿拉伯人赖以生存的地方。阿拉伯半岛毗邻非洲和欧洲，是联系欧、亚、非三个大洲的战略要地，自古以来就是连接世界贸易和文化发展的重要通道。阿拉伯半岛和印度中间隔了一个阿拉伯海，二者隔海相望，所以，起源于印度的阿拉伯数字首先传到阿拉伯帝国，大概就是"近水楼台先得月"吧。

阿拉伯人不仅继承了两河流域、尼罗河流域、地中海东岸盛极一时的古代文明，而且吸收并同化了古希腊—古罗马文化的主要特征，并非常重视科学事业的发展和交流。于是阿拉伯帝国就成了当时世界科学的乐园和热土。当年的巴格达，是除中国以外世界科学文化的中心，设有学院、图书馆、天文台等。在巴格达最著名的是一个名叫"智慧宫"的机构，堪比公元前3世纪的亚历山大博物馆，机构内设有藏

智慧宫中的阿拉伯学者

书丰富的图书馆,以及科学院和翻译中心,吸引了一大批来自世界各地的知名学者和翻译家来此发展交流、研究学问,欧几里得的《几何原本》、托勒密的《天文学大成》等重要文献在这里被翻译成了阿拉伯文。印度的数学家曾到巴格达传授数学符号和体系,这才有了印度数码变为阿拉伯数字的事。阿拉伯人从中国学会了造纸术及其他的技术,后来还传到了欧洲。而阿拉伯人自己在化学、光学、数学、天文学等领域也都取得了突出的成就,最著名的是天文学家和数学家花剌子米(约780—约850),他的代表作《代数学》被译成拉丁文,在欧洲被当作教科书长达数个世纪。阿拉伯人努力吸收并引进其他国家和地区如古希腊、古罗马、古埃及、古印度、中国的文明成果,成为当时东西方文化交融的重要桥梁,尤其是他们在欧洲黑暗动乱时期,千方百计地收集古希腊大师们的作品,为人类保存了大量珍贵的文化遗产和精神财富,这些珍贵的遗产后来又阴错阳差地传回到了欧洲,这才唤醒了西方世界,使欧洲走上了文艺复兴的道路。

第三讲　黑暗的中世纪与欧洲文艺复兴对科学的影响

3.1 中世纪黑暗中的科学曙光

科学史上,通常把从古希腊文明消亡的 2 世纪到文艺复兴这段时间称为中世纪,这是位于希腊文化高峰和现代科学高山之间的一个低谷。然而,就是在这段时间里,西方世界发生了几件对全球影响巨大的事:一是罗马帝国从鼎盛走向衰亡;二是基督教产生并得到发展,直至其对西方思想进行垄断控制;三是法国、英国、德国、意大利、俄国这些西方大国的诞生;四是文艺复兴运动的发生。

罗马帝国崩溃的原因很复杂,既有帝国内部的腐败和争斗,也有外部强族的入侵和掳掠。西罗马帝国灭亡的时间是 476 年,之后,西方世界就陷入了征战和厮杀之中,并且延续了千年之久。然而,欧洲就在这连绵不断的战事中,先后诞生了法、英、德、意、俄等西方列强,这些国家首先产生了现代文明,尤其是现代科学。

整个西方的文学、艺术、历史、哲学、科学等,都与基督教有着千丝万缕的联系。最初,基督教传入罗马后,统治者进行了严厉镇压,被残忍处死的教徒不计其数。但这根本就不起作用,基督教徒不仅越来越多,而且到后来,一些中上层的有钱人也加入了基督教。到了 313 年,罗马皇帝君士坦丁改变了其前任的政策,宣布基督教合法,教徒有信仰的自由,这就是历史上有名的"米兰敕令"。380 年,狄奥多西大帝更是把基督教升格为罗马帝国的国教,并下令全国人都要信仰基督教,否则就以异端或者叛逆论处。要知道,那时的西方各国几乎都在罗马帝国的统治下,于是基督教就把拥有不同种族、语言、文化的西方世界,完全统一到了基督精神之下。

此后基督教的势力范围越来越大,以罗马为中心的基督教会逐渐成了西方各国的"太上皇"。教会不仅攫取了巨量财富,还在各地建立宗教裁判所,专门迫害那些有不同思想的人,其中臭名昭著的就是残忍杀害亚历山大时期最后一位重要的科学家,也是古代世界唯一的女科学家希帕蒂亚,以及活活烧死坚信"日心说"的布鲁诺——因为"日心说"不符合基督教教义。

为了扼杀人们的思想和对真理的追求,罗马统治者和教会还烧毁了亚历山大图书馆,凝聚着希腊文化精髓的几十万册图书随之化为了一缕青烟;柏拉图创建的有着900年哲学传统的阿卡德米学园——希腊乃至欧洲的学术大本营也被查封。

教会垄断控制了人们的思想，哲学研究只能围绕上帝展开，所以这时的哲学家就是少数的主教、神父，哲学就是神学，也叫"教父学"和"经院哲学"。"经院哲学"这个词很多人都知道，它是脱离实际、空洞烦琐、形式主义的代名词。当时的一个批评家就抱怨说："我的同事用很长时间争论马有几颗牙齿，还认真查阅古代文献，其实他们只要走出去，撬开马的嘴巴看看就行了。"他们也研究柏拉图和亚里士多德，但目的只是想从这二位的哲学理论中为上帝的存在找到根据，努力使基督教义多一点哲理性。所以在中世纪，神学是第一位的，哲学只是工具，是用来说明、证明神学的，而自然科学也被迫退出了历史舞台。

在黑暗的中世纪，为科学点亮第一支蜡烛的是英国人罗吉尔·培根，他是中世纪最著名的一位哲学家和科学家。培根从小博览群书，尤其喜欢读自然科学方面的书，但他又不迷信书本，而是主张用实验和观察对书本上的知识进行检验和求证。他认为观察和实验才是获得真知的根本方法，科学理论正确与否只有实验科学才能证明，并极力主张在哲学中增加一门新的学科，即实验科学。培根的这一思想是划时代的，因为近代科学的真正起点就是以对实验科学的高度重视为标志。作为近代实验科学的先驱，在哲学上确立实验科学地位的第一人，培根却是个悲剧人物，他曾两次坐牢，饱经磨难，因为他的思想远远超越了他所处的时代。

但培根也不是完全孤立的，他的研究曾得到过当时巴黎的教皇克里门四世的支持。其后的邓斯·司各脱、威廉·奥卡姆都从哲学上给予了经院哲学致命的打击，尤其是奥卡姆，他对经院哲学把简单问题复杂化的劣习深恶痛绝，他认为伟大的真理通常都是简单明了的，丢弃简单的答案选择复杂是愚蠢的。他坚持一切都应该简单再简单，直至不能再简单为止。"如无必要，勿增实体"即有名的"奥卡姆剃刀准则"。奥卡姆的这一思想对科学的影响极大，后世的牛顿也说："自然界喜欢简单化。"

谈到中世纪的科学，还必须再次强调一下阿拉伯人的贡献。阿拉伯人重视科学，在化学、光学、数学、天文学等领域都有突出成就。而他们对人类科学和文化发展所做的最大贡献，是他们不遗余力地收集、翻译了大量古希腊大师们的著作，使它们在欧洲宗教冲突和战乱中免遭毁灭。这些珍贵的文化遗产和精神财富，对后来西方发生的文艺复兴有着重要的影响和意义。

3.2　影响深远的文艺复兴及其旗手达·芬奇

　　基督教后来分裂成了三个教派：天主教、东正教和基督新教。分裂的原因之一是不同思想的冲突。不同思想的冲突大大削弱了教会对人们思想的控制，人们开始怀疑教会为他们编织的光明前景，开始意识到教会是用神权堂而皇之地将人们困于愚昧无知之中。前面提到罗吉尔·培根、邓斯·司各脱、威廉·奥卡姆开始挑战教会权威，这时的欧洲已经开始涌动文艺复兴的潜流。

　　文艺复兴发生的时间大约是13世纪末或14世纪初，先是在当时商业最先得到发展、财富相对集中的意大利的佛罗伦萨、威尼斯等地发端，以后的两个多世纪里逐渐蔓延到欧洲各国，从各种思想的涓涓小溪，逐渐汇合成了文艺复兴的滚滚洪流。

　　引发文艺复兴的原因有很多，对古希腊、古罗马灿烂文化的重新发现和认识，无疑是其中的重要因素之一。古希腊人不仅在哲学和科学领域创造了无与伦比的辉煌，在文学和艺术方面同样为后世留下了丰硕的成果。至于古罗马人，尽管他们没有像古希腊人那样充满活力，没有思想领域的原创成果，但他们在建筑、雕塑方面为后世留下的作品，同样见证了一个伟大的时代和文明。

　　但是后来历史的发展却给西方人开了一个天大的玩笑，西方的现代文明没有直接从古希腊和古罗马文明的基础上生长出来，而是在这两个文明之间插入了一个漫长的中世纪。这是一段没有思想、没有光明的长夜，宗教严密控制了人们的精神和信仰，信仰又毁灭了理性。那时欧洲的平民，甚至一些小绅士都目不识丁，时间一长，他们甚至不知道他们曾经拥有过古希腊和古罗马文明。所以，在现代西方人的眼里，中世纪是一段不堪回首的岁月，之前的古希腊、古罗马才是他们应该传承的文化大统。

　　"文艺复兴"就是要恢复希腊人自由探索、追求真理的精神，让理性怀疑的态度得到再生，这是一场在人类思想领域中内容丰富、内涵深刻、影响深远的革命——欧洲终于醒了。

欧洲苏醒的标志是"开始觉悟到现实中的人比虚无中的神更重要",也就是我们现在常说的要"以人为本",其核心就是肯定人的价值,把人从宗教神性和等级观念的束缚中解放出来,提倡认识自然,造福人生,而不是一味地期盼所谓的天国和来世。所以在文艺复兴的初期,这种"人文主义"思想首先表现在文学艺术的创作领域中,代表人物是当时意大利的"文学三杰":但丁、彼特拉克和薄伽丘。

提到但丁,大家马上就会想到其代表作《神曲》。但丁在长诗《神曲》中以含蓄的手法批评和揭露了中世纪教会统治的腐败和愚蠢,描写了那时的现实生活和各色人物。彼特拉克通过诗文并茂的作品谴责罗马教廷,歌颂家乡和爱情,被人誉为"人文主义之父"。薄伽丘的代表作是《十日谈》,他用辛辣的笔调揭露和讽刺了教会贵族的糜烂生活,对市民百姓这类小人物给予了更多的关注和同情。

文艺复兴是一个"需要巨人也产生巨人"的时代,"文学三杰"之后的意大利又出现了"美术三杰",并把意大利的文艺复兴推向了高潮。"美术三杰"之前的画家乔托,就开始在以宗教为题材的壁画中力求表现现实中的人物形象和多姿多彩的现实世界,并赢得了近代绘画奠基人的声誉,《哀悼基督》是他的代表作。"美术三杰"中的米开朗琪罗在建筑、雕塑、绘画、诗歌等领域都有不少杰作,他创作的梵蒂冈西斯廷教堂的屋顶壁画,是世界上最宏伟的艺术品之一。他在 26 岁那年雕成的大卫像,成了佛罗伦萨共和国的象征。拉斐尔的作品秀美、典雅,他的油画《西斯廷圣母》和《雅典学派》在构图和形象上,几乎做到了极致。

"美术三杰"中最杰出、名气最大的要数列奥纳多·达·芬奇了。一般人可能都知道达·芬奇是画坛巨匠、艺术大师,他的作品《蒙娜丽莎》《最后的晚餐》《岩间圣母》均是人类艺术宝库中的珍品。但这些仅仅是这位旷世奇才的冰山一角,他在当时的科学、哲学、文学、工程技术等领域无不登峰造极。所以有人感叹,世界上不可能有完美的人,但是如果真要挑选一位的话,那只能是达·芬奇。

达·芬奇 1452 年出生在佛罗伦萨附近的一个小村子里,从小他就显露出超人的天赋,对音乐、绘画、骑马、读书等无所不爱且一学就会,甚至能无师自通。14 岁时,父亲把他送到佛罗伦萨颇有名气的韦罗基奥的画室,从此达·芬奇开始了他的艺术生涯。在这段时间,有个关于达·芬奇画鸡蛋的故事,几百年来一直为世人津津乐道,且让人回味无穷。

在韦罗基奥画室,老师让达·芬奇天天画鸡蛋,不久达·芬奇就不耐烦了,于是老师告诉他:"你如果仔细观察的话,就会发现不可能有两个完全一样的鸡蛋。就是同一个鸡蛋,如果从不同的角度观察,产生的视觉效果也不一样。画鸡蛋就是为了让你学会观察,发现事物间最细微的差别,这能训练和培养你的观察能力。"这件事对达·芬奇究竟有多大影响我们不得而知,但是韦罗基奥的这个观点和教学方法无疑是极其高明的。有人说达·芬奇自此后大彻大悟,悟出了艺术的真谛——师化自然。观察,不仅是一种方法,也是一种能力,尤其对于科学,观察是一个最基本的研究方法,科学史上的很多重大发现和成果都离不开观察。哲学家们也对观察很有兴趣,并做过很多这方面的研究工作。

文艺复兴经历了从文学到艺术,再到科学的全面复兴。科学首先在罗吉尔·培根那里觉醒,而后在达·芬奇那里开始成长,最终在研究天文学的哥白尼、伽利略,研究电磁学的吉尔伯特,以及研究血液循环的哈维那里达到了前所未有的高峰。达·芬奇作为文艺复兴的旗手(当然这是后人加封的,但也只有他才有这个资格获此殊荣),在科学复兴中所起的作用是全方位的,是任何人也无法替代的。他首先从哲学上为科学开路,反对崇拜权威和宗教。他说:"真理只有一个,它不是在宗教之中,而是在科学之中。"在科学方法上,他认为"真正的科学应该从实验开始","如果科学不是从实验中产生并用实验验证,就会因充满谬误而毫无用处,因为,实验才是科学的源泉"。而且达·芬奇可不只是坐而论道,他非常深入地研究了当时科学触及的甚至还没有触及的各个领域。在物理学中,他研究了液体的压力,提出了连通器原理,发现了惯性原理,第一个明确指出"永动机"作为动力能源的不可能性。在工程技术领域,他设计绘制了飞行器、机械传动装置、潜水艇等的图纸。在生理学和医学领域,他冲破宗教思想的束缚,亲自解剖许多尸体,掌握了人体结构的第一手资料,并据此绘出了人体解剖图。晚年,他已是近乎完美地将对知识的渴求与对艺术的热爱融为一体,将绘画与他所研究的光的学问、眼睛构造和人体解剖联系在一起,将各方面的才统一到了他无穷的智慧之中,使其融会贯通进而达到异彩纷呈。

达·芬奇所有的研究成果均不是以正式出版物的形式流传下来的,而是以手稿、札记等形式被保存下来,存世的手稿、札记约有7000多页。1994年他的72页的笔记在伦敦拍卖,最终以 3080 万美元成交,一页笔记的价值就抵得上一个图书馆了。至于达·芬奇为什么没有出版他的研究成果,也许就像人们猜测的那样,是因为这位巨人头脑中酝酿的各种思想和研究内容太多了,经常喷薄而出无暇整理出版吧。他的这些思想,一个多世纪以后由弗兰西斯·培根、笛卡儿和伽利略从哲学和科学两个方面,进行了更为充分的演绎和发挥。

文艺复兴为科学的发展披荆斩棘,近代科学已呼之欲出。

3.3 哥白尼的天文学革命与近代自然科学的诞生

哥白尼的天文学革命,就是指哥白尼用"日心说"推翻了在天文学领域和人们的精神领域占有绝对统治地位一千多年的"地心说"。

天文学是人类最早发展起来并最先形成比较完整的理论体系的一门科学。因为日月星辰有规律的运行对人类的生产和生活产生了巨大的影响,所以人们必须研究它们。譬如对狩猎人、游牧人来说,确定方位是必需的,甚至是性命攸关的。而对农业社会来说,确定节气、确定一年的长度则至关重要,这些都与天象有关,自然会引起人们的思考和重视。所以,在前面讲述的各古国文明里均不乏天文学方面的成就。古希腊当然也不例外,但与其他民族不同的是,古希腊人更痴迷于理论上的追求和建构,这点在前面也屡有提及。所以古希腊的哲学家们不仅关心天体星球运行及位置的测量,更关心宇宙整体结构的探索,并且产生了两种不同的观点:一种是"地心说",另一种是"日心说"。最早提出"日心说"的是毕达哥拉斯和阿里斯塔克,他们认为太阳位于宇宙的中心,其他星球都在绕着太阳转。而相信"地心说"的有欧多克斯、亚里士多德、喜帕恰斯和托勒密等,他们认为地球是处于宇宙的中心且静止不动的,日月星辰都围绕地球有规律地运行。由于"地心说"符合人们日常生活的经验,所以亚里士多德也极力推崇"地心说"。托勒密又对前人关于"地心说"的工作进行了深入细致的整理研究,最终形成了一个尽管复杂但也颇为严谨的理论体系,从而使"地心说"统治欧洲天文学领域近1400年。

"地心说"独领风骚一千多年的另一个重要原因是它与基督教的教义不谋而合。按照基督教的说法,地球和人类都是上帝意志的创造物,至高无上,理应居于宇宙的中心。由于"地心说"符合教会的核心利益,自然就成了教会大力弘扬和支持的理论学说。可惜这个学说先天不足,本身存在有致命的缺陷——不真实。托勒密和他的后继者为了使"地心说"与当时得到的观测资料能够较好地吻合,不得不对"地心说"进行一次又一次的修正和补充,结果使得这个理论模型越来越复杂。而根据这个理论作出的一些预测总是有一定的误差,对一些观测数据和天文现象也不能给出合理的解释，这就引起了一些天文学家的不满和怀疑，尼古拉·哥白尼就是其中的一位。

哥白尼是波兰人，1473年2月19日出生在波兰中北部的托伦城。哥白尼的父亲是个成功的商人，母亲出身德国的名门望族，不错的家境让哥白尼度过了一个幸福的童年。但不幸的是哥白尼10岁时父母就去世了，他的舅舅卢卡斯担起了照顾哥白尼以及他的哥哥和两个姐姐的责任。卢卡斯是哥白尼命中的贵人，他是埃姆兰的主教兼行政长官，而且还是一个博学的学者。他非常重视外甥的学习和教育，哥白尼也没有辜负舅舅的期望，他不仅聪明，而且勤奋好学，18岁时进入克拉科夫大学学习，学校就位于当时波兰的首都克拉科夫。那时克拉科夫大学不但是波兰最好的大学，而且也是欧洲著名的高等学府，众多优秀的学者齐聚于这所学校，其中对哥白尼影响最大的是教授天文学和数学的布鲁楚斯基。哥白尼很可能就是在这里对天文学产生了兴趣并打下了基础，当然这个基础还是属于托勒密的，但是这并不能阻挡哥白尼质疑托勒密，因为要反击对手，就必须与对手站在同样的高度。

哥白尼大学一毕业，舅舅卢卡斯就为他谋得了弗龙堡大教堂教士的终身职位。这个职位不仅薪水丰厚，而且非常自由，这使得哥白尼有充足的时间到欧洲各地学习、交流和研究，这对哥白尼来说非常重要。

哥白尼留学的首选地是正处于文艺复兴鼎盛期的意大利。这时的意大利在达·芬奇、米开朗琪罗这些大师的鼓舞和感召下，在文学、艺术、哲学等领域无不生机勃勃，充满活力，这些无疑都在感染、影响着年轻的哥白尼。哥白尼首先来到博洛尼亚大学，这所学校是世界上第一个正规的大学。后来哥白尼又到帕多瓦大学、费拉拉大学求学，这些都是当时在意大利极负盛名的大学。哥白尼涉足的领域非常广泛，有教会法规、罗马法律、天文学、数学、医学、哲学、希腊文和拉丁文等，最终他在费拉拉大学获得教会法规博士学位，当然他最感兴趣的还是天文学。当他拿到博士学位后就回到波兰开始履行教会的职责，同时还负责繁重的行政管理事务，因为当时是政教合一的，他只能利用业余时间来研究天文学。哥白尼在任职的弗龙堡大教堂的一个塔楼里安顿下来，并在顶层安装了观测仪器，用于夜间观测天象。以后的30年，哥白尼就再也没有离开过这里，直至去世。现在这个地方被人们称为"哥白尼塔"，从17世纪开始，这里就成了人们心目中的天文学圣地。

第三讲　黑暗的中世纪与欧洲文艺复兴对科学的影响

博洛尼亚大学的天文学教授诺瓦拉是当时最著名的天文学家，也是意大利文艺复兴的风云人物。在诺瓦拉的指导下，哥白尼学会了天文观测和制作简单的观测仪器，这对他以后的独立工作非常重要。诺瓦拉信仰毕达哥拉斯关于"万物皆数"和柏拉图关于"上帝就是几何学家"的思想。哥白尼或许是受诺瓦拉的影响，或许其骨子里就是个柏拉图主义者，他和后来的开普勒、伽利略、牛顿一样，坚信宇宙的结构应该是简洁、和谐、优美的，只有数学才能表现这种理想的宇宙结构。所以，哥白尼穷其一生都在努力寻找大自然中的数学关系，尤其是宇宙的数学结构。

哥白尼从什么时候开始萌发"日心说"的念头很难界定，但是有一点可以肯定，就是托勒密的理论过于繁复，难以让哥白尼及其他的理论家信服，于是引发了哥白尼革命性变革的想法。哥白尼想，如果把宇宙中心从地球移到太阳，会不会使得整个太空变得简单和谐一些？毕竟很早以前的希腊人就有过这样的猜测，只是他们没有像托勒密那样从理论上予以充分的证明。

对于一个科学家来说，仅有一个想法、一个假设是远远不够的，哥白尼是一个数理天文学家，他用于支持其学说的论据主要是数学。哥白尼耗费毕生精力，把"日心说"和计算联系起来，把宇宙论和天文学计算结合起来，以此证明那些堆积如山的天文观测资料和"日心说"是吻合的。最终他成功了，他的革命性思想和对这一思想的论证，都集中体现在他那部不朽的著作《天体运行论》中。在科学史上，也只有欧几里得的《几何原本》、牛顿的《自然哲学的数学原理》、达尔文的《物种起源》几本书能够与之比肩。

也许是哥白尼明白这本书将会给整个社会和人们的思想带来多么巨大的冲击和震动，尤其是将会从根本上动摇基督教的教义信条，所以这本书迟迟未能出版发行，毕竟他也是一个专职的神职人员，当然哥白尼也考虑到出版后会给他带来怎样的麻烦。最后，这本书出版时，哥白尼已是弥留之际了。当还散发着油墨味儿的新书送到他手中时，他只是抚摸了一下，便永远闭上了那双可以透视苍穹的眼睛。

对哥白尼和《天体运行论》，恩格斯有段十分中肯的评价："自然科学借以宣布其独立并且好像是重演路德焚烧教谕的革命行动，便是哥白尼那本不朽著作的出版，他用这本书（虽然是胆怯地而且可说是只在临终时）来向自然事物方面的教会权威挑战，从此自然科学便开始从神学中解放出来。"所以在科学史上，一般都把

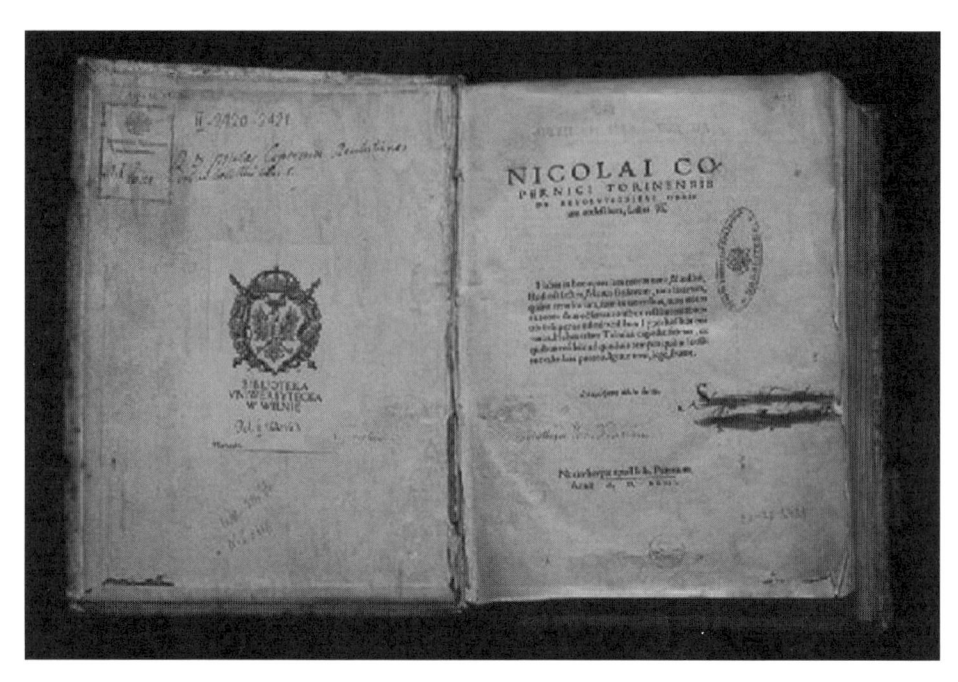

《天体运行论》书影

《天体运行论》出版的1543年作为近代自然科学的诞生年。

当然,"日心说"在哥白尼那里并非十全十美,还有很多的缺陷和不足。但其中蕴含的革命性的思想很快就被有识之士理解并接受,当然教会肯定会对此不满,并开始迫害这些有识之士并封锁思想传播,布鲁诺就是为捍卫"日心说"而被迫害致死。但真理是封锁不住的,哥白尼的革命后来由开普勒、伽利略、牛顿取得了胜利,这次成功的革命开创了人类的科学事业,叩开了近代科学的大门,并且把科学建立在了一个坚实的基础之上:科学理论不再仅仅是依赖我们日常的经验,而是把数理证明视为可靠的向导和可以信赖的方法。对此,我们在后面的史话中,将会得到更多的感悟和理解。

3.4 天空立法者——开普勒

在科学史上,之所以把哥白尼的"日心说"作为近代自然科学革命的起点,是因为哥白尼的"日心说"经过开普勒创造性的工作,率先在天文学领域形成了人类科学史上第一个完整且严谨的理论系统。此前,人类还没有在哪个领域形成完整的理论体系。此后,随着激动人心的科学革命的全面展开,相继诞生了牛顿力学,麦克斯韦的电磁学,开尔文、克劳修斯的热力学等,建构起了近代自然科学的大厦。另外,哥白尼天文学理论彰显的科学方法,对以后的科学发展同样产生了深远影响。具体地说,这个方法就是在实际观测的基础上,以数学方法建立一个模型,根据这个模型,预测新的天文现象。如果预测的天象被新的观测资料证实,这个模型就是正确的,否则就要修改模型,直至与观测相符合。当然这个方法并不是哥白尼发明的,而是从古希腊流传下来的。托勒密做得也很出色,只是他所依赖的基础"地心说"有问题,所以方法再好也不会产生科学的结果。这个建立在观察、实验基础上的归纳演绎法,在以后的各个科学领域均获得了非常广泛的应用,它与欧几里得创立的建立在公理化基础上的数学演绎法,成为自然科学研究中的两个基本方法。

哥白尼的"日心说"并不完善,有些方面还有很严重的错误,所以当时的很多天文学家并不接受。至于教会方面就更别提了。但是也有一些思想家对"日心说"一见倾心,甚至激动不已,其中就有大名鼎鼎的伽利略、开普勒、牛顿、笛卡儿等人。

开普勒于1571年年末出生于神圣罗马帝国(今德国)符腾堡,是个早产儿,这似乎预示着这位稀世天才注定命运多舛。他从小就体弱多病,4岁时患了猩红热和天花,后来命虽保住了,却落了一脸麻子,眼睛也受到了损伤,这对他以后进行天文观测和研究有着一定的影响。好在开普勒智力非凡,尽管家里很穷,但他凭着超人天赋和勤奋获得了大量的奖学金,靠着这些奖学金,他得到了系统的教育,从小学一直读到杜宾根大学。

杜宾根大学的天文学教授麦斯特林慧眼识珠,他悄悄地向颇具天分的开普勒介绍了哥白尼的"日心说"。开普勒的反应没让老师失望,他说:"我发自内心地说,哥白尼的宇宙理论是真实的,对于它的美,我是用一种无法形容的愉悦心情去欣赏的……"此后麦斯特林和开普勒的情谊保持终生。但这时的开普勒并没打算要当天文学家,而是想当牧师,可能是因为那时的牧师待遇不错吧。所以,当他在杜宾根大学拿到文学硕士学位后,又转入神学院学习。

开普勒也是个柏拉图主义者,他深信上帝是按照数的完美原则创造世界的,他所追求的,就是发现蕴藏在造物主心中的数学的和谐,用今天的话来说,就是寻找自然界中的数学规律。开普勒的这种信念和毕达哥拉斯、柏拉图一样,带有浓厚的神秘色彩。这表现在他写的第一本小书《宇宙的秘密》中,书中内容主要是在寻找宇宙结构的数学关系,处处透着神秘,在科学上并无多大的价值。但是这本书显露出了作者的数学天赋和天文学造诣,引起了当时已名满天下的第谷·布拉赫的注意。他向开普勒发出了邀请。

第谷最大的特点是精于观测,在当时可谓是登峰造极。他不仅有着敏锐的观察力,而且对事物的细节非常重视,他使用的仪器很多是他亲自设计并精心制作的,精度极高。第谷精于观测但不善于理论分析,开普勒则恰恰相反,他很擅长抽象思维和数学运算,但他的眼睛不好使,不能作出精确的观测,所以这两个人做搭档可以取长补短、互相成就。然而起初两个人的合作并不愉快,这是因为第谷在一开始不想向开普勒开放他的观测资料。要知道,那时这些资料就像现在的专利一样,是高度保密的,所以开普勒中间曾经一度离开过。但是一年后第谷突发重病,临终前才把这些资料托付给开普勒。

当时,天文学家最头痛的就是观测数据与理论计算不一致。无论是按照"地心说"或"日心说",还是"日、地混合说"(这是第谷发明的,他认为其他行星围绕太阳转,而太阳又带着这些行星绕着地球转),结果总有误差,不能令人满意。开普勒拿到第谷的资料后,决定先从火星入手,这是因为火星的运行轨道最难解释。当时他曾向第谷夸口说自己用 8 天就能给出答案,可最后的结果不是 8 天,而是用了整整 8 年的时间。

在这 8 年中,开普勒尝试了无数的假说,每种假说都伴以复杂的数学计算,而其中最好的结果与第谷的数据仍有 $8'$($1° = 60'$)误差。开普勒知道,第谷的观测误差绝不会超过 $2'$。基于对第谷的工作和数据的高度信任,开普勒开始怀疑左右人类

2000年的一个观点:天体运行的轨道都是圆形的。从古希腊开始,人们一直都把圆视为几何图形中最完美的,认为圆是上帝考虑天体运行时应该首选的轨道形状。开普勒最终选择了用椭圆代替圆,即火星绕太阳运行的轨道是椭圆形的,而太阳就位于这个椭圆的一个焦点上。这一替代非常成功,它不仅解决了火星运行的问题,后来还证明所有行星的运动轨道都是如此,这就是开普勒第一定律。有人赞叹说,开普勒凭着优雅的一击,斩断了纠结人们2000年的理论与观测的思想绳结。

开普勒研究行星运动规律

开普勒第二定律是"在相等的时间内,行星与太阳的连线扫过的面积相等"。这就是说,行星距太阳越近,运行速度越快;行星距太阳越远,运行速度越慢。这不仅解释了火星运行速度为什么会有时快,有时慢,并且改变了人们自古以来认为星球运行速度始终一致的信念。开普勒第三定律是"行星和太阳之间平均距离的立方同其公转周期的平方成正比"。对第三定律,开普勒非常满意,他把这一定律看成宇宙完美与和谐的有力证据。

开普勒终其一生追求行星运动和宇宙秩序的和谐,他的三个定律立足"日心说",抛弃了哥白尼理论中的圆形轨道以及子虚乌有的均轮、本轮等,使得"日心说"变得极为简洁、优美、和谐。虽然开普勒在天文学领域非常伟大,但是其个人生活却毫无和谐可言。他自曝父亲"凶恶固执,对我母亲极坏",而母亲整日"絮絮叨叨,爱吵架,性情乖戾"。他虽然天赋超人,但在学校总是遭到同学的嘲弄、排挤,甚至殴打。长大成人后开普勒的家庭生活也不幸福,第一任妻子对他的工作一无所知,几个孩子也都因病夭折。在事业上,尽管开普勒接替第谷继任了帝国数学家和御前天文学家的职位,但是当时的德国皇帝对天文学并不感兴趣,所以欠薪也成了家常便饭。为了维持生计,他不得不经常编写一些当时流行的星相学方面的书来赚钱养家。他曾经自嘲说,这个利润丰厚的职业对天文学家还是很有好处的。开普勒于1630年去世,年仅59岁,据说他是病死在前往布拉格讨薪的路上。德国大哲学家黑格尔曾痛心疾首地说:"开普勒是被德国饿死的。"逆境中的开普勒始终坚韧不拔,取得的成就如此独特和深刻,以至于后人评价说"如果他没有达成这些成就,那么很可能也没有人能达成了","他拥有人类心智的伟大成就,其新意唯有相对论能相提并论,因为两者同样改变了科学于大自然所发现的基本形态"。

哥白尼、第谷、开普勒三个人共同掀起了一场真正的革命,使人类彻底改变了对世界的看法。

3.5 欧洲近代实验科学的奠基人之一——伽利略

历史上的伽利略有多重身份,科学家、哲学家、数学家、天文学家、物理学家、发明家等,而最能体现出他在科学上的贡献和地位的,则是"近代实验科学的奠基人"之一。伽利略用无可争辩的实验结果,颠覆了人们长期以来对亚里士多德权威的崇拜和迷信,破除了教会禁锢人们思想的魔咒。

伽利略1564年出生在意大利的小城比萨,这个小城因一个斜塔而出名,而斜塔则因伽利略名扬天下。每当人们提到比萨斜塔,总会联想到伽利略和一个与这个塔相关的实验。

早在公元前4世纪,亚里士多德就雄心勃勃地试图对物体运动的法则进行阐释。他认为,两个不同重量的物体同时从高处落下,一定是重的先落地,即物体下落的速度与重量成正比。对此,2000年来没人怀疑过,但是伽利略提出了疑问:把一个较重的物体和一个较轻的物体绑在一块儿,如果把它们看作两个物体,重的受轻的拖累,落下时会比其单独下落时慢;如果将其看成一个物体,则它比重的那个还要重,

比萨斜塔

所以在下落时要比重的物体下落的速度更快一些。这不是自相矛盾吗?所以伽利略认为,如果忽略空气的影响,重量不同的物体下落速度应该是一样的。于是就有了伽利略在比萨斜塔上同时抛下两个大小不同的铁球进行实验的传说。

与这个实验相关的实验还有一个,不过它不是在地球上做的,而是在月球上做的。伽利略临终前宣称,一块铅和一团羊毛在真空中将会以相同的速度下落。1971

年，美国宇航员斯科特在无空气的月球表面，同时抛下了一根羽毛和一把锤子，地球上的电视观众亲眼看到两者同时落到月球的表面——此时的伽利略如果地下有知，肯定会非常开心。

伽利略小时候家境一般，父亲靠教授音乐、数学为生，但这挣不了多少钱。为了生活，伽利略10岁时全家搬到了繁华的佛罗伦萨，并开了一个小店铺补贴家用。佛罗伦萨是文艺复兴的中心，在浓郁的文艺和哲学氛围里，伽利略从少年长成了青年。17岁时他又回到比萨，进入了比萨大学学医。这是穷困中的父亲为他选择的，因为当时医生的各种收入要高出数学家30倍。

伽利略有一头红发，矮壮，易激动，爱和人争论。当时医学的教学方式很古板，教师只是机械地重复着书本上的理论和人体结构，没有图示，更没有实物。哲学课上（当时学医的必修哲学）也是只讲亚里士多德。那时对一个优秀学习者的要求就是能够熟练背诵古典著作，并不假思索地接受。"独立思考"大可不必，他们认为古人已经说明了一切。这对于爱好动手又颇具叛逆性格的伽利略来说，真是一种煎熬。幸好这时他巧遇了当时有名的数学家里奇，于是他就利用业余时间向里奇学习数学和科学，这让他有机会开始释放他在这方面的巨大潜能。

大家可能都知道伽利略在教堂发现有关摆的相关规律的故事，这是他在大学一年级时的事。有一次伽利略在比萨教堂做礼拜，跟上课时一样有点心不在焉的他，不经意间被吊在天花板上来回摆动的吊灯吸引住了，他发现尽管吊灯在摆动时摆幅会越来越小，但是每摆动一个来回所用的时间却相等，这个时间他是用脉搏估计的，因为当时还没有钟表。回家以后，他立即做了各种不同重量和不同长度的摆，反复试验，最终发现了摆的等时性原理，这成为后来制造钟表的基本原理。伽利略则利用这一原理，发明了一种脉搏计。这是他的第一项发明，也是这个学医的学生为医学做出的直接贡献和唯一发明。

伽利略未能完成他的学业，一是他不喜欢这个专业，二是家里也拿不出他所需要的学费和生活费了。1585年他回到佛罗伦萨，开始想办法挣钱养家，毕竟他是家里的长子，下面还有6个弟弟妹妹。

如果是一个意志、才智平平的人，故事到此也就结束了，但伽利略不是。他工作之余，继续学习数学，做实验以及搞发明研究。头一年他就研制发明了一种浮力天平,可以称量各种合金的比重,并发表了一篇论文。接着他又发表了测定不规则固体重心的论文,引起了人们的注意。1589年,伽利略以数学教师的身份返回比萨大学任教,但是他还是像学生时一样,从不迎合别人,包括学校里的教授等一些大人物,所以他被炒也只是早晚的事。

三年后,伽利略来到著名的帕多瓦大学任教,他的薪水也涨了3倍。在这里,一向自视甚高的伽利略似乎找到了自己的定位。他的课论述严谨且常常伴有生动的演示。他对着口琴吹口哨,口琴就会发出模仿的声音,他告诉学生这就是共振。他把动物的骨骼拿到教室,给学生说强力的支撑物不必一定是实心的,这才有了空心支撑物的问世,建筑成本也随之大大降低。他讲数学常常与如何建桥,如何规划城市、港口相联系,甚至和造大炮联系在一块儿。他的课风趣生动,联系实际,开时代之先河,一扫当时大学课堂的枯燥教条之风,吸引了众多的学生,甚至欧洲各地的一些年轻贵族也慕名而来,其中就有瑞典皇储阿道弗斯。

伽利略在帕多瓦大学工作了18年,对他来说,精彩的课堂教学和演讲只是牛刀小试,最有价值的是他的另外两项工作。这两项工作奠定了他在科学史上的地位,让他永垂史册。

第一项工作是他研究并发现了地上物体的运动定律。而与他同时代的开普勒发现了天上物体的运动规律,后来牛顿把二者统一了起来。比萨斜塔上的实验讲的就是自由落体运动,也是匀加速运动。也许伽利略根本就没有在比萨斜塔上做过实验,但他对自由落体运动和匀加速运动的研究却是千真万确并极为成功的,塔上的实验只是一个小小的插曲而已。

那时根本无法测定下落物体在不同时间内走过的路程,因为当时还没有钟表,更别提高速录像设备了,再加上物体自由落体的速度又太快。于是伽利略就做了一个10米长、中间带有凹槽且非常光滑的木板,然后把木板的一端支起来就成了一个斜面,斜面的倾斜度可以随意调整,让一个小球从凹槽中滚落下来,小球做匀加速运动,当木板与地面垂直时,小球就做自由落体运动。计时工具则是他自制的"水钟",即在一个装有水的容器上连接一个细管,通过细管中流出的水的重量确定经过的时间。就是用这套设备,伽利略反复地做了无数次实验,通过对测量数据的分析,终于发现了匀加速运动的规律,即时间、速度和路程之间的数学关系。

在研究物体自由落体运动时，伽利略还纠正了亚里士多德的其他一些错误思想。譬如亚里士多德说运动的物体需要一定的推动力，而伽利略发现，运动的物体如果没有摩擦力或其他阻力，它将保持一定的速度和方向一直运动下去。这就是后来的牛顿第一定律，也叫惯性定律。

但对科学来说，纠正错误不是最重要的，重要的是他的方法。他没有像前人以及同辈们那样只会思辨和推理，而是通过实验、测量，并把数学引入物理学。他有句名言："大自然这本书是用数学语言写成的。"尤为重要的是，任何人都可以重复他的实验，并得到同样的结果。这在科学中非常关键，我们称之为可重复性或可检验性原则，这是判断科学与伪科学的重要方法。伽利略是应用和倡导这一方法的第一人，这也是人们称他为"近代实验科学的奠基人"之一的重要原因。

第二项工作是他发明了望远镜，并通过望远镜观察的事实，证明了哥白尼和开普勒的"日心说"。伽利略用望远镜向人们展示了一个真实的世界，而且还用优美、清晰的文字表达出来，而不是像哥白尼的《天体运行论》那样讲述得晦涩难懂。教会无法忍受"日心说"的存在，于是开始警告伽利略，禁止他宣扬"日心说"。但倔强的伽利略不肯就范，迫害就升级了，教会先是把他的传世之作《关于托勒密和哥白尼两大世界体系的对话》列为禁书，而后又判了他终身监禁。

伽利略用他发明的望远镜观察夜空

在强大的宗教势力面前，伽利略妥协了，已是风烛残年的他不想被送上刑场，但在走出法庭时他喃喃自语道："无论如何，地球还在转动呢！"

3.6 为科学摇旗呐喊的哲学家——弗兰西斯·培根

就在开普勒、伽利略用实验和超乎常人的智慧，努力寻求大自然的奥秘时，与他们同时代的弗兰西斯·培根和法国的勒内·笛卡儿，则以哲学家的眼光和思想，积极倡导新的科学方法，推动科学发展。

前面我们曾经讲过罗吉尔·培根，虽然弗兰西斯·培根（1561—1626）与其相差 347 年，但在思想上两人还颇有渊源：他们都是从哲学上强调实验对科学的重要性。如果说罗吉尔·培根为尚处在黑暗中的科学点亮了第一支蜡烛的话，弗兰西斯·培根则是燃起了照亮科学的火炬。

弗兰西斯·培根家族地位显赫，父亲尼古拉·培根是英国伊丽莎白一世的掌玺大臣。母亲不仅出身高贵，而且博学多才，她亲自教育儿子，煞费苦心。培根则从小聪慧过人，12 岁就进入了剑桥大学三一学院，大名鼎鼎的牛顿、达尔文、拜伦、罗素等，都曾在这儿学习过。

造就培根的还有那个时代的英国，当时的英国处在强盛时期。美洲大陆的发现，把商贸活动从地中海扩展到更为广阔的大西洋，贸易中心也从濒临地中海的意大利转移到了英国、法国等沿大西洋国家。同样发生变化的还有文艺复兴之光，开始从其发源地意大利的佛罗伦萨、威尼斯等，转移到了伦敦、巴黎这些新的商贸中心。伴随着商业、手工业的快速发展，伦敦舞台上活跃着的莎士比亚、马洛、本·琼森的戏剧令人耳目一新。科学上的新发现，更是让人们欢欣鼓舞，如哥白尼、开普勒的天文学，伽利略的物理学，吉尔伯特的电磁学，哈维的血液循环理论，无不让人大开眼界。尽管这时的大学还是经院哲学的堡垒，但是一种健康的怀疑态度，随着文艺复兴思潮在文学、艺术、科学等领域迅速传播，被宗教神学统治了一千多年的欧洲开始苏醒并逐渐成熟。成熟的标志就是人们认识到人类应该从实践中发现知识和真理，而不是靠权威和无聊的争辩。最先发出这种声音的就是培根，他是"全部经验哲学的首领"，"敲响的钟声将所有的睿智之士召集在一起"，他的名字代表着关于实验的哲学思考。

在大学里,还未成年的培根有着与他实际年龄不相称的成熟。他对教师讲授的漠视自然、脱离实际的内容很不满意,尤其对经院派哲学家们把亚里士多德的哲学和神学生拉硬扯糅合在一起,玩弄概念崇尚空谈等感到深恶痛绝。他认为要造福人类,就必须掌握关于自然的知识及其变化规律,而知识只能在实践中,通过观察和实验获得,"知识就是力量"是培根众多名言中最著名的一句。大概在那个时候,培根就产生了改革哲学的念头,他想从哲学上为人类找出一条正确认识自然的康庄大道。

但年轻的培根并没有立即着手实施他改革哲学的计划,也许是由于他的家族背景,也许是由于他骨子里还是向往官场的荣华富贵,他首先选择了仕途。16 岁时,培根出任了英国驻法大使的随员,他为自己的选择作了这样的辩解:"我热衷于研究,冷静于判断,乐于沉思,慎于同意;敏于纠正错误的印象,严于整理纷杂的思绪。我既不沉迷于猎奇,也不盲从于好古,且深恶痛绝于各种形式的欺诈。由于这些原因,我认为我的天性和气质与真理好像有缘。但我的出身、我的教养,统统把我指向政治,而不是哲学;我似乎从小就浸染在政治中。"

但是培根的仕途生涯并不顺利,原因是他的父亲突然患病而匆匆去世。政治上失去了支柱的培根,经济上也变得一文不名,因为勋爵大人还没有来得及为他最钟爱的小儿子准备好一笔丰厚的资产,尽管他已经有了这方面的计划,但没能实施。起初,培根还指望他的那些有权有势的亲戚(尤其是那个当财务大臣的姨夫)能给他一点儿帮助,但很快他就品尝到了世态炎凉的凄楚。在求告无门的情况下,培根不得不靠自己奋斗了。他进了葛莱法学院,攻读法律,1582 年取得律师资格。1584 年,年仅 23 岁的培根当选国会议员,是他的口才和才华让他赢得了竞选。对此,本·琼生不无嫉妒地赞赏道:"没有人比他说得更简洁、更有力、更扼要……他的演说没有一段不独具魅力。他的听众不敢咳嗽,不敢旁视,否则就要遗漏……每一个听众所担心的,就是唯恐他讲完。"

过惯了奢华生活的培根,靠自己的奋斗进入仕途后,就使出浑身的解数努力往上爬。他保住了国会议员的席位并连选连任,1589 年成为法院出缺后的书记,1595 年当上检察官,1607 年被任命为副检察长,1613 年升任首席检察官。1618 年,57 岁的培根终于坐上了大法官——法律之王的宝座。

培根集多重矛盾于一身。一方面,他才华横溢,学识渊博;另一方面,他为了讨好权贵往上爬而极力谄媚、拍马屁。最受诟病的是他对一个最慷慨的朋友——埃塞克斯伯爵落井下石,有几百本关于培根的书都会提到这件事。事情是这样的:伯爵在培根最困难的时候极其大方地送给了他一座庄园,人们都以为这份厚礼会把他俩终生连在一起。但后来伯爵因反对女王而被捕,虽然培根也曾多次在女王面前为其求情,但在参与审判时,培根的口才又把伯爵送上了断头台。这件事让他成了众矢之的。有人说培根是"最聪明又最卑鄙的人"。也有人说他正应验了他自己的话:"为己的智慧是老鼠的智慧……"

在事业上,他既迷恋官场的风光无限,又钟情于哲学的沉思和愉悦。他在官场上步步高升的同时,也没有忘记对哲学的追求,他在学术上的成就和著作,似乎只是其动荡政治生涯中的插曲和消遣。他的第一个出版物《对知识的赞颂》,强调知识在于应用,认为"学问本身并不教人如何使用它们,这种运用之道是学问以外、学问之上的智慧,通过观察才能获得"。他的另一著作《培根论说文集》不仅内容丰富深刻,涉及政治、社会、伦理、道德、教育、人生等方面,而且文笔简洁、含蓄、精辟,字字珠玑,独具特色,折射着"文艺复兴"的熠熠光彩。他在《论习惯》一文中有句名言:"习惯是人生的主宰。"这话对我国目前的家庭教育和学校教育来讲,堪称是金玉良言。

对于科学,培根最重要的工作是他未能完成的百科全书式的巨著《伟大的复兴》。尽管这还是个半拉子工程,却已经为他赢得了"现代实验科学的鼻祖""英国唯物主义和整个现代实验科学的真正始祖"等殊荣。

在培根心目中,首先需要"复兴"的是哲学而不是科学。因为科学要复兴,必须要有哲学对科学方法进行分析,对科学方向进行确认,对科学目的及结果进行评议和协调。但现时的经院哲学只会空谈,对科学毫无价值。所以他认为哲学必须另起炉灶、自我更新,以促使科学的伟大复兴。这是一项宏伟的事业,在人类思想史上,除了亚里士多德还没有人能这么做。但在思想上,培根选择的恰恰是与亚里士多德决裂,他坚持用纯经验的实验方法探究世界。他还有句名言是"要命令自然就必须服从自然"。

培根的哲学书现在读的人也许不多了,但他"震撼了那些震撼世界的智者"。

他所阐明的科学方法,如观察、实验、归纳等,都是智者们所使用的,并对以后的科学发展产生了深远的影响。他认为科学是组织知识的,它必须自身先组织起来,于是1660年英国创立了"皇家学会",这个学会后来成了世界上最伟大的科学家联合会。法国启蒙运动的灵魂人物狄德罗在完成了杰作《百科全书》后说:"如果我们这部书成功了,我们最终将归功于大法官培根。"

1621年,培根因受贿垮台了。他挥霍无度,经常寅吃卯粮,于是收受了一个诉讼当事人的贿赂,最终他被判终身不得从政。经历了人生变故的培根,又留下了一句名言:"面对幸运所需要的美德是节制,面对厄运所需要的美德是坚韧,后者比前者更难能可贵。"

在隐居和平静中培根度过了5年的贫困余生,但又在对哲学的追求中获得了极大慰藉,他甚至后悔自己没有早点放弃政治,完成他没有来得及完成的《伟大的复兴》。1626年3月,培根从伦敦去往海格特。路上,在借宿的一家农舍里培根突发奇想,他买来一只鸡,将鸡杀死后又往鸡的身体里塞满雪,他想知道鸡肉能否在寒冷中保鲜。他虚弱的身体没有抵挡住寒冷的侵袭,最终引发支气管炎而去世。他在遗嘱中说:"我把灵魂遗赠给上帝……把躯体留给泥土,把名字留给后代和异国他乡的人们。"的确,后代和世界都接受了他的名字。

培根一生中唯一的实验

3.7 崇尚理性和数学演绎法的笛卡儿

科学史上的16、17世纪，注定是一段不同凡响的历史时期。此前，科学尚处在哲学的襁褓之中，甚至还没有"科学"这个词，人们将其称为自然哲学。到了16、17世纪，科学以其精彩的表现，宣告了近代科学的诞生和科学的独立，被人们誉为科学革命。与此同时，哲学家也从科学的成就中寻找哲学发展的"陆地"。近代科学有两大传统，也就是自然科学研究的两个基本方法，一个是建立在观察、实验基础上的归纳法，另一个是建立在公理化基础上的数学演绎法。培根以对实验归纳法的精辟论述确立了他在经验哲学领域的首领地位；笛卡儿则以推崇数学演绎法和理性主义，成为西方近代哲学的先驱和创始人。

勒内·笛卡儿是法国人，1596年出生在图伦的一个贵族家庭。笛卡儿天生是一个病秧子，刚生下来只会哭和张着嘴干咳，大概当时最有想象力的人，也不会把这个体质羸弱的小人儿与后来的大哲学家联系起来。8岁时，父亲把他送到了一所很有名的耶稣会学校——拉弗莱什公学，这是一所有着古典传统的贵族学校，笛卡儿在这里学习了8年。由于身体虚弱，他得到了令其他学生羡慕得眼红的特殊关照：早上不必参加那些宗教仪式，甚至不用到教室上课，可以待在床上看书学习。这让他养成了一个伴随他一生的坏毛病，就是总喜欢赖在床上。

笛卡儿相貌平平，却极具智慧。在拉弗莱什公学，整天躺在床上的笛卡儿并没有偷懒，除了看书，他多数时间都在沉思凝想。学校开设的课程有神学、法学、哲学、数学以及法文、拉丁文等。尽管他各门功课都很优秀，是老师眼中的好学生，但他骨子里却隐藏着叛逆的一面。他对学习的内容很不满意，他怀疑这些知识的价值，认为除了数学，其余很多都是空洞无用的。他怀疑那些理论的可靠性，认为很多都模棱两可，甚至前后矛盾，经不起推敲。他甚至认为那些看似不言而喻、显而易见的知识都值得怀疑。笛卡儿把怀疑一切作为他哲学起点的思想，可能在那时就已经萌发了。但是对于数学，他天生就有"慧根"，对学校也大加赞赏，声称他在拉弗莱什公学受到的数学教育，不比欧洲任何一所大学差。他推崇在科学研究中应用数学演绎法的哲学思想,大概在这里就有了一定的基础。

1612年,笛卡儿进入了普瓦捷大学攻读法学,1616年获得博士学位。之后,他投笔从戎到了另外一个迥然不同的世界——军营。在荷兰当兵时他在大街上的公告栏里偶然发现当时的大数学家、物理学家贝克曼悬赏求解一道数学题,这让他产生了极大兴趣。两天后,当他把准确答案送到贝克曼的手上时,贝克曼大为惊奇,以后两人就成了很好的朋友。

1621年,笛卡儿结束了4年的军旅生涯回到法国,但他并没有安顿下来。可能是因为巴黎的气氛使他越来越趋于胡思乱想,而不是趋于真正的哲学性思维,也许是笛卡儿觉得还没有读透"世界这本大书",于是他又继续在欧洲各地开始旅行,体验并积累经验,在命运安排给他的事情中锻炼自己,对遇到的所有事物独立思考,让他从中受益匪浅。

直到1628年,笛卡儿才在荷兰安居下来。笛卡儿相中荷兰是因为当时荷兰的环境比较自由与宽松,能够容忍不同思想的存在和传播。所以,当时欧洲的许多思想家受到迫害时,都跑到荷兰来避难。移居到荷兰的笛卡儿好像又消失了,而且长达20年之久。他几乎与世隔绝,不让任何人扰乱他的宁静,他需要在完全的寂寞中思考,以完成他的研究和写作。

与培根相比,笛卡儿不仅是哲学家,还是非常优秀的数学家和科学家。对于科学,培根基本上是个门外汉,他不可能有时间去做那些劳神费力的实验,也没有跟上他那个时代科学发展的步伐,反对哥白尼,贬低吉尔伯特,也不理睬开普勒和伽利略。培根只是在远处指指点点,却也难为他居然为科学编制出了宏伟的复兴蓝图和具体的规则方法。但笛卡儿不同,他在科学的许多领域都有自己独到的研究和见解。在天文学上他早于康德一个世纪就提出了宇宙演化学说和"旋涡模型";在光学上,他用一个注满水的玻璃球做实验,证明了他参与提出的光的折射定理;在生物学方面,他提出了刺激反应说,把对眼睛结构的研究与光学透镜结合起来矫正人的视力缺陷;在化学、力学、气象学等领域,他都有不凡的贡献。笛卡儿写的第一本书《论世界》是讨论物理学和宇宙学的,但是当他听说17年前伽利略就是因为讲授与他相似的观点而遭到宗教裁判所的迫害时,有人形容"他就跑到,而不是走到出版商那儿把手稿取了回来"。他不想为此而坐牢,但也不甘心,后来他将这些内容加入到另外一本书中,重新包装成《哲学原理》出版。

笛卡儿最有价值的工作是在数学和哲学方面,这两方面的工作都极大地推动了科学的进步和发展。相信大家都知道或听说过"笛卡儿坐标",就是我们经常用到的直角坐标系,这是笛卡儿发明创立的,是笛卡儿为数学和科学发展做出的特殊贡献。在数学上,从"笛卡儿坐标"发展出了解析几何这一数学分支,把欧几里得几何和当时新兴起的代数学融合在了一起,让变数进入数学,实现了从常量数学向变量数学的划时代突破,并为后来的牛顿和莱布尼茨发明微积分提供了必要的前提。仅此一点,笛卡儿就足可进入世界名人册了。对于科学,变数的引入则大大加快了科学发展的进程。

尽管笛卡儿有很高的数学天赋,贡献也很大,但他的兴趣和志向却是哲学,在数学上他只是一个匆匆的过客,以至于有人说他是"在不经意间成了数学家"。他发明的"笛卡儿坐标"似乎就有偶然性。据说有一天他躺在床上,看到一只苍蝇落在天花板上。天花板是使用木条横竖交叉着建造的,他忽然发现要确定苍蝇的准确位置,只需指出它是位于第几行和第几列即可。一个重要的数学分支就这样诞生了,但这种说法并不影响笛卡儿将数学的精确性和严密的逻辑推理应用于科学和哲学思考上,使其产生巨大的作用。在科学上,他推崇的数学演绎法和培根倡导的实验归纳法相辅相成,共同构成了科学研究的两大传统。在哲学上,他推崇理性的普遍怀疑方法,认为这才是推动科学发展的根本方法。

笛卡儿的怀疑是彻底的、毫不留情的,目的是要把他的哲学建立在一个不容置疑的基础之上。他早就对现有的知识心存疑虑,他要彻底清除哲学中所有可疑的、不可靠的认识。但是他发现"正在怀疑的、思考着的我的存在"这一事实,是不能怀疑的,否则就会自相矛盾。这就是笛卡儿最著名的哲学名言——我思故我在。这一发现,让笛卡儿找到了他所需要的哲学基础,这句话也就成了笛卡儿构建其哲学大厦的第一块基石。笛卡儿用这种方式建立起了自己的哲学体系,很可能是受了欧几里得几何的影响;欧几里得用不证自明的几条公理演绎出了一个完整的知识系统。笛卡儿哲学被称为理性主义哲学,他彻底抛弃了陈腐的中世纪经院哲学,开创了近代哲学,为科学发展清除了思想障碍。

1649年,瑞典女王克里斯蒂娜仰慕笛卡儿的学识和才华,非要当他的学生,并派出一艘军舰去荷兰迎接他。可惜孱弱的笛卡儿不能适应北欧冬季的严寒,尤其是勤奋的女王为了不耽误公务,早上5点就要上课,这让习惯于日上三竿才起床的笛卡儿更不适应。几个月后,1650年的2月,54岁的笛卡儿因肺炎在斯德哥尔摩去世。人们在他的墓碑上刻了这样一句话:"笛卡儿,欧洲文艺复兴以来,第一个为人类争取并保证理性权利的人!"

笛卡儿在为克里斯蒂娜讲授哲学

第四讲　牛顿开创的科学新纪元

4.1 牛顿——科学中的巨人

(一)牛顿出世

伽利略去世于1642年,1643年牛顿诞生了。是这两个巨人,一前一后联手推动了近代自然科学的诞生,从而彻底改变了人类对世界的认识。伽利略率先在科学的各个领域引入和创立了近代自然科学的概念和研究方法。牛顿用这些概念、方法,加上他个人的天赋,建立起近代自然科学的理论大厦。

艾萨克·牛顿出生在英国林肯郡伍尔索普村的一个普通农户家,在他还没出世时父亲就死了。牛顿是个早产儿,刚生下时则还不到3斤,瘦小虚弱,他和前面讲的开普勒、笛卡儿倒是很像。2岁时他母亲改嫁了,而他则留在了外祖母家,所以童年的牛顿注定和幸福无缘。幼时的境遇让牛顿从小就沉默寡言、孤独倔强,还有点神经质,且终生如此。据说当他已经功成名就,当选了英国国会议员后,在开会时也从未发过言。有一次他突然站起来,大家以为大名鼎鼎的牛顿终于要发言了,都准备洗耳恭听,结果他只是说了一句"风太大,应该把窗子关上"就又坐下了。

小时候牛顿学习成绩一般,没有人会把他与未来的科学巨匠和数学大师联系起来。但是他有两点与众不同之处,似乎预示着这是位科学奇才。一点是他喜欢摆弄一些小玩意儿,尽管只是自娱自乐,但却很有水准。据说他制作的风筝尾巴上悬挂着一个小灯笼,夜间风筝放飞后,村里人看到时还惊疑是彗星出现。他还制造了一个小水钟,每天早晨,小水钟都会自动滴水到他的脸上,催他起床。另一点就是他酷爱读书,喜欢思考,而且常常进入物我两忘的境界。长大后的牛顿也依然如故,有两个小故事曾广为流传。一个是说有一天他一边读书,一边在火炉上煮鸡蛋。等他揭开锅想吃鸡蛋时,却发现锅里煮的是一只怀表。还有一个是说他有一次炖了一只鸡,请朋友来吃。鸡快炖好时他突然想到了一个问题,便立即进了书房。朋友等了好久不见他出来,就自己把鸡全吃了,然后朋友将残存的鸡骨头留在盘子里后不辞而别。牛顿出来后看到盘子里的鸡骨头,就自语道:"哦,我已经吃过了。"便转身

牛顿故居

又进了书房。

　　牛顿12岁进了离家不远的一所中学，但16岁时就辍学了。因为他的母亲在第二任丈夫去世后，又回到了他身边，同时还带回了一笔遗产，其中包括一大块土地需要有人打理，牛顿自然是母亲的第一人选。尽管这时的牛顿已经不是小孩儿了，但他显然不具备这方面的能力。他去地里无论干什么农活都要揣上一本书，而且一读书就将什么都忘了。他当牧师的舅舅艾斯库和他的校长史托克似乎看到了牛顿孤僻的外表下面潜在的特质，就努力说服他的母亲，想方设法把他送到了剑桥大学三一学院，这也是艾斯库曾经就读的学校。这时的牛顿已经18岁了。

　　在剑桥大学，牛顿吸收了学校所教的古典著作的思想，包括亚里士多德满是错误的定性物理，以及欧几里得的几何。除了冷漠，他无异于其他同学。然而没人知道，临近毕业时，牛顿已经精通了当时学校还鲜有人触及的哥白尼、开普勒、伽利略、笛卡儿的最新成就，并开始超越，向未经探索的领域推进了。但他将这一切都收藏在笔记本里，从不张扬且终生如此。用他写在第一个笔记本上的座右铭来形容似乎再恰当不过：真理是我最好的朋友。但是他这种谨慎的低调后来也给他添了不少麻烦。

1665年,一场瘟疫袭击了伦敦。为了避难,剑桥大学开始无期限地放假,牛顿也回到了他母亲的农场,这里比较偏僻,相对要安全。可能是乡下的宁静特别有益于思考,他利用这段难得的闲暇开始整理他的思路,在以后的18个月中,他竟然在不同的领域都获得了极为重大的发现,独自取得了四项革命性的成就,即数学微积分的创立、对光和颜色的研究、三大运动定律和万有引力定律,以至于有学者把这段时间称为科学史上的"神奇年代"。

在这段时间里,起初牛顿先是牛刀小试,在数学上研究出二项式定理,使之成为微积分早期级数研究的得力工具。接下来,牛顿在不到一年的时间内,就将他前期的积累转化成了微分学和积分学。微积分的创立是数学史上罕有的伟大成就,意义非凡,它使数学从常量时代进入到变量时代,从而极大地促进了科学的研究和发展。牛顿创立微积分后,并没有急于发表,而是首先用于证明他所发现的万有引力定律。但是德国的数学家莱布尼茨后来也独立地创立了微积分,并且立即出版,这让牛顿坐不住了,由此引发了两人谁最先创立了微积分的一场争战。这场争战不仅惨烈而且壮阔,两个人的朋友和学生都身陷其中,连两国的皇室和外交官也卷了进来,毕竟这也关乎到国家的荣誉。最终的结果还算公允,大家公认牛顿和莱布尼茨都是独立地创立了微积分,两个人应该平分秋色,共享发明权。

回到家乡第二年的1月,牛顿在他的微积分研究尚在朦胧之中时,却首先在光学上有了意外的重大发现。有一天,他在一个市场闲逛,见到一对三棱镜,出于好奇就买下了。回家后,按照他自己的说法:"我把房间弄得很暗,仅在百叶窗上开了一个小洞,让适量的阳光照射进来,把我的棱镜放在光线进入处,光线就透过棱镜折射到对面的墙上,一开始这是件很愉快的消遣。"或许,当初牛顿就是为了消遣,就像小时候扎个风筝、做个水钟一样。但是后来的结果让牛顿大感意外,折射到墙上的光线竟然变成了美丽的七色光:红、橙、黄、绿、蓝、靛、紫。后来,他又用一个开有狭缝的挡板,只让一种颜色的光,譬如红色的光线通过狭缝,射在第二个棱镜上,而通过第二个棱镜折射后的光线则仍然只是这种颜色。这次不经意间的消遣让牛顿发现了光的重大秘密,原来普通的光是由七种颜色的光组合而成的。后来,他又用实验将这些不同颜色的光合成,还原为普通光,进一步确证了普通光的结构组成。

光的秘密

牛顿在家乡最有意义的事是发现了万有引力,据说这是牛顿看到苹果落地引发的。苹果熟了从树上落到地上,这是一个再平常不过的事情,没有人会对此产生疑问。但牛顿却想:苹果为什么是向下掉落而不能飞向天空?渐渐地牛顿明白了,苹果落地和月亮绕着地球转,看似没有任何关系的两件事,却都是因为受到了地球的吸引。最终,牛顿将这点微不足道的洞察逐渐放大成为万有引力定律。这个定律,成了后来卫星上天、飞船登月的理论基石。

1667年牛顿又回到了剑桥大学,这时的牛顿可谓是"士别三日当刮目相看"。他不仅顺利拿到硕士学位,并留校任教,而且两年后就成了剑桥大学最年轻的教授。这些都得益于他回到剑桥大学后就公开了他对光的研究,但其他的研究牛顿还是秘而不宣,可能他认为时机还不够成熟吧。另一件让牛顿名声远播的事是1668年他改造一架望远镜——反射式望远镜。这架望远镜不仅比伽利略的折射式望远镜更小巧,而且效果更好。现在在英国皇家学会还珍藏着一架牛顿亲手为英国皇室制作的望远镜。凭借反射式望远镜这一贡献,很快牛顿就获得了英国皇家学会会员的殊荣,当时他还不足30岁。

回到剑桥大学,牛顿讲授的第一门课程是光学,在皇家学会他的第一次报告讲的也是光。但让牛顿没有想到的是,他讲光的实验,也就是他在乡下做的那个实验以及关于光学的理论,让胡克颇为不满。胡克时任英国皇家学会的秘书长,在许多领域都有很深的研究和造诣,包括光学领域。他认为牛顿对光学的涉足踏进了他的领地,这让两人成了一世的冤家。牛顿用实验证明了光的结构,还提出了关于光的本质的"微粒说",即光是由光源发出的光子组成。胡克极力反对,他主张光是以波的形式运动和传播的,就像声音一样。持这种观点的还有当时荷兰的大科学家惠更斯等人。关于光的本质究竟是"微粒说"还是"波动说"的争论,先后持续了200多年,难分高低,因为两种学说都有实验证据,但也都有缺陷。最后结束这场论争的是200年后出现的又一个科学奇才爱因斯坦,他用一个极其简洁的数学公式把光的粒子性和波动性统一起来,证明光既有粒子的特性,又有波的特性,这就是非常著名的光的"波粒二象性"。

牛顿制作的望远镜

在这一个回合中,两人似乎是打了个平手,实际上大多数人认为牛顿的贡献要大于胡克。后世评论,牛顿仅就光学上的成就,就已经是科学史上重量级的人物了。

(二)划时代的经典力学著作——《自然哲学的数学原理》

牛顿对科学的伟大贡献突出体现在他那部不朽的大作《自然哲学的数学原理》

中。此前，牛顿的前辈伽利略和开普勒分别发现了地上物体运动的力学定律和天体运动的三个定律，牛顿综合了伽利略、开普勒等人的工作，提出了力学三定律和万有引力定律，将天体运动和地上物体的运动统一起来，建立起经典力学的理论大厦。

在《自然哲学的数学原理》一书中，牛顿从力学的基本概念出发，总结出运动的基本定律，即牛顿三定律，并且解释了书中所涉及的数学问题。在此基础上，牛顿用演绎的方法推导出万有引力定律，万有引力是整个牛顿理论的核心。在书中，牛顿还解释了哥白尼的学说和天体运动的规律，开普勒耗费半生精力得到的三个经验定律，用牛顿的理论轻而易举即可得出，并且是经过严格的理论推导而得出的结论。同时，牛顿还对当时人们所能提出的一些问题，如行星运动、自由落体运动、振子运动、潮涨潮落及地球的扁圆形状等，都作出了圆满的解答。尤其是牛顿认为他的理论不仅能够解释人们已经观察到的事实，而且还能对尚未观察到的现象作出预测，并且给出了一些让人极为惊奇的预测，其中关于彗星的预测就激发了哈雷的

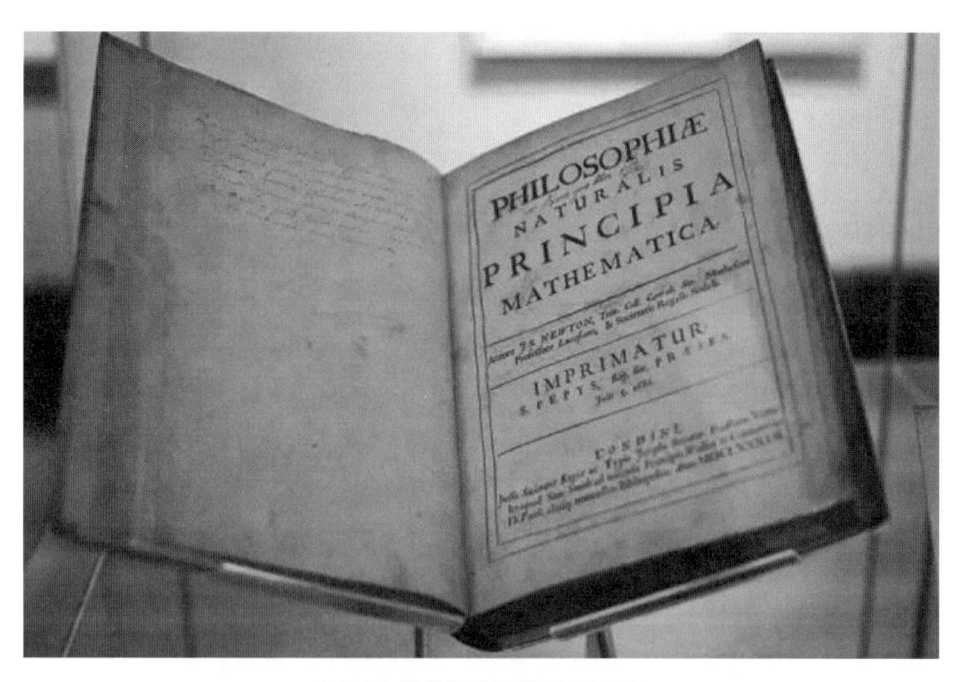

牛顿《自然哲学的数学原理》书影

极大兴趣。

哈雷是牛顿的好朋友,他是专门研究彗星的。古往今来出没不定的彗星一直让人们大感神秘,甚至还把它与人间的灾祸联系起来。但牛顿认为,彗星也和其他的行星一样,也是以椭圆轨道绕太阳运行的,只不过轨道更扁、更长,甚至会跑到太阳系的边缘以外。哈雷注意到1531年、1607年、1682年出现的彗星有很多共同点,他就猜测这可能是同一颗彗星重复出现。于是他用牛顿的理论计算了彗星的轨道和周期,发现它大约76年出现一次,并预言它将会在1758年回归。果然,这颗彗星按时回来了。尽管哈雷没能等到这一天,牛顿也没有,但是它的回归却轰动了整个欧洲,于是人们就把这颗彗星命名为哈雷彗星。

海王星的发现则完全是在牛顿理论的指导下完成的。根据牛顿的理论,人们发现天王星的观测数据总是与理论计算不符,于是猜测在天王星附近可能还有另外一颗未知的行星。英国的亚当斯最先研究出这颗未知行星的运行轨道和位置,并把结论寄到了格林尼治天文台和剑桥大学天文台,希望他们能对这颗未知行星进行搜索验证。但是这两个天文台的台长却没把这个名不见经传的年轻人的研究当回事儿。相比之下,法国的勒威耶就幸运多了。虽然他的研究比亚当斯还晚一年,但是当他把结果寄到柏林天文台请求验证时,柏林天文台没有看不起这个无名小辈,他们很快就搜到了这颗行星,且验证结果与勒威耶计算的结果极其相符,后来它被命名为海王星。德国著名物理学家劳厄说:"没有任何东西像牛顿引力理论对行星轨道的计算那样,如此有力地树立起人们对年轻的物理学的尊敬。从此以后,这门自然科学成了巨大的精神王国,没有任何权威可以忽视它而不受到惩罚。"

但是《自然哲学的数学原理》一书的出版并不顺利,阻力还是来自胡克。胡克也研究过类似万有引力的问题,并且曾给牛顿写信进行过探讨,但是他数学功力不足,无法予以证明。牛顿用微积分的方法导出了万有引力定律后,胡克就不高兴了,指责牛顿剽窃了他的思想,再加上皇家学会当时资金不足,于是该书原本由皇家学会公开出版的计划被迫搁浅。后来还是哈雷深感这部书价值巨大,从中做了大量工作,并自己出钱资助,亲自校对排版,这部科学巨著才得以面世。

客观地说,胡克也并非胡闹,他和哈雷,还有一个叫雷恩的,确实都研究过这个问题。但是首先提出"万有引力"概念,并用数学方法给予严格论证,形成完整理论形态的是牛顿。

牛顿既是数学天才,也是实验天才。伽利略创造的实验—数学方法,被他发挥得淋漓尽致,并且应用得更加娴熟、更加得心应手,使之成为自然科学研究方法的典范。在牛顿力学的示范和影响下,电磁学、热力学、化学、生物学等,在其后的一百多年里,都有了实质性的突破和发展,自然科学全面繁荣,由哥白尼开启的科学革命在牛顿这里大放异彩。

其实,牛顿力学革命的影响远远超出了自然科学的范围,其表现在对研究方法的重视和应用上,尤其是数学方法。虽然伽利略、笛卡儿都很重视数学,其他科学家、思想家也都意识到数学应该成为科学的语言,但是真正做到这一点的是牛顿。牛顿终结了自古希腊以来人们以哲学思辨理解和解释世界的传统,并由数学取代。现在,数学已经成了科学的"硬核"。现如今社会科学等学科也都在尝试引入数学,目前做得比较成功的是经济学和心理学。

随着牛顿力学的诞生和科学在各个领域不断获得胜利,人们的思想意识也发生了重大变化。当代著名科学史家韦斯特福尔说,从17世纪起,科学就开始"将原来以基督教为中心的文化变革为现在这样以科学为中心的文化"。

牛顿力学对哲学产生的影响,重大而深远。在此之前,科学和哲学没有区分,就是一回事儿。哲学一直在履行着科学的职能,人们用哲学的方法探究世界本原,理解我们置身其中的世界。但从牛顿那时起,在近代科学的耸立之处,科学与哲学开始分道扬镳。科学从哲学中独立出来,并且迅猛发展。显然,是牛顿迫使哲学改变了发展的方向。

牛顿力学的建立,极大地影响和改变了人们的科学观和世界观。之前,笛卡儿首先在哲学上系统地阐述了机械论的观点,认为地球上物体的运动和天体运动服从同样的法则、机制,所有的物体都为同样的自然规律所支配。牛顿力学建立以后,尤其是它在实践中获得的巨大成功,就开始形成了以"笛卡儿—牛顿"传统为基础的一种认识方法。它认为宇宙组织精密,所有事物都是严格按照规律发生变化的。这种宇宙观被人们普遍接受以后,以"机械还原论"为核心的自然观和现代科学观便逐渐成了占主导地位的世界观。

牛顿对人类的贡献是如此巨大,影响是如此深刻,以至于在科学史上难以有人望其项背。哈雷曾问过牛顿为什么能够获得这么多的发现。牛顿说,关键在于他从不依赖灵感和运气给他提供洞察力,他依赖的是全神贯注,对发现的问题进行思考,决不放松,直到最终有了答案。

1687年《自然哲学的数学原理》一书的出版为牛顿带来了莫大的荣誉和尊重。1689年他当选英国国会议员,1696年到皇家造币厂工作,1699年被任命为皇家造币厂厂长。1703年胡克去世,牛顿当仁不让地成了皇家学会的会长,一直到他1727年去世。在此书出版以后的岁月中,牛顿在科学上再也没有什么新的建树。有人说牛顿是江郎才尽,也有人说牛顿的研究方向错了,因为他把精力放在研究神学和炼金术上了。其实,这对牛顿有点苛求了。作为一个科学家,牛顿已经出色地完成了他的使命,在他那个时代,他不可能再超越自己,而且以后的两百年间也没人能够超越他,直到后来爱因斯坦出现。

4.2　从炼金术中走出来的近代化学

（一）近代化学的奠基人玻意耳

尽管有很多人可能还不懂化学，但现实生活中已经没有人能够完全与化学"绝缘"了，化学已然成为与人类生活联系最为密切的学科之一。

在17世纪和18世纪，与风光无限的物理学相比，当时的化学还陷在神秘兮兮的炼金术里，甚至连伟大的牛顿也热衷此道。牛顿不仅在其后半生里投入了大量精力和时间去研究炼金术，还留下了大量的笔记。

所谓炼金术，就是把一些不值钱的普通金属，如铁、铜、锡、铅等变成黄金白银。中国神话中也有"点石成金"的故事。当然，西方的炼金术可不是讲故事，早期在地中海沿岸，人们制造出了人造珍珠、仿金饰品，替代价格昂贵的真品。但假的毕竟是假的，要是能把这些假的变成真的该有多好啊，于是最早的炼金术士就应运而生了。

最初参与炼金的人并非都是些无知之辈，他们不仅有手艺，而且有学问。他们甚至在柏拉图的思想库中找到了炼金术并不正确的"科学"根据。柏拉图认为，所有的金属材料本质上都一样，差异主要表现在诸如色彩、轻重等特性上。这就像人，都是由肉体和灵魂构成的，所有人的肉体都一样，人之所以不同，有善有恶，就是因为灵魂不同，但经过教育改造，也可以把恶人变成善人。金属的特性就像人的灵魂，只要想办法改变某种金属的特性，就可以把普通金属变成贵重的金属。在这种思想的指导下，当然更多的是在强烈的发财欲望的驱动下，西方人在此后的很长一段时间，从未停止对炼金术的实验和探索。

中国古代也有类似的活动，但主要不是炼金而是炼丹，就是寻求炼制能够让人长生不老的丹药，无论野史还是正传，其中都有这方面的记载和传说。这是中国与西方的一个重要差别，但结果却相同，都失败了。然而正是这失败的炼金术和炼丹术，却孕育和发展出了近代化学。

炼金的过程其实就是在做化学实验,用到的原料主要是硫黄、水银、硫化汞、硝石等。尽管他们没有得到想要的金子,但是在长期的炼金和炼丹活动中,却意外地收获了许多其他的东西,真是应了"有心栽花花不开,无心插柳柳成荫"这句老话。譬如,对人类文明发展产生重大影响的火药,就是中国的炼丹术士在炼丹时得到的副产品。他们深入认识了更多物质的性质和成分,积累了大量的化学知识;他们发明和制造出许多化学实验的仪器和工具,像坩埚、烧瓶、蒸馏瓶等;他们积累了丰富的科学方法,如实验、观察、记录、分析、归纳等。这些都是近代化学不可缺少的重要元素。

炼金术士的活动和积累是产生近代化学的黑土地,这也印证了我们这部史话所强调的一个观点:科学来自实践,来自生产和生活。到了后来,一方面是历代炼金术士的努力屡屡失败,另外有一些江湖骗子也混迹其中,这让炼金术变得声名狼藉。于是,炼金术逐渐向实用领域转向,一些有眼光的炼金术士开始研究与医药、矿物、冶金等相关的化学知识和技术。但是这时的化学还远不是科学,使化学摆脱炼金术并使之成为科学的第一人,是英国的罗伯特·玻意耳。

玻意耳1627年出生于爱尔兰的一个贵族家庭。小时候的玻意耳是个神童,8岁进伊顿公学读书时,就已经懂得希腊文和拉丁文了。优裕的家境给了玻意耳更多的选择,他没有按部就班地接受系统的学校教育。11岁时他在一个家庭教师的陪伴下,来到欧洲大陆游历。这对玻意耳来说是件幸事,使他有机会接触和了解伽利略、笛卡儿的思想和方法,让他在最好的年华吸收了当时人类最先进的知识营养。比起与他同时代的人,玻意耳少了很多传统的束缚。

玻意耳非常崇拜培根,他对培根的经验主义哲学极其推崇,坚信"空谈无济于事,实验决定一切"。所以,他从父亲理查德伯爵那里继承下一份丰厚的遗产后,首先在他的庄园里建起了一座颇具规模的实验室,设备也很精良。他所做的实验涉及物理、化学、生物和医学等众多领域。中学物理中有个很有名的玻意耳定理,就是玻意耳在研究气体性质时发现的,具体内容是:在密闭容器中的定量气体,在恒温下,气体的压强和体积成反比关系。玻意耳认为空气很可能是由微粒组成的,因为微粒中间有空隙,当压力增加时,这些微粒可以靠得更近,尽管这些微粒人们用肉眼无法看到。这是自古希腊哲学家德谟克里特提出原子论以来,首次有人提出证据。

　　前面讲过的胡克，虽然与牛顿合不来，但对玻意耳却很敬重，而且胡克心灵手巧，擅长制作各种设备装置。在胡克的协助下，玻意耳制造了一个真空泵。他用真空泵把一只装有羽毛和铅块的玻璃管抽成真空，通过实验证明了伽利略的自由落体定律：在没有空气阻力的情况下，羽毛和铅块的下落速度完全一样。这是自伽利略提出自由落体定律后，第一次被实验证实。

　　与其他学科相比，化学是最离不开实验的。据说从玻意耳开始，欧洲近代的化学家都有私人实验室，或者是到有实验室的地方当助手，胡克就曾经在玻意耳的实验室当助手。近代化学能够在欧洲发展起来，私人实验室功不可没。另外，那时候研究科学做实验是没有工资及奖金的，完全是出自个人的兴趣和追求，却建起了近代科学的大厦。

　　前面我们讲培根时曾经说过，培根认为科学是组织知识的，它必须自身先组织起来。玻意耳经常和一些学者定期聚会，讨论各种问题，介绍个人的研究成果，这种学术聚会当时称为"无形学院"。1662年经查理二世批准，在"无形学院"的基础上，正式成立了日后在世界上具有广泛影响力的英国皇家学会，并获得了由查理二世颁发的许可证。学会曾一致推荐玻意耳出任会长，玻意耳却无意于此，以体弱多病为由谢绝了这个在别人眼中有着莫大荣誉的位子。

　　玻意耳把实验和观察视为研究化学的前提和基础，他说："要想做好实验，就要敏于观察。"据说玻意耳的女友非常喜爱紫罗兰，她不幸去世后，玻意耳终身未娶，但总要在身边放置一束紫罗兰。有一次，玻意耳在做实验时不小心把浓盐酸洒在了紫罗兰上，他心疼极了，立刻用水冲洗干净，再插到花瓶里。过了一会儿，他惊奇地发现洒上浓盐酸的紫罗兰由紫色变成了红色，这引起了玻意耳的注意。于是，他又用各种颜色的花草进行实验，观察花草颜色的变化。他发现多数花在酸或碱的作用下颜色都会发生改变，尤其是以石蕊地衣中提取的紫色浸液最有意思，它遇到酸时变成红色，遇到碱时又变成蓝色。后来，玻意耳用这种浸液把纸湿透，烘干后专门用来检验溶液的酸碱性，这就是如今实验室广泛应用的石蕊试纸。

　　玻意耳对化学的最大贡献是澄清了关于元素的科学概念。

　　从古希腊的泰勒斯最先提出"水是万物之源"以后，人类就开始了对构成世界终极元素的思索和寻求。恩培多克勒认为宇宙中存在四种元素，即水、气、火、土，从而形成了"四元素说"。在他之后，亚里士多德进行了补充和完善，并将其发展为一种体系。很长一段时间，人们对这一说法深信不疑，但玻意耳却不以为然。他认为，构成大千世界的最终元素应该是单纯的、均匀的，是形成各种物体的原始物质。元素与元素可以互相化合形成各种物质，这些物质又可以分解成单纯的元素，但元素不能分解，也不能由其他物质生成或组成，而这一切必须通过实验得到确证。他认为亚里士多德说的四种元素根本不配称为元素，而硫、汞、铁、铜、铅、锡等物质却都符合元素的概念。玻意耳关于元素的观点，是使化学走向科学迈出的决定性一步，从此化学开始逐步发展，得以有资格与物理学、天文学平起平坐。

玻意耳做实验

根据玻意耳的理论，人们开始了有目的地发现和寻找各种元素的科学活动，至今发现的化学元素已有一百多种。但是，如果按照现在的观点，玻意耳所说的元素应该叫单质，关于化学元素的科学的定义，可以通过阅读相关书籍来从中了解，在中学化学教育中也会给出准确答案。

（二）悲壮的化学之父拉瓦锡

科学史上，人们一般都认为近代化学诞生于1661年，根据是这年玻意耳出版了化学史上极有影响的著作《怀疑的化学家》。书中明确指出：化学不应该只是医学或炼金术的附属品，它原本就是一门具有巨大研究价值的独立学科，应该和物理学、天文学一样，成为自然哲学的一个分支。同时，玻意耳所提出的元素概念和倡导的实验方法，为以后化学的发展指明了方向。从此，化学开始从炼金术中走出并逐渐得以独立，玻意耳也因此被誉为近代化学的开拓者和奠基人。与他在化学上的成就相比,他的玻意耳定律倒是显得微不足道了。

然而,让人啼笑皆非的是,首先使化学走出炼金术的玻意耳却和牛顿一样,也十分钟情于炼金术。从他和牛顿来往的信件中可以发现,这两个科学史上的巨人,经常秘密交流研究炼金术的心得。其实,科学家在其科学生涯中走弯路、出差错是很正常的。科学的发展也不像一些书中所描述的那样顺利。英国科学史家丹皮尔认为科学并不是在一片广阔而有益于健康的草原上发芽成长的,而是在一片遍布巫术和迷信的有害丛林中发芽成长的。玻意耳为化学发展制定方法,指出方向,已经完成了他的使命。化学的进一步发展有待于另一位极具理论头脑和实验才能的化学家拉瓦锡来完成。在接下来的18世纪,拉瓦锡在化学中掀起了一场更大的革命,被后人誉为"现代化学之父"。

在前面的文章中,我们曾不止一次地赞叹希腊人构建理论的热情和痴迷,正是这种热情和痴迷使得近代自然科学在西方诞生。拉瓦锡身上似乎就有这种天赋。德国化学家李比希说拉瓦锡"没有发现前人不知道的新物体、新特性、新自然现象。他的不朽光辉在于他把一种新的精神注入了科学内部"。拉瓦锡通过实验探索科学理论,把化学从单纯的应用技术变成了一门有理论支撑的科学。

1743年,拉瓦锡出生于法国巴黎,他的父亲是个律师,母亲来自一个非常富有的家族,她去世后给拉瓦锡留下了一大笔遗产,让他有能力承包了一个税收公司。税收公司的收入为他进行科学研究和做实验提供了足够的经费,但也在日后为他招来了杀身之祸,正所谓"祸兮福之所倚"。

拉瓦锡童年时无忧无虑,长大后进了巴黎有名的马萨林学院,主修法律。这是父亲替他作的选择,希望他能子继父业。但拉瓦锡真正感兴趣的却是科学,他经常会去旁听一些天文学、数学等方面的课程。拉瓦锡大学毕业后当了律师,但却有点"不务正业"。他父亲的一个朋友是位地质学家,他受命绘制法国的地质地图,完成这项工作必须到全国各地进行实地考察。为此,他需要找一个助手,于是拉瓦锡就毛遂自荐当了跟班。他们一起跋山涉水,走遍全国,为各地的矿物进行鉴定和分类,工作虽然辛苦,但二人却乐在其中,更让拉瓦锡受益匪浅。1765年,拉瓦锡用刚掌握的化学、矿石的知识撰写了第一篇论文,是关于石膏理化性质的。这篇论文在巴黎科学院宣读并引起大家注意。同年,科学院征集改进城镇路灯照明的方案,拉瓦锡的方案被评为优秀方案，荣获一枚金质奖章。1768 年，年仅 25 岁的拉瓦锡成了法兰西科学院的院士。

拉瓦锡在科学事业上顺风顺水，在生活中也春风得意。1771 年，28 岁的拉瓦锡娶了美丽聪慧的玛丽为妻。玛丽非常着迷于丈夫的研究，总是跟在他的身边学习化学、记录数据，把英语文献翻译成法语，还将一系列实验一丝不苟地用图画的方式记录下来。有人称赞这些优美的图画"像点金石一样，把炼金术变成了化学"。

拉瓦锡做实验，玛丽记录

当然，真正把炼金术变成化学的还是拉瓦锡，并且是从火开始的。

火的专业术语叫"燃烧"，但"火"是什么，"燃烧"的本质是什么，并不是每个人都想知道的，因为它太普通了。有人说，科学源于聪明人对常见现象或事物的深刻反思，事实也确实如此。

在拉瓦锡之前，曾有一种关于燃烧的学说——燃素说，到拉瓦锡时，这一理论已经流行很久了，很多人对此深信不疑。

科学史话

支持燃素说的人认为,物质之所以燃烧,是由于物质中有一种叫作"燃素"的微粒。物质燃烧时,燃素从可燃物里逸出,可以产生热,集中起来就形成了火焰。燃烧后的灰烬中没有了燃素,质量就减小了。人们很早就知道了燃烧离不开空气,支持燃素论者解释说,空气可以帮助把可燃物中的燃素"吸"出来。至于有些金属,如锡、铅,燃烧后质量会增大,支持燃素说的人又牵强地解释说,燃素可以有负质量。

拉瓦锡对燃素说一直存有怀疑,他不愿意相信那种无法证明的自圆其说。有一天,英国的科学家普里斯特利来拜访拉瓦锡,他兴奋地告诉拉瓦锡自己最近发现了一种新的气体,在这种气体里,蜡烛会燃烧得更旺,火焰会更明亮,小老鼠会变得更活泼。他自己尝试吸了一点儿,感觉很好,很舒畅。他颇为得意地说:"谁知道将来这种气体不会变成为一项时髦的奢侈品呢?但到现在只有两只老鼠和我有过吸入这种气体的特权。"其实,这种奢侈品就是今天人们熟悉的、一刻也不能缺少的氧气。

正所谓"说者无心,听者有意",拉瓦锡敏感地意识到这种新发现的气体可能和燃烧有关,于是他立即按普里斯特利的方法制取了氧气。其实在普里斯特利之前,瑞士的舍勒也成功制取了氧气。但这二位谁也没有把氧气和燃烧联系起来,满脑子都是燃素的影子。拉瓦锡围绕氧气做了大量实验,目的是要探究燃烧与氧气的关系,了解燃烧的机理,认识燃烧的本质。结果拉瓦锡成功了,他令人信服地证明"燃素"之说纯属子虚乌有,燃烧是可燃物和氧气发生了反应,氧气的存在是物质燃烧所必须具备的一个条件。

燃素说认为燃烧离不开空气是因为空气可以"吸纳"燃素,拉瓦锡的氧化说认为是空气中有氧气在支持燃烧。为了检验他的想法,他曾当众做了一个燃烧钻石的实验。人们早就知道钻石受热时可以在一瞬间被烧得无影无踪,拉瓦锡用一种不怕火的软膏把钻石包裹起来,隔绝空气,结果是无论怎样加热,钻石都完好无损。

为了使氧化说更有说服力,拉瓦锡开创了化学上进行定量研究的方法,天平成了他最得力的工具。拉瓦锡始终怀疑燃素有负质量的观点,他设计了一个在密闭容器中灼烧锡的实验,并精确称量了灼烧前后整个容器的质量,发现没有任何的变化。但是,拉瓦锡发现灼烧后锡灰的质量却增大了,特别是在打开容器的瞬间,明显可以听到有空气冲进容器时发出的"嘶嘶"声,这说明灼烧后容器中的空气减少了。

拉瓦锡认为,受热时锡和容器中的氧气结合在了一起,所以锡灼烧后增加的质量是容器中减少的那部分氧气的质量,说燃素有负质量纯属无稽之谈。

拉瓦锡用氧化说推翻了燃素说,这在化学领域引发了一场革命,其意义不亚于天文学中的"日心说"替代"地心说"。定量分析法的广泛使用开启了定量化学的研究。数学开始进入化学,化学成为仅次于物理学、天文学的重要学科。尤其是通过定量研究,拉瓦锡发现了物质变化时的一条基本原理——质量守恒定律,也称物质不灭定律。这一定律对于化学的意义,可媲美物理学中的牛顿三大定律和万有引力定律。

拉瓦锡之死是科学史上少有的悲剧。当时法国的税收是承包给个人的,个人只要先向政府缴纳一大笔钱,就有资格向老百姓收税,他们的身份是包税官。包税官收的钱定额上交一部分,剩余的就全归个人。因此很多包税官为了多赚钱就巧立名目,横征暴敛。所以当法国大革命来临时,包税官自然就成了革命对象。拉瓦锡靠母亲的遗产成了一个包税官,尽管他把赚来的巨款都用到了科学事业上,但还是被判了死刑。当时有很多科学家为拉瓦锡求情,拉瓦锡也希望给他个死缓,让他把手头上的研究工作完成,但法官还是以"共和国不需要科学家"为理由,把他送上了断头台。时年,拉瓦锡51岁,正是他能力的巅峰期。

法国著名数学家拉格朗日说:"砍下这颗脑袋只要一刹那,而要再培养出同样一颗脑袋也许一个世纪都不够。"拉瓦锡死后不到两年,法国人为他竖起了一座半身雕像,纪念他为科学做出的巨大贡献。

科学史话

4.3 探秘"电"与"磁"

（一）从富兰克林驯服"天火"到电池诞生

如果说阳光、空气和水是人类生命三要素的话,那么电无疑就是现代人最重要的生活元素了。很难想象,一个没有电的世界对我们将意味着什么。

据说人类对电的认识最早可以追溯到古希腊的泰勒斯,他曾经发现琥珀摩擦后能够吸引一些轻小的物体,"电"这个词的英文就是从希腊文"琥珀"转化来的。16世纪,英国的皇家医生吉尔伯特开始研究电和磁,并出版了《论磁》一书。到了18世纪,牛顿力学极大地激发了人们的科学热情,对各种尚不了解的自然现象都充满了好奇,电自然也在其中。

一些物体经过摩擦可以产生电,受此启发,时任德国马德堡市市长的格里克制造了世界上的第一台摩擦起电机,这在电的研究中是第一个有突破性的贡献。格里克另一个惊世之举是他做的著名的马德堡半球实验。1654年,为了让人们见识一下通常根本感

马德堡半球实验

觉不到的空气的压力,格里克将两个铜制半球涂上油脂对接起来再抽成真空,然后用8匹马分成两队各拉一个,就像拔河一样。结果直至增加到16匹马,才把两个半球拉开。观看这个实验的除了国会议员等,还有德国皇帝斐迪南三世。马德堡半球实验遂使真空和大气压的概念广为人知。

有了摩擦起电机,人们对电的兴趣空前高涨。但一开始只是把它作为娱乐,于

是带电玻璃球和玻璃棒成了欧洲风靡一时的玩具。聚会时,宾客们用它相互电击,使对方头发竖立,彼此逗乐。

当然,科学家关心的是现象背后的原因,但是摩擦起电机一停,电也随即无影无踪,研究很不方便。1745年,荷兰莱顿大学的物理学教授马森布罗克在一个装水的玻璃瓶中导入摩擦电,试图使水带电,却意外发现瓶中可以储存大量电荷。后来,他又将金属箔覆盖在瓶子的内、外壁上,发现储存电的效果更好,这就是著名的莱顿瓶。莱顿瓶其实就是一个储电器,半个世纪后,伏打把它改称为电容器,这个名字一直沿用至今。当然,今天的电容器早已不是莱顿瓶的模样了,但莱顿瓶的发明无疑是电学研究的又一个突破。

就像带电的玻璃球和玻璃棒一样,莱顿瓶很快成了欧洲各种社交、集会上的热门道具,用莱顿瓶进行放电实验、表演成了一件时髦的事情。有人用电杀死老鼠、火鸡,有人用电点燃火药,这些都能引起观众的喝彩和掌声。最著名的一次表演,是法国的物理学家诺莱特在巴黎修道院前面做的。他召集了700名修道士,手拉手排成约275米的长队,很是壮观,法国国王路易十五和其他的皇室成员也来观看。诺莱特让队首和队尾的两名修道士分别握住莱顿瓶的两根引线,在放电的瞬间,700名修道士全都跳了起来,滑稽的动作给现场所有的人均留下了深刻印象,同时也让人们见识到了电的威力。这种实验存在一定的安全隐患,非专业人士不宜轻易尝试。

莱顿瓶能够储存大量的摩擦电,放电时的情景与雷雨天的闪电颇为相似,这引起了远在美洲大陆的本杰明·富兰克林的注意。

富兰克林(1706—1790)在科学史上是一位极具传奇色彩的人物。首先,他不仅是一个科学家,而且还是杰出的政治家、外交家、社会活动家,美利坚合众国的创始人之一。1776年富兰克林与杰弗逊等5人共同起草了美国《独立宣言》,1787年与华盛顿等人共同制定了第一部《美国宪法》。富兰克林出身平平,不像玻意耳、拉瓦锡等有着显赫的家族背景,他的父母因生活所迫不得已从英国移民到美洲的。因为穷,富兰克林只上了两年学,12岁时到一个印刷所当学徒。但是他利用一切机会刻苦自学,经过日积月累,他也获得了丰富的知识。尤其难得的是他热心参与各种社会活动,逐渐成了一个公众人物、政界明星。1727年,21岁的富兰克林组织了一个社团,这个社团后来发展成为美利坚哲学会。1731年,他在费城创立了北美第一个公共图书馆。1751年，他又创办费城学院，就是后来著名的宾夕法尼亚大学。

1746年，一个偶然的机会，富兰克林目睹了英国学者斯宾塞在波士顿的电学表演。摩擦起电引得纸屑飞舞，莱顿瓶放电让一只活蹦乱跳的火鸡瞬间毙命，这让他对电产生了浓厚的兴趣，可这时他已经40岁了，没人相信他在电学上还会有什么作为。

中国有句老话"有志者事竟成"，已到中年的富兰克林很快就让人刮目相看了。他首先提出了正、负电的概念以及电荷守恒的理论，纠正了当时人们对电的错误认识。而他对电学的最大贡献，是弄清了雷雨天闪电的本质，澄清了自古以来人们对雷电的种种迷信。在很长一段时间，人们一直认为雷雨天发生的闪电和莱顿瓶放电产生的电火花是毫无关系的，但富兰克林却认为二者本质上没有区别。他写出了题为《论天空闪电和我们的电气相同》的论文，并送到英国皇家学会，建议学会收集雷电进行研究。然而学会却让富兰克林吃了闭门羹。原因之一大概是对"新人"的偏见，况且这个"新人"已经不年轻了。

富兰克林不是那种轻易认输的人。1752年7月的一天，北美洲费城的上空电闪雷鸣，街上的人都纷纷找地方避雨，而这时富兰克林却和儿子一块儿放起了风筝。风筝在电闪雷鸣中被风吹向了高空，富兰克林冒着极大的危险，将天上的电通过挂在风筝上的金属钥匙引进莱顿瓶。通过实验，富兰克林发现莱顿瓶储存的雷电可以产生地电实验时能够产生的所有现象。事实证明，雷电和地电就是一回事儿，是同一事物的不同形式而已。

实验的成功轰动了欧洲，英国皇家学会也接收富兰克林为学会会员，并给他颁发了金质奖章。俄国科学院院士黎赫曼想验证富兰克林的实验，但他没有富兰克林的运气，不幸被雷电击中而失去生命。事实上，富兰克林是极为侥幸地与死神擦肩而过，这可能跟他曾经遭受过电击，因而极为谨慎有关。之前他曾把几个莱顿瓶串联起来，想用强大的电流击死火鸡，结果一不小心自己却被击昏过去。醒来后他说："好家伙，我本想电死一只火鸡，结果差点电死一个傻瓜。"我们知道，闪电电压高达100万伏特~1亿伏特不等，瞬间电流拥有强大的能量，当然破坏力也十分惊人。由于闪电的放电功率实在太大，人类目前的技术根本无法把闪电的能量收集起来。普通人千万不要尝试富兰克林的这项实验。

富兰克林冒着极大的危险用风筝收集雷雨天的闪电

弄清了雷电的本质之后，崇尚实用的富兰克林又发明了避雷针。他先在费城的一座大楼上安装了一个避雷针，效果非常好，很快被推广普及。教会起初竭力反对，说雷电是上帝意志的表现，人不能干涉，但作用不大，安全问题总是人们首先要考虑的。据说一百多年后，费城盖了一座新教堂，怕被雷击，教会就派人去请教爱迪生要不要安装避雷针。爱迪生说："当然要装，因为雷公也有疏忽大意的时候。"结果教堂很快就装上了避雷针。

电学中一个更大的突破是电池的发明。电池产生的持续、稳定的电流使人类对电的研究迅速驶入了快车道。

电池的诞生源自意大利生物学教授伽伐尼，由于职业和工作的缘故，解剖青蛙是他经常要做的一件事儿。一次，他发现摩擦起电产生的电火花可以使蛙腿颤动，于是他就想研究一下蛙腿对雨天雷电的反应，以此来验证富兰克林的假设。他用一根铜导线穿一条蛙腿挂在一个铁制的栅栏门上,当雷电来临时蛙腿果然发生了搐动。但是后来他又发现即使是晴天,挂在铁门上的蛙腿也会搐动。他在以后的实验中发现,只要是两种不同的金属同时接触到青蛙的肌肉,搐动就会发生。引起搐动的电究竟是来自金属,还是来自肌肉本身呢?可能是因为伽伐尼是研究生物学的吧,他认为是生物体内存在有一种"动物电",并发表了文章《论在肌肉运动中的电力》。文中还提出,也许是人体中过量的电使人们烦躁、脸红,甚至在极端情况下发生癫痫。因为有种叫电鳗的生物可以放电,所以伽伐尼的观点很快就得到了一些人的认同。

伽伐尼的实验引起了出生于意大利的伟大电学家亚历山德罗·伏打的注意。起初,伏打也相信"动物电",他还在自己身上做了实验。他把一枚银币和一片锡箔分别放在舌头的上面和下面,用导线把银币和锡箔连接起来,他明显地感受到了电流的产生,舌头麻麻的,还有点酸酸的感觉。但是,当伏打用一片浸透盐水的纸板或皮革代替舌头作进一步深入研究时,照样能够产生"伽伐尼电流"。最终伏打认为,真正导致电流产生的应该是金属而不是肌肉,肌肉只是起了验电器的作用。

伏打的实验引起了一场关于"金属电"和"生物电"的激烈争论,结果当然是伽伐尼错了。但是人们仍然记住了他对电学的贡献,是他把人们的注意引向了电流的产生,引发了电学中最有意义的革命,诞生了今天被人们称为电池的"伏打电堆"。

伽伐尼歪打正着,戏剧性地为电学研究打开了大门。

(二)从"电生磁"到"磁生电"

18世纪末,电对每个人都有巨大的吸引力,富兰克林的风筝实验成了人们热议的话题。后来,伏打发明了世界上第一个电池,成功获得了流动的电。以前,人们研究电只能依靠莱顿瓶中的静态电,法国的物理学家库仑通过实验测出,真空中两个静止点电荷之间的相互作用力与它们的电荷量的乘积成正比,与它们的距离的平方成反比,这就是著名的库仑定律,它使静电学的研究从定性进入到了定量时期。尤其令人感到惊奇的是,这个定律与牛顿万有引力定律非常相似,同样相似的还有两个磁体之间的作用力,也服从平方反比定律。自然界的三种基本力——电力、磁力、引力，都服从类似的定律，这让人们兴奋不已。看来，宇宙确实是按照一套简洁、有序的原理运行的。

长期以来，人们一直认为电与磁是互不相干的，但哲学家的思考往往更加深刻，更接近本质。德国的大哲学家康德以及稍微晚一些的德国哲学家谢林就认为自然界的各种力应该是统一的，机械力、热、电、磁、光都是自然力的不同形式，是能够互相转化的。这一思想很有吸引力，丹麦的奥斯特就被深深打动了。当时他正在哥本哈根大学教授物理学。此前，富兰克林曾经发现莱顿瓶放电可以使钢针磁化，这让奥斯特很受鼓舞，寻找电与磁之间的关系，成为他坚持不懈的追求。他根据电流通过较细的导线时会发热，推测导线更细时就会发光，再细一些，也许就会产生磁效应。按照这个思路，他做了很多实验，但一直未能出现他所希望的结果。1820年4月的一天，正在讲课的奥斯特突然发现，通电的导线平行接近小磁针时，小磁针竟然动了起来，最后静止在与导线垂直的位置。期盼已久的现象终于出现了，这让奥斯特惊喜万分。

奥斯特的发现立刻轰动了欧洲，法国的大科学家安培如梦方醒，因为他也一直认为电和磁之间是没有关系的。仿佛是要补偿这一过失，第二天他就重复并反复研究了奥斯特的实验，一周后就提交了有关电磁研究的第一篇论文，提出磁针转动方向和电流方向服从安培定则。

在平常的生活、工作中，安培简直就是第二个牛顿。牛顿把怀表当鸡蛋煮，他则把怀表当石头扔到了塞纳河里。事情是这样的：一天早上，安培在上班路上的塞纳河边捡了一块鹅卵石，他玩了一会儿就随手装到口袋里，后来就又掏出来扔掉。到了学校开始上课时，他习惯性地掏怀表，这才发现口袋里装的是一块鹅卵石，怀表被他当作鹅卵石扔到河里了。还有一次，走在大街上的安培突然想到要演算一个问题，身边刚好有块"黑板"，他就掏出兜里的粉笔在上面推演起来，完全没注意到这块"黑板"其实是一辆马车的车厢。马车缓缓出发后他就跟着边走边写，这一奇特的行为把街上的人笑得前俯后仰，他却毫无察觉。直到马车越来越快撵不上时，他才不得不停了下来。

除了科学，对其他的事儿安培比牛顿更心不在焉。据说有次拿破仑到科学院视察，安培居然不认识他。拿破仑觉得挺好笑，就特地邀请安培第二天到皇宫赴宴，安培也答应了。但是第二天他居然把皇帝的邀请给忘了。后来，电磁学的集大成者麦克斯韦把安培誉为"电学中的牛顿"，称赞他的工作是"科学上最光辉的成就之一"。其实，对安培来说，最高的褒奖还是来自同行们的决议，他们一致同意用他的名字作为电流的单位——安培，简称为"安"。

奥斯特发现了电流的磁效应，科学家们自然会想到磁也应该能够产生电，许多人都开始向这一目标努力，而最先获得成功的是19世纪最伟大的科学家——英国的迈克尔·法拉第。

和富兰克林一样，法拉第也是个传奇人物，或者更准确地说，他是一个在逆境中自强不息，终于成就了科学伟业的典范。法拉第1791年出生在伦敦郊区一个穷铁匠的家里，家里弟兄很多。早期，他和富兰克林有着类似的经历：只读了两年书，12岁开始打工，第一份工作也是在印刷厂里。装订书籍的工作尽管单调，但是却极大地满足了法拉第的求知欲和好奇心。

当时，有位皇家学会的会员非常欣赏法拉第这个勤奋又好学的年轻人，于是就送给他几张戴维科学演讲报告的门票。戴维是当时欧洲知名的科学家，他开创了电化学这一全新的专业领域。凭着多年来的自学和积累，法拉第惊喜地发现他完全可以听懂戴维的演讲。之后，他仔细地整理了笔记，并配上了精美的插图，用他的专业技术将笔记装订成册送给了戴维，并向戴维表达了希望从事科学工作的愿望。戴维当时也正缺助手，他的一个同事说："让他洗瓶子吧，如果他确实不错，他就会接受这份工作，如果他拒绝，那他什么事也干不成。"这份工作报酬很低，比法拉第装订书还要低，但法拉第却认为能从事科学工作就是最好的报酬。法拉第的态度打动了戴维，于是他就把法拉第安排在他的实验室工作。多年后戴维在填写一个工作业绩考核表时，在"贡献"一栏中写道：我对科学最大的贡献是发现了法拉第。

1813年戴维访问欧洲诸国，刚刚投到其门下的法拉第以秘书和助手的身份同行，法拉第的另一个身份是戴维夫人的仆人，但法拉第从无怨言。这次欧洲之行对年轻的法拉第来说是一次有效的科学启蒙，在完成一次又一次实验和演讲的过程中，法拉第受到了前所未有的教育。利用这个机会，法拉第还认识了欧洲科学界的关键人物，如伏打、安培、阿拉果、居维叶等，法拉第的谦和、严谨、机敏也给大师们留下了极佳的印象。

1820年，奥斯特的新发现让法拉第异常兴奋，这时他已经能够非常熟练地完成各种实验，还常有一些精巧的构思和设计。他在实验方面的天赋和特殊潜能开始显现。1821年9月，法拉第按照皇家学会的要求，整理了一份近期电磁学的研究报告，重点当然还是奥斯特发现的电流磁效应。但法拉第在报告中又匠心独具地做了一个"电磁旋转"的小实验，于是在不经意间，世界上第一台电动机就这样诞生了。但是这件事让戴维很生气，因为戴维也做了类似的实验，却没成功，法拉第成功了，但功劳没有记在老师头上。然而法拉第顾不上这些，他已经开始冲刺更加伟大

法拉第在实验室工作

的目标，那就是由磁生电。为此，他经历了10年的冥思苦想和数不清的实验，终于在1831年获得突破，成功发现了由磁生成电的物理学原理，并制造了世界上第一台发电机。

　　发电机和电动机的问世是第二次工业革命的先决条件，是未来电力工业的基础，但是起初人们还认识不到。英国工业大臣曾问法拉第电有什么用处，法拉第说：

"我现在还不知道,但有一天你将从它们身上去抽税。"

法拉第不仅是实验天才,在理论上也有深刻的思考和独到的见解。他从磁场的研究中提出了"场"和"力线"的概念,他是继伽利略、牛顿提出机械论的宇宙观之后,第一个以更富创造力的眼光看待宇宙的人。和奥斯特一样,法拉第也坚信自然力的统一性,在完成了电与磁的转化研究后,他又用实验成功证明了磁对光的影响和作用。可惜法拉第从小没有受过扎实的教育,数学基础太薄弱,无法用数学方法提炼出理论模型,这一使命则历史性地落在了麦克斯韦身上。麦克斯韦是电磁理论的集大成者,就像牛顿在伽利略等人的工作基础上创立了经典力学体系一样,麦克斯韦把法拉第定性的电磁场观念,用一组非常漂亮的数学方程——麦克斯韦方程组加以描述,建立了完整的电磁理论体系,实现了物理学理论领域的又一次大综合。

麦克斯韦的工作让我们又想到了毕达哥拉斯,看来宇宙奥秘的核心存在于数学之中,所言不虚。

4.4 "热"是什么——能量守恒与热力学

"热"大家都很熟悉,"冬天冷,夏天热","冰冷,火热"是大家都知道的生活常识。其实,这里说的"热"是指温度,但温度和热还不是一回事儿,尽管两者密不可分。看起来极其平常的热,其实隐藏着巨大的秘密。科学家们更想知道的是热的"庐山真面目"。两千年前的希腊人,对热的本质有三种猜测:第一种猜测认为热是一种特殊的、没有质量的流体,就像后来人们了解的光和电一样,以后就演化成了热质说;第二种猜测是认为热是物体的一种性质;第三种猜测最有意义,近似于现代的"热动说",即热是物质粒子运动的表现。18世纪最受追捧的是热质说,就像当时流行燃素说一样。拉瓦锡用氧化说成功推翻了燃素说,但对热质说却深信不疑,在他的成名作《化学基础论》一书中就有看似很有说服力的论述。后来的科学证明热质说与燃素说一样,纯属子虚乌有,但根据热质说发展出的一些知识,却依然成为后来热力学理论中不可或缺的内容。像拉瓦锡把比热定义为一定量的物质升高一定温度所需要的热量,这个概念现在仍在使用。尤其是傅立叶通过对热量传导的研究,提出了著名的热传导微分方程,成为用数学方法处理物理问题的成功典范。这看似有点歪打正着,但这样的案例在科学史上却也屡见不鲜。

首先对热质说提出质疑的是伦福德伯爵。伦福德原名叫本杰明·汤普森,1753年出生在美国的马萨诸塞州。这个人的性格复杂多变,经历也颇为离奇。他从小没受过什么教育,但好奇心强,13岁时因自制烟火发生爆炸而差点丢掉性命。后来他研制了很多实用的发明,如咖啡壶、双层蒸锅等炊事用具,而他也有意不申请专利,以便让人们免费使用。但是在美国摆脱英国殖民统治的独立战争中,他却站在了英国人一边,还暗中监视邻居。后来美国人胜利以后,他受到的惩罚是被驱逐流放,于是他不得不来到英国。

1783年,汤普森来到欧洲大陆的巴伐利亚,为那里的选帝侯西奥多效力。在这里他做了不少好事,为无家可归者建立贫民习艺所,引进瓦特蒸汽机和马铃薯。他还当过战争大臣和国会议员,而且对付各种行政工作游刃有余,也颇有成效。选帝侯对他的表现很满意,就加封他为伯爵,封号让他自己选,于是汤普森就成了伦福德伯爵。

1798年,伦福德在慕尼黑掌管大炮镗孔的工作,他注意到钻孔机钻孔时金属会变得非常热,热得必须用水冷却。信奉热质说的人解释说,在切削过程中,无重量的热质流体会被不断地释放。但是伦福德发现,只要不停地钻孔,热就会不断地产生,这些热足以把被加工的金属全部熔化。尤其是当切削工具很钝,切不下来金属屑时,按照热质说是不应该有热量流出的,但事实上产生的热反倒更多。于是伦福德提出了热动说,认为是钻孔机的机械运动转变成了热,热是运动的一种形式。此前,培根、玻意耳、胡克也都曾提过这一观点。

伦福德的热动说很快引起了强烈反响,前面提到过的戴维,当时才21岁,是科学界的年轻才俊。他对伦福德的观点充满热情,于是就设计了一个很有说服力的实验:在一个绝热容器中不停地摩擦两块冰,直至冰完全融化。

尽管伦福德的发现和戴维的实验很给力,但并不能说服人们完全放弃热质说而接受他们的观点,因为他们的观点有两个短处,而且是很要命的:一是没有精确的定量研究,牛顿等科学家教导人们要服从定量准则,而不是定性说明;二是还没有形成一个完善的理论去取代热质说,仅仅提出一个热动说的概念是远远不够的。科学从来不乏后来者,后来这一使命由焦耳、迈尔、亥姆霍兹等人完成了。

焦耳于1818年出生在英国曼彻斯特附近的一个酿造世家,家境殷实,他从小就喜欢科学,但没有受过系统的教育。英国是个经验主义传统非常浓郁的国度,还出了一个经验主义的始祖培根,所以在英国普遍重视实验,讲求实际。大概受此影响,焦耳特别着迷实验和测量,甚至在他新婚旅游的途中,还不忘测量一个瀑布顶端和底部的水温。当然这不是他心血来潮之举,对热质说他也一直是心存疑虑的,他认为瀑布底部的水温会比上面的高出1.5华氏度(华氏度=

焦耳

32+1.8×摄氏度），想以此来证明热质说是错误的。

其实，研究热并不是焦耳的初衷，他最初感兴趣的是电和磁。在焦耳成长的地方——曼彻斯特，到处都是笨重的蒸汽机在呼哧呼哧地吐着蒸汽推动轮子的景象。当时法拉第已经用实验找到了隐蔽很深的电磁关系，焦耳决心要用电取代蒸汽开动机器，就像现在比比皆是的机器一样。尽管当时焦耳已经接替父亲开始经营自家的酿造厂，但他绝大部分的时间是在他自建的实验室里，天天摆弄那些磁铁和线圈，他要发明一种比蒸汽机更轻便、更有力量的电动机，还豪情满怀地宣称电动机最终将会代替蒸汽机成为最适宜的机器，机器做功的能耗将会无穷地减小下去。但是结果却让他感到十分沮丧，因为那时还没有现在的动力电，电源是伏打发明的电池。为了得到更大的动力，焦耳不得不一再增加电池的数量以加大电流。但是电流大了，线圈会产生大量的热，甚至会烧毁线圈，这让焦耳百思不得其解：这些热究竟是从何而来呢？很显然，对此热质说是无法给出答案的，热、电、机械力之间肯定有某种深层的关系，弄清了这种关系，就会弄清楚热的本质。无奈之下焦耳将研究方向从电转向了热。但是焦耳对电学也是有贡献的，他从实验中发现，电流产生的热与电流强度的平方和电阻的乘积成正比。这就是电学中有名的焦耳-楞次定律。楞次是德国科学家，他也独立地发现了这一定律。

在不经意间，焦耳已经深入到了大自然奥秘的核心领域，他感到了电、磁、功、热之间肯定存在着固有的内在联系。为了找出这种关系并且能够明白示人，他用的是培根力挺的方法：让实验和数据说话。一开始，他用电池带动磁体线圈，再带动机械传动装置做功，搅动绝热容器中的水，然后通过测定水升高的温度来计算生成的热，以此证明这些不同能量之间的转化关系。但是这个实验太复杂了，1843年他在一个科学会议上作报告时，备受冷落。电、磁、热、功搅和在一起，加上他的表达能力有限，以至于让人们无法理解他的观点，况且这个观点本身在当时就够让人费解的了。他需要一个更简单、更清晰、更完美的实验来证实他的观点。

1847年，在牛津举行的英国科学促进会的物理学部会议上，焦耳演示了他的经典实验。他首先测量了一桶水的温度，然后把一个带翼的轮子放进水里，再让轮翼转动使水温逐渐升高。焦耳测量了轮翼做的功和水升高的温度，从而计算出多少机械功产生了多少热，这就是后来广为人知的"热功当量"。

科学史话

焦耳的工作直接建立了热力学第一定律，即能量守恒与转化定律。这个定律现在通常被描述为：能量既不能创造，也不会消失，只能从一种形式转化为另一种形式，或者从一个物体转移到其他物体，且能量总量保持不变。有了热力学第一定律，就当然还会有第二、第三定律，它们共同构成了热力学理论的基础。

为了纪念焦耳对热力学所做的突出贡献，人们就把能量的单位命名为"焦耳"，简称"焦"，符号是"J"。这是所有科学家梦寐以求的最高奖励。能量守恒定律是科学史上最具革命性的思想之一，它与拉瓦锡的物质守恒定律相得益彰，交相生辉。物质与能量的不可毁灭性主宰了19世纪的科学和思想。20世纪，一个更伟大的思想认为物质与能量也是可以互相转化的，产生这一思想的是爱因斯坦，他把人类科学和思想带进了一个新的时代。

4.5 科学、技术与工业革命

（一）蒸汽机开启人类工业文明新时代

在前面的文章中，我们基本上都是在讲科学的故事，涉及技术的很少。其实，根据历史学家和考古学家的研究考证，人类首先学会和应用的是技术，而且是早在从猿向人的进化中就已经开始了。大约200万年以前，人类的祖先开始用石头制造一些简单的工具，接下来就掌握了用火和取火的技术。有学者断言，人类自身进化的成功，在很大程度上是因为有幸掌握了制造工具和使用工具的技术，并使之传承下去，人类进化史的基础就是技术史。

技术的应用和进步不断地改善着人类的生存条件和生活条件。随着社会的发展，谁都无法否认技术在人类生活、社会文明的进步中所产生的巨大影响和作用。然而，在19世纪以前，技术还只是匠人们养家糊口的手段，难登大雅之堂。柏拉图甚至认为机械技术是低贱的，是下等人的营生。

在当今的多数人看来，科学和技术似乎就是一对孪生兄弟，技术依赖科学是天经地义的。其实历史进入到20世纪，科学与技术才有了今天看到的相互依存、互相促进的亲密关系，依赖科学发展产生了许多高新技术，应用科学也应运而生。而在20世纪以前的漫长历史上，科学和技术基本上是两股道上的车，各跑各的，互不相干，如果说有联系的话，那便是技术的不断创新促进了科学的发现和进步。譬如，大家最为熟悉的，有列文虎克发明了显微镜，从而开始了对微生物的认识和研究，开创了微生物学；伽利略发明了望远镜，为哥白尼的日心说提供了令人信服的观察支持，促进了天文学的发展。

科学是源自人类对自然的结构法则、运行机制、变化规律的好奇和探求。在科学的发祥地古希腊，首先产生了一批特立独行的思想家，他们开始怀疑巫术、神话对万物起源和日月星辰的解释，取而代之的是以理性的思考和观察。尽管他们得出的结论五花八门，并不科学，但是他们应用的方法，尤其是他们所秉持的批判思维和怀疑态度，却叩开了科学的大门，开始了科学的伟大征程。哲学也由此开端，怀疑和批判始终是哲学的灵魂。

此后的罗马人在工程技术领域辉煌无比，但这些和科学不仅不沾边，而且在罗马人的统治下，科学反倒日渐没落。到了19世纪，近代科学从哥白尼革命开始，经过伽利略、牛顿、拉瓦锡、法拉第、麦克斯韦等人的倾力打造，已经是赫然耸立。尽管这时的人们信心十足，认为用牛顿的方法就可以解开所有的自然奥秘，似乎整个宇宙尽可了然于胸，但科学对技术的推动还是微乎其微。而开始于18世纪的第一次工业革命（也称技术革命），反倒促进了热力学的发展。

18世纪初，由哥白尼发动的科学革命，在牛顿那里已经大获全胜，但是整个欧洲却依然是一片农业社会的景象，超过90%的人生活在农村，日出而作，日落而息，春种秋收，日复一日，年复一年。但也就在此时，一场彻底改变人类生存方式的工业化运动——后来也常称为工业革命，已经在不知不觉中开始了。首先是在英国的农业生产中，一个叫图尔的人发明了播种机。随着生产力的急速提升，在英国发生了一场圈地运动，少数人把一些偏远地区谁都可以耕种的无主土地圈起来变成了私有土地，接着又出现了一种新型的农耕技术，用四田轮作制代替了中世纪的三田轮作制，粮食产量迅速提高。于是在英格兰，生产的粮食多了，而失去土地的农民也在大量增加，他们成为了潜在的工业劳动力，这从一定程度上为英国工业化的来临奠定了基础。

纺织业是最早由于一系列新技术的应用而引起急剧变化的产业。此前的纺花织布都是分散在各个村落的千家万户，靠手工完成的。1733年，英国织布工人凯伊发明了飞梭，织布速度大大提高，纺纱跟不上了，于是就有了珍妮纺纱机。据说珍妮是一个叫哈格里夫斯的纺织工的女儿，有一天，哈格里夫斯不小心踢翻了家中的纺车，而竖立的纱锭却依然在飞快地转动。正苦于无法提高纺纱速度的哈格里夫斯突然有了灵感，就尝试用一个轮子带动几个竖立的纱锭，提高了纺纱速度，这就成了后来世人所熟知的以哈格里夫斯女儿珍妮命名的珍妮纺纱机。有了纺纱机和织布机，动力就成了新问题。靠手工显然已"力不从心"，于是有人发明了用水力带动的机器设备，这就有了比较集中且规模较大的工厂，当然这些工厂只能建在水力资源丰富的地方，工业化也初现雏形。

珍妮纺纱机

　　真正使生产方式发生根本性的变革，把人类带进工业文明时代的是蒸汽机的发明和使用。发明第一台具有实用价值蒸汽机的是英国人塞维利，后来纽科门又对其进行了改造，但也只能在煤矿上用来抽矿井里的水，而且效率很低。最终瓦特改造的蒸汽机因高效、方便、实用得到推广和普及，从而一步步地改变了整个世界。

　　詹姆斯·瓦特1736年生于苏格兰的一个港口小镇格林诺克。父亲原来是个造船的技术工人，后来自己经营了一个小造船厂。母亲出身贵族，受过良好的教育。小时候的瓦特体弱多病，过了入学年龄好几年，才到镇上的学校念书。尽管他学习成绩优秀，但由于身体不好，还是没能毕业，中途就退学了。但他心灵手巧，从小跟着父亲干活，耳濡目染，学会了许多技能和机械制造方面的知识。在家里，他又自学了天文、物理、化学和三门外语。所以，小时候的瓦特还算幸运。但他17岁时家庭发生了变故，父亲的造船厂由于经营不善而几近破产，这时他的母亲也去世了，家境一落千丈，瓦特不得不开始独自谋生。他先在格拉斯哥的一家钟表店当学徒，21岁时在格拉斯哥大学谋了一个教具实验员的工作，负责修理和制造教学仪器。

1763年，瓦特争取到了修理一台纽科门蒸汽机的差事，这成了瓦特一生的转折点。修好这台机器对瓦特来说不是难事，而善于观察思考的瓦特却在修理中发现这台蒸汽机有很多缺陷需要改进。于是，瓦特就产生了改造、试制新型蒸汽机的想法。但让他没有料到的是这竟然成了他毕生割舍不下的追求。他用了长达20年的时间，全身心地投入。其中的酸甜苦辣，局外人恐怕很难感知，他曾自嘲说："一个人最愚蠢的想法就是要发明什么东西了。"

当然，困难和挫折不会改变瓦特的初衷，他首先改进的是蒸汽的冷凝方式。纽科门蒸汽机的工作原理是先把热蒸汽注入汽缸，推动活塞向上运动。然后把冷水注入汽缸让蒸汽冷却，造成汽缸内局部真空，活塞在外部大气压的作用下又向下运动，活塞如此上下运动就可以带动抽水机工作。但是汽缸如此反复冷热交替，必然要损失大量的热。所以最初的蒸汽机只能在煤矿上使用，因为煤矿有煤，价格很低，不怕浪费。瓦特的改造方案是在汽缸的外面专门设计一个冷凝器，用来冷却汽缸中的蒸汽，使汽缸在循环工作时始终保持高温状态，耗煤量自然就减少了，而且效果非常显著，应用范围也逐步扩大到采煤业以外的其他行业。

瓦特蒸汽机最关键的地方是改进了传动装置，把活塞往复的直线运动通过一个曲轴连杆转变成了旋转运动，从而带动各式各样的机器连续运转，为工业生产提供了源源不断的动力。很快，英国的纺织、采矿、冶金、化工等工业的效率均因蒸汽机的使用而突飞猛进，生产能力大大提高，这又刺激了运输业的发展，引发了交通技术的革命。1814年，英国工程师斯蒂芬孙推出了他的第一台蒸汽火车，最初只是用在煤矿上短途运煤。1830年，第一条面向公众的铁路线把利物浦和曼彻斯特连接起来。随后，铁路热便首先在英国兴起，后来蔓延到世界各地，铁路网逐渐布满了全世界的陆地。

蒸汽机的出现结束了人类对人力、畜力、风力、水力依赖的历史，成功实现了热能到机械能的转化，促进了热力学的全面发展。蒸汽机成为实现工业革命的关键因素和改造世界的强大动力，人类从此开始逐渐告别农业文明，进入到了一种新的文明形态——工业文明。

（二）第二次工业革命开启人类电气化时代

如果说"火力"是第一次工业革命的标志，那么"电力"无疑就是第二次工业革命的标志。和第一次工业革命相比,第二次工业革命的显著特点是技术对科学的高度依赖和科学对技术的强力渗透。

19世纪初,体现着热和力结合的蒸汽机,已经开始改变着人类的生活和文明状态,同时也把人们的注意力吸引到对热的研究上,当时科学对于热的认识还像是雾里看花。伦福德伯爵虽然名声不好,但他确实率先引导人们走出"热质说"的误区,继而有了能量守恒即热力学第一定律。为热力学第二定律奠基的,则是一个年轻帅气的法国工程师卡诺,他的初衷也是从蒸汽机开始的,为的是怎样才能提高蒸汽机的效率。因为当时蒸汽机的效率是很低的,尽管瓦特不断改进,但也只能达到5%左右,绝大部分的能量都浪费了。

萨迪·卡诺的父亲是军人出身,在行政管理和工程技术上有很高的天赋。在法国大革命中,老卡诺由于在军队的部署和物资调配方面表现出色而获得了"胜利的组织者"的美誉。卡诺的一个侄子还当过一任法国总统。卡诺对蒸汽机的研究和瓦特不同,瓦特毕其一生改进蒸汽机,但他的工作是工匠式的,他不清楚蒸汽机的效率究竟会达到多大,也不知道提高蒸汽机效率的关键是什么。而卡诺则首先扣住了如何提高蒸汽机效率这个命门,他预感到蒸汽机注定要在文明世界中掀起一场革命。可人们对蒸汽机的理论还知之甚少,所以他认为研究蒸汽机必须在理论上获得突破,探索蒸汽机的最大效率和影响因素。在他生前唯一的出版物《关于火的动力的思考》中,匠心独具地设计了一个理想化的热机,论证了热机的最大效率取决于高温蒸汽与冷凝器之间的温差。但可惜的是,卡诺36岁时就英年早逝,死于当时欧洲流行的一场霍乱。而所幸的是,20年以后克劳修斯和开尔文分别发现了卡诺的工作,并意识到其中巨大的理论价值,并各自独立在此基础上提出了热力学第二定律。热力学第二定律很有意思,表面上看,它是在说明热的传导、热与功相互转化的规律,而事实上,世界上的所有活动几乎都会涉及它。譬如办公室的卫生,如果没人管理,那只会越来越脏、越来越乱,这其中就有热力学第二定律的影子。讲深奥点,像宇宙黑洞这样的奇异天体,也都服从热力学第二定律。所以有人就认为,不了解热力学第二定律就像不懂莎士比亚一样糟糕。当然,要真正了解热力学第二定律,还是需要读一点专业书籍的。

在人类历史上,19世纪注定是不同凡响的年代,科学技术的巨大进步开启了一个崭新的时代,科学逐渐成了人类社会的主流文化。1834年,一个名叫惠威尔的人创造了一个新名词"科学家",取代了以前的称呼——自然哲学家。19世纪以前的科学,基本上还是一些业余爱好者的兴趣和消遣,就像17世纪的列文虎克从显微镜观察小动物和18世纪赫歇尔兄妹从望远镜凝视天空那样。到了19世纪末,科学已经成了受人尊重的职业,越来越多的男女科学家靠科学工作获得不菲的薪酬。工业革命作为科学发现的广泛应用,极大改变了人们的生活和工作方式,至少在欧洲,人们经常聚集在一起,怀着极大的兴趣和热情去争听科学报告,科学演讲受到空前的追捧,达尔文《物种起源》出版的当天就被一抢而空。两项伟大的突破——电池的发明和达尔文的"进化论",不仅改变了人们的生活,还改变了人在宇宙中的地位。同时发生改变的还有人们的思想和认识方法,牛顿的机械论开始受到质疑,进化和发展的思想逐渐受到重视。然而,尽管有足够的证据支持进化论,但自哥白尼以来,还没有哪个理论受到如此广泛的关注和争议。

伏打在1799年发明电池时,无论如何也想不到它会在电力、通信、信息技术等领域引发了一场世界性的革命。控制论的创始人维纳认为第二次工业革命的典型特征是自动化。

当初,法拉第向人们展示他用磁铁和伏打电池做的电动实验——其实也就是最原始的电动机时,曾有人不屑地问他:"这有什么用处?"法拉第反问道:"一个刚刚出生的婴儿有什么作用呢?"法拉第的回答很巧妙,事实上他也没有想到,在他和奥斯特手上出生的这个"婴儿",竟会成为推动第二次工业革命的"巨人"。到19世纪末,电动机、发电机相继问世,并且以蒸汽机无法比拟的优势,又一次变革了工业生产和人们的生活方式。

说到电的应用,人们都会想到家喻户晓的爱迪生(1847—1931)。确实,爱迪生改进的白炽灯、电话等专利产品,至今,甚至永远都将会与人类相伴。关于他的故事,也常为人们津津乐道。比如,他5岁时曾蹲在鸡窝里模仿母鸡孵小鸡。12岁他在火车上当报童时,竟然别出心裁地在行李车上做化学实验,还发生了爆炸,差点把行李车给烧掉,气急败坏的行李员不仅把他的东西都给扔了下去,还狠狠打了他几个耳光。1862年,15岁的爱迪生从即将进站的火车车轮的下面救出了一个小孩,而这个小孩的父亲恰恰是这个车站的站长。为了报答爱迪生对其爱子的救命之恩，站长决定教他学习收发电报的技术。这一次的见义勇为，成了爱迪生一生的转折点，他很快学会了收发电报，还学会了修理机器。1869年，他改进了一台证券报价机，本来想以5000美元的价格卖掉，但他还没有来得及报价，证券公司的总裁就告诉他，不能高于40000美元！爱迪生立马就同意了，并从此走上了职业发明的生涯，成了世界上最著名的发明家。

爱迪生改进白炽灯

但爱迪生也栽过跟头，是栽在了直流电和交流电的大战上，对手是一个有着塞尔维亚血统的物理学家、天才的发明家尼古拉·特斯拉。我们知道，人们首先使用的是由电池提供的直流电，而直流电的一个致命缺点就是不能远距离输送。1882年，爱迪生在纽约建立了世界上第一个蒸汽发电站，但是用电的范围不能超出1千米，这与交流电是根本没法相比的。

有一天早上，爱迪生的办公室来了一个年轻人，他的身上除了一封推荐信几乎是一无所有。信中说："我知道有两个伟大的人，一个是你，另一个就是这个年轻人。"这个年轻人就是特斯拉。写信的是爱迪生公司在欧洲的负责人，特斯拉曾经的老板。这个老板的话绝非谬赞，特斯拉很快就解决了公司一些非常棘手的问题，并对爱迪生公司的直流电机重新进行设计改造。这不仅让爱迪生获得了巨大利润，还增加了多项专利，这使爱迪生非常满意。然而爱迪生的表现却让特斯拉很不满意，他曾许诺给特斯拉50000美元的奖金，但事后不仅不给，还讥讽特斯拉不懂"美国幽默"。而让特斯拉最不能忍受的，是他从理论到技术都已成熟的交流电机方案，在请求爱迪生投资支持时，却遭到断然拒绝，因为爱迪生不想放弃直流电给他带来的巨额财富。事已至此，"分手"就是很自然的事了。

特斯拉离开爱迪生后，遇上了西屋公司的负责人威斯汀豪斯，两人一拍即合，特斯拉得到了威斯汀豪斯的充分信任，当然，他还得到了研制交流发电机所必不可少的经费支持。在1893年芝加哥世界博览会的开幕式中，特斯拉展示了用交流电同时点亮90000盏灯泡的供电能力，一下子就震惊了全场——这是直流电根本不可能实现的。这事当然也震惊了爱迪生，为了利益，爱迪生想方设法采取行动阻止交流电的推广应用。他多次在众人面前用高压交流电做死亡实验：把狗或者猫放在通有1000伏电压的铁板上，让这些可怜的小猫或小狗在瞬间死去。当然，爱迪生这些既不明智也不光彩的行为，不仅没能达到目的，反倒给自己辉煌的人生添了一大败笔。1915年，爱迪生获得了诺贝尔奖的提名，但他没能获奖，据说就是因为在那场持续数年的"电流大战"中，暴露出了他人性中的弱点，影响了评委对他的评价。

4.6 关注人类自身的科学——生命科学

人类出于自身生存、生活的需要，必然要关注自己周围的世界，希望能够了解它们形成的机制、变化运行的规律，由此诞生并发展出了自然科学。那么，出于同样的理由，人类更需要关注自己，关注自己身体的各个部分和器官的功能，以及其对生老病死的影响，于是就诞生了生命科学。当然，生命科学也是自然科学的一部分。

最初的生命科学是以医学的形式出现的，而最早医学与巫术有着不可分割的联系。原始人有了病，常用的方法就是画符、念咒。现在我们已经知道这是迷信，但是这类事儿可不仅仅发生在远古时期，而是古往今来都有的，甚至在科学高度发达的今天，有的人生了病，还会寄希望于一些稀奇古怪的方法。

首先使医学摆脱巫术，并使其成为一门科学的，是古希腊被称为"医学之父"的希波克拉底，他和"原子论者"德谟克里特是好朋友。希波克拉底医术高明，更难得的是他的医者仁心。医学界都知道有一个希波克拉底誓言，就是希波克拉底为让医生都能信守医生的道德规范提出的，后来西方凡是准备开门行医的，都要宣誓，誓言中就有不收受贿赂、不引诱妇女、不泄露患者隐私等内容。另外，今天还很流行的心理学上把人分为四类气质的说法，即多血质、黏液质、胆汁质、抑郁质，也是根据他的"体液学说"发展而来的。

古希腊医学的集大成者是盖仑，盖仑医学统治了欧洲一千多年，尽管其中有不少谬误。这和托勒密的地心说类似，尽管错误，也统治了天文学界一千多年。1543 年，哥白尼的《天体运行论》向托勒密的地心说发出挑战。同年，一个叫维萨里的医生出版了他的七卷名

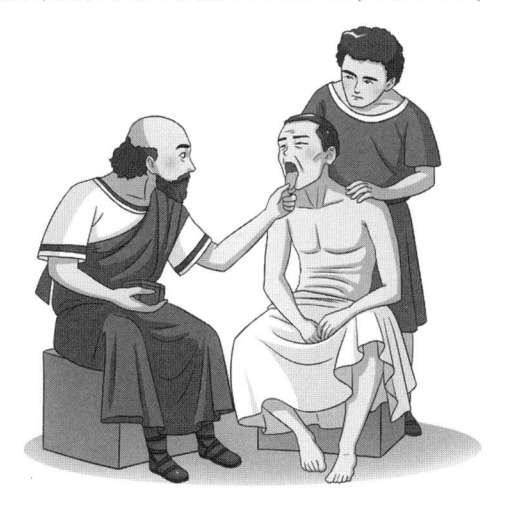

希波克拉底正在行医中

著《人体的构造》，向盖仑发起挑战。这两本书使 1543 年成了科学革命的分水岭。

维萨里于 1514 年出生于比利时布鲁塞尔的一个医生世家，小时候他就喜欢在母亲的厨案上解剖小动物，16 岁时他开始在比利时的鲁汶大学学医，后来又转入巴黎大学医学院。维萨里灵敏勤奋且见识过人，他对学校的教学很不满意，尤其是解剖学。维萨里深知，透彻了解人体的结构是医生正确施治的前提，但是当时的大学还是在照本宣科地讲授一千多年前盖仑的解剖学。盖仑的解剖学是通过解剖狗、羊、猴子等动物进行研究而形成的，而动物与人体的结构不可能完全一样，尽管盖仑是个非常伟大的解剖高手，但使用指牛说马式的研究方法，其中所犯的错误肯定不少。

让维萨里更不满意的是教授们的教学方法，那些教授在高高的讲台上高谈阔论，"犹如高高在上的寒鸦，以目中无人、喋喋不休的方式说着他们从未研究过的东西"。他们不屑于动手实验，而是让助手甚至是屠夫或理发师在下面做解剖给学生们看，而解剖的目的也仅仅是为了证明书本上的内容，至于是否正确他们并不深究。所以，维萨里成为教师后，他的讲课风格一改当时的传统风气，让所有同事和学生耳目一新。他亲自操刀，边解剖，边讲解，动作干净利索，讲解清晰准确，因而深受学生欢迎——尽管听课时要忍受难闻的气味。甚至当他已经成为欧洲最有声望的医学教授，在著名的帕多瓦大学讲课时，他仍旧亲自执刀，不同的是一次解剖课的时间，从三天延长到了三周。而他的行为更是惊世骇俗，因为教会和当局对解剖尸体严格限制，于是维萨里又成了盗墓高手。他甚至还从绞架上偷回已经腐烂的尸体，就藏在自己的床下。

凭着对真理、对科学执着追求的激情，不畏艰险的勇气和深入扎实的作风，维萨里掌握了丰富的人体解剖知识，最终完成并出版了里程碑式的《人体的构造》一书。书中，他详细论述了人体的骨骼、肌肉、血液、神经、消化、内脏、大脑等七大系统，最后还专门介绍了动物活体解剖的方法和意义。该书不仅内容丰富、全面、准确、严谨，还有一个非常突出的特点，那就是附有大量精美的插图。这些插图，据说是出自威尼斯著名画家提香的学生之手，其精致和准确度，让今天的人看来也叹为观止。这部书奠定了现代解剖医学的基础，维萨里也理所当然地成为人体解剖学的奠基人。

《人体的构造》把解剖学的发展分成了三段,即前维萨里时期、维萨里时期和后维萨里时期。但书刚出版时非但没有受到人们的重视,还给维萨里带来了不小的麻烦,因为书中不仅纠正了盖仑著作里的错误,引起盖仑追随者们的强烈不满,还证明了《圣经》里的一些说法并无科学依据。像男人的肋骨比女人的少一根,是因为上帝用亚当的一根肋骨制造了夏娃……另外他行事特立独行,这不仅激怒了教会,也让其他一些人很不高兴。好在维萨里的医术高明,尽管教会和他的一些对头想置他于死地,但在西班牙王室的斡旋下,他最后被判去耶路撒冷朝圣以赎罪。1564年10月,维萨里因病去世,终年50岁。

解剖学研究的是人体的结构,生理学研究的是人体各部分、各器官的功能。维萨里在人体解剖方面挑战盖仑成功,而在生理学领域,主要是心脏的功能和血液循环方面,向盖仑医学发起冲击并大获全胜的是温文尔雅的英国医生哈维。

盖仑的生理学理论带有明显的宗教崇拜,他认为人吃的东西在肝脏里变成了血液,血液中还充满了能够支配营养物质的"自然灵气",通过静脉把营养送到身体的各个地方。其中的一部分血液能从心脏的右心室进入左心室,与空气混合后又充满了"生命灵气",变成动脉血,动脉血的主要功能是支配人的情绪。心脏出来的一部分动脉血流到大脑,又产生了"动物灵气",通过神经系统分流到全身,可以支配人的感觉和运动。这些"灵气"的神秘性很符合神学思维,对基督教徒很有吸引力,但是到了16世纪,一些解剖学家无论如何也找不到心脏两室之间的空隙或通道,其中也包括维萨里。也许在骨子里维萨里还是一个盖仑主义者,他认为可能是这些通道非常微小,不容易被发现。而他的同窗好友塞尔维特却首先提出,左右心室之间根本就没有通道,血液是从右心室经肺动脉到达肺部,换气后颜色由紫色变成了红色,然后经肺静脉回到左心室。他的这一认识被人称为"小循环",这是个很有创意的想法。塞尔维特不仅在医学上敢想敢说,还是神学家的他,也像他当医生那样坦率直言,因此惹得不同的教派都对他恨之入骨,最后被教会处以火刑。但他的"小循环"思想却鼓舞了更多的人,向盖仑强加于生理学的智力枷锁发起冲击。最终由哈维收获了胜利。

哈维1578年出生于英国一个和睦富裕的大家庭,父亲曾是英国福克斯通的市长。和维萨里一样,哈维从小就显示出他在医学上的天赋和兴趣,他也喜欢在厨房解剖小动物。附近的屠户和屠宰场里的人，经常主动送给他动物的心脏等器官让他研究。1602年，哈维从当时世界上最适合年轻人学医的地方——意大利著名的帕多瓦大学取得医学博士学位。哈维在帕多瓦大学学习期间，伟大的伽利略正在那里教书。伽利略关于科学的新方法和新思想——实验—数学方法和机械论的哲学思想，让哈维受益匪浅。他说："我并不认为学习和教授解剖学，应从哲学家的公理出发，而是要从解剖事实和自然的结构出发。"他不关心盖仑所谓的神秘的"灵气"，而是把人体看成机器，研究心脏的结构和血液的运行机制。为此，他曾经把好朋友甚至父亲和姐姐的遗体也拿来解剖。

1616年，在一次讲课时他首次公开了关于血液在体内循环的思想。他认为，血液是从左心室泵出，经由主动脉分流到身体各处，送去人体需要的营养成分，并转变成静脉血，回到右心房，再进入右心室。接下来从右心室经肺动脉进入肺部，换气后变为动脉血，经肺静脉回到左心房，再进入左心室，完成整个循环过程。12年后，谨慎的哈维才出版了生理学中划时代的《动物心血运动的解剖研究》。书很薄，只有72页，印刷质量也很糟糕，但这丝毫不会对其革命性意义造成影响，这本书成为动物生理学新起点的标志。而更重要的是哈维与维萨里等人一起，在把近代实验方法应用于生命科学的道路上，迈出了关键的一步。

哈维正在讲解血液循环

4.7 进化与遗传

（一）生命的"神创论"与"进化论"

生物学是指研究生物的结构、功能、发生和发展规律的科学，包括动物学、植物学、微生物学等。对生物学最早的系统研究可以追溯到亚里士多德，是他首次对缤纷庞杂的生物进行了分类和排序。亚里士多德认为，对所有的生物进行科学的分类，是使生物学成为科学的第一步。为此，他不仅系统整理了他人的观察结果，还极有耐心地观察、解剖、研究了许多动物，其中一个出色的观察结论，就是认为鲸鱼和海豚不属于鱼类，而是哺乳类。这个结论一直到两千年以后才被科学界最终确证。除此之外，还有一些其他分类，也与现代认识有着惊人的吻合之处。不仅如此，他还在生物分类的基础上，又为人们绘制了一条以人和哺乳类动物为顶端，低等植物在底层的生命长链。

亚里士多德的生命长链是一个连续的系列，各个环节之间几乎难以区分，生命体从最低等的形式到最高等的形式，是逐渐呈现出细微变化的进程。尽管亚里士多德把这些渐变和近似性都看在眼里，但他却没有得出进化的结论。

到了中世纪，亚里士多德的生命长链成为基督教宣扬上帝创世说的佐证。与亚里士多德的生命长链不同的是，教会宣扬的理论中，人不再高高在上了，人的上面有天使，然后通达上帝，上帝高高在上。这个神圣的秩序彰显着上帝的威严和智慧，每种生物的位置，都是上帝创世时的完美安排，以后就再也没有产生任何新的物种，也没有任何物种消失。此后，人们对这条夹杂着宗教演绎的生命长链一直深信不疑。甚至连17世纪的科学家几乎都是怀着这种宗教虔诚研究自然，研究动物的结构，研究各个器官复杂而巧妙的功能的。这种自然神学的情结一直延续到19世纪初，当时一个叫佩利的英国人写了一本书，书名就叫《自然神学》。书中说："就像在路边见到一块怀表意味着肯定存在一位钟表匠一样，见到一只甲虫或蝴蝶，它们比怀表不知要复杂多少倍，构造的目的性也不知要强多少倍，那当然就意味着存在一位造物主。"这里的造物主指的就是上帝,当时还很年轻的达尔文对此也是深信不疑的。

到了18世纪,受物理学革命的鼓舞,生物学领域的经验性研究也多了起来,采集植物成了一股世界热潮。由于发现新物种可以得到荣誉和财富,这就刺激了一大批植物学家和冒险家们竭尽全力满足世人对新奇植物的渴求。当然,除了植物还有动物,于是相关知识爆炸般地膨胀激增。这些急剧涌现的新知识需要整理、分类、归档,并与已知的内容进行比较,于是生物界就迫切需要一个可行的分类系统和命名方法,此时一个叫林耐(1707—1778)的瑞典人出现了。

小时候的林耐对各种植物充满了好奇,但他对功课却毫无兴趣,经常逃课且屡教不改。他的父亲在无奈之下决定把他送到一个修鞋店当学徒。幸亏学校的校长出面为小林耐说情,才让林耐的父亲改变了主意,否则,这个未来的植物学家或许真要一辈子在皮鞋上敲钉子了。在大学里林耐主修医学,但他依然逃课,经常流连于田野丛林,或者徜徉在植物园里。当然,在那里他不是欣赏和游玩,而是为了观察各种植物的特征,对比同类植物的差异,从而积累丰富的知识和经验。1732年,林耐得到一笔小小的资助,到瑞典北部的拉普兰地区探险,调查研究寒冷崎岖地带的植物资源。拉普兰地处北极圈内,林耐用了5个月的时间,靠步行探测了4600平方英里(1平方英里≈2.59平方千米)的区域,一张兽皮是他御寒的主要装备,白天披夜里盖。拉普兰之行真的是充满艰辛和危险,但林耐在此收集的样本也非常丰富,其中有一百多种都是新物种,这些成果让他成了生物学领域里的一颗新星。

充满艰辛与危险的拉普兰探险

面对新物种的大量涌现,从拉普兰返回后的林耐,就开始写早在计划中的一本小书,着手解决当时生物界关于分类和命名的混乱状态,对此他信心十足。1735年,林耐著作的第1版《自然系统》出版,书很薄,只有12页,但其独特的分类体系和命名方法很快就被人们认可和接受,有些内容在200多年后的今天还在使用,他因此成了近代生物分类学的奠基人。

林耐的分类体系为鉴别复杂多样的生命体提供了秩序和方法,在世界范围内又引发了收集标本的热潮,于是林耐的《自然系统》也不断地增补和再版,到了1768年的第12版,这部书已厚达1327页,书中仅植物就收载约一万种。但是,林耐工作的出发点,却依然是对物种不变和上帝在创世中独特作用的维护和支持。只是到了晚年,他已经察觉到生物进化的痕迹,怀疑种和种内变种之间是否真有明确界限,并有所流露,用他的话说,两者也许都是"时间的女儿"。

在倡导理性批判和怀疑主义的18世纪,林耐的神创论和物种不变的观点不断受到各个方面的质疑和批评。与林耐同龄的法国贵族布丰伯爵,是进化论的先驱之一,他在巨著《自然史》中,为人们描述了一个从恒星、太阳系到地球,再到地球上的生物所发生的自然演变过程,还生动地描述了自然界多样性的奇特景象。他认为,物种是可以改变的,环境的变化将导致生物的变异。另一位进化论先驱,法国博物学家拉马克也提出了一个广为人知的进化机制,即"用进废退"学说。一个人们耳熟能详的例子,就是长颈鹿为了能吃到高处的树叶,就必须尽量伸长脖子,所以长颈鹿的脖子就越来越长,而伸长的脖子通过遗传又得到发展和强化。这种认为通过训练获得的能力可以遗传给后代的学说被称为"获得性遗传"。现代生物学证明这个说法并不科学,但它却是第一个合乎逻辑的进化理论,直到20世纪仍有人不愿放弃。另外,"生物学"这个词也是拉马克首先使用的,此前,研究生物的人都被称为"博物学家",后来的达尔文也是以博物学家的身份出现的。

查理·罗伯特·达尔文1809年2月12日出生在一个英国小镇的绅士家庭,父亲、祖父都是当地很有名气的医生,家境相当不错。小时候的达尔文沉迷于收集岩石、植物和昆虫,大人们看不出他有任何的天赋,他的老师责备他浪费时间,父亲也曾无奈地预言他将会使他们这个有身份的家族蒙羞,说他除了打猎、玩狗、捉老鼠,什么都不挂在心上。16岁时,当医生的父亲费了很大劲才把他送进爱丁堡大学学医,但他一见到血就犯晕,对痛苦高度敏感。有一次,达尔文目睹了一个小孩的手术,那时还没有麻醉药,小孩声嘶力竭的惨状给了他极大的刺激。他坚决不学医了,后来他并不顺利地从剑桥大学获得了一个神学学位。

乡村牧师的生涯似乎已经在向他招手,一个改变他一生的偶然机会却不期而至。英国的海军探测船"贝格尔"号需要一个博物学家随船远航,工作任务是记录和描述沿途各地的自然风貌,这在当时欧洲的航海中已成惯例,达尔文在剑桥大学时的老师亨斯洛推荐了他。博物学家亨斯洛思想开放、热情亲切,他从在别人眼里看起来不成器的达尔文身上,发现了他具备博物学家应有的潜质——诚挚坦率,心境平静公正,以及观察力敏锐。亨斯洛把达尔文对岩石、植物、昆虫的原始兴趣转化为研究自然的热情,使达尔文懂得了科学家的基本工作方法在于"综合事实,从而根据事实得出一般的法则和结论"。

"贝格尔"号1831年12月27日从英国的普利茅斯港起航,按海军军部的要求,测绘南美洲东西两岸及附近岛屿的水文地图,以及测定环球各地的时间。本来这只是一次普通的科学考察,但是达尔文的存在使其成为世界航海史上非常有价值的一次航行。

海上的生活枯燥单调,加上晕船,对达尔文来说真是一场噩梦,但靠岸时的考察和探险却让他如鱼得水。南美洲原始的自然风貌、青葱的灌木丛、从未见过的各种奇珍异兽,让他感到刺激和兴奋。尽管有各种不适和病痛的折磨,但他顾不得这些,他贪婪地采集制作各种动植物的标本,挖掘寻觅各种古生物化石。他把这些珍贵的标本成箱地分批寄回国内,还写了几十本的笔记和日记,记录并描述他的工作及生活。这为支持进化论提供了极其丰富翔实的原始材料,让他受用终身。

在达尔文以前,布丰、拉马克、钱伯斯以及达尔文的祖父伊拉兹马斯等人,都曾提出过有关进化的思想,但是都没有引起人们重视,甚至还遭到不同程度的打压围攻。达尔文决心把这项工作做得深入透彻、论据充足,他按照弗兰西斯·培根的教导,用了20年的时间收集证据,考察了上万个标本,把耐心观察和逻辑思维结合起来,不断完善理论中的薄弱环节。最终,他用《物种起源》一书,发动了一场从科学领域到思想领域的伟大革命。

(二)达尔文的进化论及其影响

查理·罗伯特·达尔文是名基督教徒,在大学里又是专门学习神学的,所以,关于生物的神创论和物种不变的观念,在他的思想中应该是由来已久且根深蒂固的。在随"贝格尔"号远航的初期,他还给船员们讲解生物是按照上帝的计划创造出来的。但是,在此后长达五年的环球航行中,他采集、观察到了大量生物变异和进化的实证材料,逐渐萌发了生物进化的革命性思想。其中,对他影响最大的是发生在加拉帕戈斯群岛上的故事。

1835 年,"贝格尔"号在距南美洲西海岸约 1000 千米的加拉帕戈斯群岛停留了九个多月,达尔文对这些岛屿的动植物资源进行了细致的考察,他对其中的一系列莺鸟(现在被称为达尔文雀)尤其感到惊讶。他总共发现有 13 种不同的莺鸟,大小颜色相似,却各有不同的鸟喙,而每一种喙的形状,显然都是适应其独特的取食方式的。食种子的,喙适合于嗑开种子的外壳。捕食昆虫的,喙长而尖。采摘花蕾和树叶的,喙短而粗。达尔文面对这些在狭小地域内发生的变异事实,开始是疑惑,以后渐渐产生了生物为了生存,能够通过进化以适应环境的思想。此后,这一思想成为继牛顿的机械还原论之后,又一个极大地影响了人类科学领域和思想领域的成就——进化论。

1836 年 10 月,达尔文结束了 5 年的远航生活回到英国。这时他已经成了训练有素的博物学家,也已经确信了生物进化的事实。但他也很苦恼,因为"生物进化的机制究竟是什么"这个问题一直在困扰着他。他曾经作出过二十多个不同的假设,但又一一否定。这个问题的最终解决也很意外,他偶然在英国牧师马尔萨斯的《人口论》中获得了灵感。马尔萨斯在书中表达了这样的研究结论:呈算术级数增长的食物供给,永远也满足不了呈几何级数增长的人口,自然选择的力量,如贫困、疾病、战争等天灾人祸,就会导致那些不太适合的个体消失,这叫适者生存。达尔文把这个结论引进到他的生物系统中,认为所有生物都为了争夺资源而相互竞争。生物在遗传中会发生各种变异,因发生变异而具有某种优势的生物才会存活,不具有的则逐渐消亡。譬如,长颈鹿的脖子并不是像拉马克所说的那样,为了吃到高处的树叶拼命伸长形成的,而是有些鹿的脖子生来就比较长,比起那些脖子短的鹿,它们就能够获得更多的食物,生活得更好,因而能够繁殖更多的长颈后代。久而久之,短颈的鹿被逐渐淘汰,最终形成了长颈鹿这一物种。所以,随着时间的推移,只要新变异不断出现,自然选择就会发挥作用,进化就会永无止境地进行,新物种就会不断出现,而不是像教会所说,物种经上帝创造出来后就不会有任何变化。

这看来是一个非常简单的看法,但它能够解释太多的问题,也让达尔文决定将一生奉献给这一理论。同是生物学家的赫胥黎读《物种起源》时,就懊恼地喊道:"真笨,连这个都没想到。"

尽管达尔文在1838年就对进化论有了充分的信心和把握,但他并不打算立即将其公之于众,他很清楚这个理论会在社会上引起怎样的震撼。或许他也打算像哥白尼那样,在临终前才公布他的研究成果,以这种无奈的方式躲避宗教势力的围攻和迫害。当然,也可能是因为他决心要使这一工作做得透彻完善、论据充足、无可指责,他不愿发表一种看起来还不够充实的理论遭人奚落。但是一封马来西亚的来信却扰乱了他的计划和平静的心情。

写信的人叫华莱士,是个自学成才的青年博物学家。时间是在1858年的6月,信里附有一篇论文,内容与达尔文研究了20年的进化论如出一辙,真是不可思议!更不可思议的是,华莱士的思想也是来自马尔萨斯的《人口论》。但与达尔文相比,华莱士是在读《人口论》时突发灵感,突击三天写出来的,远远没有达尔文的积累深厚。达尔文生性淡泊,曾一度想放弃自己已经研究了20年的成果,把首创权让给华莱士。但达尔文的朋友们觉得这对达尔文太不公平。经过商议,他们决定在林耐学会上以同时介绍两个人研究工作的方式,使两人共同获得进化论的发现权。华莱士对此结果也很满意,他大概也没有想到自己的灵光一现,却获得了这样的荣誉。所以他很明智地把自己定位为陪衬的角色,并首先把这个理论称为是"达尔文主义"。

翌年,达尔文出版了《物种起源》一书,首发当天,初版的1250本就被抢购一空。不出所料,书中的进化思想很快在社会上掀起了轩然大波。维多利亚时代保守的卫道士们,无法接受一个没有上帝的世界,也不能容忍达尔文用一个经过自然选择所形成的生命界替代上帝的设计。一场宗教与科学的论战不可避免地爆发了,反对进化论的人群中也不乏科学界的人士,其中就有著名的解剖学家欧文,以及当时的科学泰斗开尔文。

最著名的一场辩论发生在1860年6月底,是英国科学促进会在牛津大学组织的,辩论持续了三天。反方的主将是牛津大主教威尔伯福斯,此人能言善辩且精于世故。尽管在外人看来,他通晓各种自然知识,据说学生时代还得过牛津数学院的头等奖,但他对进化论的了解却极为有限。进化论阵营的主将是赫胥黎,他非常热衷和擅长激烈的辩论。他曾写信给达尔文:"你的理论,我准备接受火刑——如果必须的话——也要支持。"

主教威尔伯福斯可能以为有理查德·欧文撑腰——据说理查德·欧文在头天晚上曾专门拜访了他,所以他一上台就以势压人,极尽嘲弄和讥讽。尽管他能说会道,也颇能蛊惑人心,但是他的发言却没有一点科学含量。发言结束时,他不怀好意地说:"赫胥黎先生认为人是猴子变的,那么请问:您是来自祖父或祖母的哪一个猴群呢?"面对挑衅,赫胥黎成竹在胸,他从容地走到发言席上,通俗而又明晰地介绍了进化论的主要内容,说明生物进化有充分的科学根据和实证材料,绝非猜测和杜撰。他的演讲思路清晰、语言准确有力、证据确凿充分,征服了在场的绝大多数听众。最后,他以一段赢得全场热烈掌声并在后来被广为流传的讲话结束了发言:"一个人没有任何理由因为他的祖先是猴子而感到羞耻。我为之感到耻辱的倒是这样一种人:他惯于信口开河,不满足于自己活动范围内取得的令人怀疑的成功,而且要粗暴地干涉他根本不理解的科学问题。他避开辩论的焦点,用花言巧语和诡辩的辞令来转移听众的注意力,企图煽动一部分听众的宗教偏见以压倒别人。如果我有这样的祖先,才真正觉得羞耻啊!"

牛顿因为发现宇宙中物体运动的规律而主导了17世纪的科学。达尔文则因为发现了支配人类本身进化的规律而主导了19世纪的科学。而他所强调的"生存竞争"和"适者生存",极妙地与时代倾向相吻合(当时正值资本主义快速发展的时期),在科学之外的社会、政治、经济等领域,同样也产生了广泛而深刻的影响,以至到后来也演变成了一种哲学,甚至有人还试图用生物的进化论取代物理的机械论。思想界受进化论的启发,认为政治制度也和生物一样,必须适应环境,在一个种族、地区、国度中有效的制度,在另外一个地方可能会遭到惨败。连一些民族主义者也把达尔文主义作为理论支持,为帝国主义和殖民扩张辩护。在经济生活中,19世纪末是一个自由放任经营和粗俗个人主义盛行的时期,"生存竞争"也成了当时那些想要找到一个漂亮借口来蔑视传统道德的无耻之徒的口头禅了。这些大概是达尔文当初无论如何也想不到的。

1882年4月19日,达尔文在一片争议声中与世长辞,他被安葬在牛顿的墓旁边。尽管他的理论生前没有像牛顿的理论那样得到举世的公认,但这位慈祥的老人绝对是举世公认的科学和文化伟人。

达尔文故居

(三)修道院里的天才发现

在科学上,对一个理论最严格的检验,就是看它能否作出成功的预测,这最有说服力。达尔文根据他的理论,确信开花植物与协助它授粉的昆虫一定是一起进化的。因此,当他得知马达加斯加岛上有一种兰花,是将花蜜储存在一个30厘米长的管子形构造的底部时,就预言一定会有一种蛾,它的吸管伸展后将能够达到同样的长度。有些专家嘲笑这种说法,然而在大约40年后,真有人发现了一种蛾拥有这种不可思议的器官。

当然,达尔文的理论也并非无懈可击。反对者质疑那些有利的变异是如何一代一代地遗传下来并得以强化的。他们打比方说,如果在一杯咖啡中倒入一杯白开水,绝对不会使咖啡变浓,而是将其稀释了。如果往已经稀释的咖啡中再倒进一杯水,咖啡会变得更淡。同样,有人认为上一代有利的变异在遗传给下一代时,也会逐渐减弱,直到最后几乎消失。这是达尔文理论严密逻辑关系中明显缺失的一环,为此达尔文苦恼不已。但是达尔文和其他所有人都不知道,远在欧洲中部一个不起眼的地方,一个离群索居的修道士——孟德尔已经解决了这个问题。

孟德尔1822年出生在奥地利帝国的一个偏僻小镇(现属捷克共和国),虽然家境贫寒,但父母仍尽其所能供他读书。孟德尔中学毕业后考入奥洛穆茨大学哲学院,但为生活所迫,他又不得不中途退学。他的物理老师深感惋惜,推荐他到布隆城的奥古斯汀修道院,先解决他的生活问题。有的书上把孟德尔描述为一个单纯的乡下修道士,有比较敏锐的观察力,他的发现似乎纯属业余爱好,带有很大的偶然性。事实上,他所供职的修道院在当地是一个很有名气的学术中心,具有严谨的科学研究传统,还有一个拥有两万余册藏书的图书馆。修道院院长开明而且有见识,一向鼓励他的工作人员在完成修道院的职责之外,要多去发展和追求科学或艺术的兴趣。自幼就酷爱读书、安静内向的孟德尔,在这样的氛围中自然是获益匪浅。其间,孟德尔还被派到当地的一所中学教书,但因生物学和地质学方面的知识太少,始终没有通过教师资格考试。1851年,院长派孟德尔到维也纳大学进修,在那里他系统学习了植物学、动物学、物理、化学等课程,接受了一流的科学训练,为他进行科学研究奠定了扎实的基础。

1856年,孟德尔在修道院的花园里开辟了一块地,开始在业余时间进行实验,但他的方法绝不业余,而且非常专业。他先是用了两年的时间培育研究所需的标本,从中选择了7种不同的豌豆。譬如,种子的表皮是光滑的或是粗糙的,种子的内质是黄的或是绿的,豌豆的茎是高的或是矮的,开的花是紫色的或者是白色的……对此进行选择,有人惊叹他的运气实在是好得出奇,因为我们现在已经知道,豌豆只有7对染色体,而他所挑选的这7种豌豆的不同性状,刚好是这7对染色体分别控制的独立遗传,彼此互不相干。也有人说是孟德尔的直觉起了作用,据说他的直觉一直非常准。但更有可能是得益于他的耐心观察和敏锐,才能找到这7种最适合的特征进行研究。

孟德尔的目标非常明确,就是要找出控制生物遗传的密码和法则。他很清楚这项研究的意义,因为当时的生物学家正试图理清复杂而又神秘的遗传问题。动植物的后代显然和亲代有相似之处,也有不同之处。当时多数科学家认为,亲代的特征会以混合的形式出现在子代身上(这正是达尔文苦恼的),但是没人知道亲代传给子代的物质是什么,也不知道传输的方式。

在确保选出的 7 种豌豆的种子都是纯种后,他在两个全职助手的协助下开始反复种植这些豌豆,并将其中的 30000 株进行杂交。这是一项极为细致的工作,为了防止意外授粉,在最关键的一步他亲自用取自不同品种的花粉给每朵花传粉,然后用布套把每朵花都套起来。他还不厌其烦地记录豌豆种子、豆荚、叶子、茎和花在生长过程中,以及其他方面极为细微的变化。杂交的豌豆成熟后,孟德尔发现在第一子代中,有些特征一定会出现,有些一定会消失。譬如,种皮光滑的和粗糙的杂交后,子一代的种皮都是光滑的,没有粗糙的;长茎的和短茎的杂交后,所有的子一代都是长茎的,没

孟德尔小心翼翼地实验中

有出现短茎的,更没有像一般人想象的那样混合后变成了不长不短。这个发现很重要,他轻而易举地就推翻了杂种是遗传混合性状的传统观念。

在下一轮的实验中孟德尔又有了惊奇的发现。他通过自授花粉(自交)使子一代产生后代,结果在子一代中消失的性状在子二代中神奇地出现了。譬如完全是高茎的子一代的后代中又出现了矮茎的。更让他惊奇的是在子二代中,相对性状出现的概率基本都是 3∶1,即高茎子一代的后代中高茎的约占 3/4,矮茎的占 1/4;光滑种皮的后代中光滑的约占 3/4,粗糙的约占 1/4……为了解释这一现象,他发明了两个概念:显性和隐性。他把在子一代和子二代中都出现的性状,如高茎和种皮光滑,称为显性性状;而在子一代中没有出现,在子二代中才出现的性状,如矮茎和种皮粗糙,称为隐性性状。

孟德尔对他所研究的一切进行了非常科学的整理和归纳,并创造了一个叫"遗传因子"的概念——半个世纪后人们将其称为"基因",然后信心十足地推测:豌豆的每个性状都是由一对"因子"决定的,譬如纯种的光滑豌豆,可以假定由一对 RR 因子决定;纯种的粗糙皱皮豌豆,可以假定由一对 rr 因子决定。它们杂交产生的子一代是从亲本中各取一个因子,形成一对 Rr 遗传因子,并且表现的都是显性性状。而子一代自交的结果就会产生 RR、Rr、Rr、rr 这 4 种情况,或者表示为 RR+2Rr+rr。因为 R 代表显性因子,而且有 R 的子二代就必然表现出显性性状,所以在子二代中发生了普遍性的 3∶1 的规律。在此基础上,他提出了著名的孟德尔遗传定律,即分离定律和自由组合定律。为此,他花费了整整八年的时间。

孟德尔的一个独特贡献是他首次在生物学领域采用了数学和统计学的方法,并把结果转换成了精确的数学公式。但让人哭笑不得的是,可能他的方法太科学了,远远超越了他所处的时代,以至于 1865 年他在布尔诺自然史学会的会议中宣读他的论文时,大约有 40 个与会者很有礼貌地听了他的报告,却没人提问,也没有人讨论,大家都无动于衷。另外,因为孟德尔生性低调谦虚,所以给他的论文也起了一个很谦逊的名字:《植物杂交试验》。

其实最尴尬的是达尔文,因为没有人比他更想发现遗传的机制了。如果找不到遗传机制,他的理论就没有基础,时常会遭人诟病却又无可奈何。所以他也花了多年时间用数种不同的物种进行杂交实验。但是他没有成功,孟德尔却成功了,由此可见孟德尔超人的天赋。达尔文和孟德尔是同一时代的人,达尔文年长 13 岁。孟德尔曾把他的论文寄给几十个有名气的生物学家,这其中就包括达尔文,但是据说达尔文根本没有拆封。孟德尔也有一本德文版的《物种起源》,他应该读过,也应该意识到他的工作适用于达尔文的理论,但是他似乎并没有想办法和达尔文联系上,毕竟那时的通信手段和现在是没法相比的。结果阴错阳差,共同为 20 世纪的生命科学奠定理论基础的两个人,却失之交臂未能达成合作。

孟德尔生前默默无闻,去世不久却殊荣备至。1900 年,有 3 位欧洲的植物学家在 3 个月内先后发表了与孟德尔的研究工作基本相同的报告,他们都各自独立地"发现"了遗传定律。但是很快,他们也都各自发现了孟德尔早在 35 年前发表的《植物杂交试验》。科学界这时才恍然大悟,遗传学在延宕许久之后才匆匆跟上了孟德尔的脚步。

  20世纪的生命科学有了突破性的发展。1953年，三个名不见经传的年轻人沃森、克里克、威尔金斯在遗传物质DNA的双螺旋体中找到了基因的分子结构，发现了前所未知的遗传密码，他们共同分享了1962年诺贝尔生理学或医学奖。今天的分子生物学家，几乎可以随意读取和剪接分子密码，甚至可以重新塑造生物世界，包括人类自己。而这一切，都起始于那个默默无闻的修道士，他在修道院的后花园里，周而复始地种植着豌豆，他的耐心、细致和严谨，与他的遗传定律一起成为人类科学的宝贵财富。

4.8 原子与元素

（一）关于原子：从德谟克里特到道尔顿

科学是源自人类对构成大千世界的基本单元的好奇和探寻。泰勒斯认为水是"世界本原"——哲学和科学也就由此出发了。关于"世界本原"，影响最大的是亚里士多德在前人基础上总结的水、土、气、火的"四元素说"，直到17世纪才被玻意耳的"化学元素说"所替代。而与近代科学最有缘的是德谟克里特的原子论，他认为浩瀚宇宙中只有原子和虚空，这个观点两千年后在道尔顿手中变成了现代化学与科学的理论基石。原子，微小却很神秘，今天的物理学家们仍在苦苦追寻其庐山真面目。1965年诺贝尔物理学奖得主、加州理工学院的理查德·菲利普斯·费恩曼博士说，要是你不得不把科学史压缩成一句话，它就会是"一切东西都是由原子构成的"。

约翰·道尔顿（1766—1844）出生在英国坎伯兰一个村庄，从小家里很穷，没钱上好学校，只好在只有一间教室的小学里读了两年书。所幸他天资过人，而且勤奋好学，能吃苦，很受老师赏识。12岁时老师就让他接手学校的教学和管理工作，这让他可怜的家庭多少能够增加一点收入。15岁时，道尔顿到另一所学校任教，这里有位很有名气的盲人科学家约翰·高夫，在这位大科学家的启蒙下，道尔顿得以迈入数学和自然科学的殿堂。此后，从未接受过正规高等教育的道尔顿，靠自学日积月累，终于成就了承前启后的科学伟业。

约翰·道尔顿

道尔顿所从事的第一项研究，就是在高夫的鼓励指导下进行气象观察和监测，然而没人会料到，这竟成了他持续一生的一项工作。在此后长达57年的时间里，他留下了两万多篇观察记录，直到去世的前一天，他还在日记中写道："今日微雨。"他的非凡毅力和有条不紊的做事风格，由此可见一斑。气象观测难度不大，难得的是他能坚持一生做好一件事，并以此为基础展开了一系列开创性的研究。他一生所取得的成就，无不与此相关，包括影响力巨大的"原子论"。在气象学方面，他陆续发表了《关于气压计》《关于温度计》《论降雨》《论蒸发》《论云的形成》《论水蒸气的运动》等文章。这些成果在气象史上堪称里程碑式的突破，以至于人们常常把他称为气象学家。

在物理教科书中，有个道尔顿的气体分压定律，内容是：在装有混合气体的容器中，所有气体产生的总压力等于各种气体的分压力之和，而且每种气体产生的分压力与其单独占有该容器时产生的压力相等。这个定律，就是道尔顿研究大气中的水蒸气形成降雨的原因时发现的。气体分压定律透露出一个明显的信息，就是每种气体都是由非常微小的粒子组成的，这些气体微粒之间的距离很大，因此互不影响。此前玻意耳对此也有类似的研究和结论，道尔顿当然知道，但是他比玻意耳更高一筹。他认为固体、液体和气体一样，也都是由看不见的微小粒子组成的，只不过粒子与粒子之间的距离比气体要小得多。于是，这自然就引起了他对这些看不见的微粒性质的思考。

两千年前的德谟克里特的"原子论"只是一种想象和思辨，缺乏直接证据，所以一直不被重视，甚至被埋没。到了19世纪，化学领域已经积累了大量的知识和理论，如物质不灭定律、倍比定律等。尤其是关于元素的概念，自从玻意耳用"化学元素说"代替了古希腊的"四元素说"后，经过戴维、拉瓦锡等人的工作，这一思想已经深入人心。但当时人们对元素的认识还很笼统，至于元素的构成，这显然是一个极为重要的问题，但还不被人们所了解和重视。

就像17世纪的力学，当它需要一个伟大的集大成者时，牛顿出现了。19世纪电磁学的集大成者是麦克斯韦。而这时的化学也需要一个有洞察力的集大成者，于是道尔顿就应运而生了。据考证，道尔顿并不是一个观察特别细致的研究者，也称不上是一名杰出的实验科学家。但他对其他科学家的观点总是保持着怀疑的态度,坚持只有亲自证实才会接受这些思想。他说:"宁可发表很少的言论,但句句都必须建立在自己实践的基础之上。"正是这种宝贵的怀疑精神和独到的洞察能力,为他带来了巨大的成就。

当时,关于化学元素的概念已经被科学界认知和接受,同时也有人对德谟克里特的"原子论"进行过思考,但是对元素和原子的认识还很不明晰。提到元素,人们只是满足于把它描述为化学分解的最终产物;人们对原子的认识就更加模糊,笼统地认为都是大小相同的球状微小颗粒。道尔顿早期关注的是空气压强与饱和水蒸气的关系,实验中,他观察到纯氧气负载水蒸气不如纯氮气,凭直觉,他提出这是氧气(当时也称氧元素)的基本粒子——氧原子,比氮气的原子个头更大、质量更重造成的。这时"原子论"的雏形在道尔顿的思想中逐渐显现并清晰起来,那些凌乱的理论经过道尔顿的归纳和整理,最终形成了一门主流学科。

1808年,道尔顿在《化学哲学新体系》一书中详细阐述了原子学说,将近代化学推到了一个新的高度。他认为,元素是由人们无法看到的极其微小的原子组成的,原子不可分割;同种元素的原子,质量、性质、大小都相同,而不同种元素的原子,质量、性质、大小却各不相同。用道尔顿的"原子论",可以圆满解释当时化学中的很多现象和问题,譬如拉瓦锡的物质不灭定律,其实是那些发生反应的物质的原子重新组合成了另外的物质,而组成这些物质的原子的种类和数量并没有发生任何变化。

在另一篇发表在曼彻斯特学会会刊的论文中,道尔顿在原子理论方面又有了新的突破,"据我所知,研究基本微粒的相对质量是一个新课题。最近我一直在钻研这个问题并获得了一些成绩"。这个成绩就是他找到了计算各种元素的原子量的方法。他把最轻的氢元素的原子质量定义为1,然后通过实验确定与氢结合的其他元素的原子的相对质量。用这个方法,道尔顿测定了当时所知道的20多种元素的原子量,并制定了化学中第一个原子量表。当然,按当时的手段和条件,结果不可能很准确,有些甚至是错的,但这项工作在科学史上的价值和意义却是不容置疑的。

很快,"原子论"让道尔顿名声大噪,各种荣誉也纷至沓来,难得的是他却始终保持着低调和平静。1826年,一个名叫佩尔蒂埃的法国化学家来到曼彻斯特,想见见这位原子英雄。当他发现道尔顿在一个小巷里的小学教孩子们基础算术的时候，不由得大吃一惊，他结结巴巴地问："请问，这位是道尔顿先生吗？"他无法相信在欧洲已是赫赫有名的化学家竟然在教小孩子加减乘除。"没错，"这位教师平静地说，"请坐，让我先教会孩子这道算术题。"

当时的科学研究多数还都是业余的，道尔顿的科学生涯也不例外。他业余完成的成果还有关于色盲的研究。道尔顿直到成年，才偶然发现自己看不到别人都能看到的颜色。例如，粉红色在他看来是蓝色。开始他还以为是别人搞错了，当他对一些朋友和他的兄弟进行了非正式的调查之后，才发现只有他和哥哥才会把粉红色、紫红色看成蓝色。这个奇怪的现象引起了他的兴趣，他就写了一篇题为"观察研究视觉色差的离奇真相"的论文，成为历史上研究色盲症的第一位科学家。直到现在，人们还常将先天性红绿色盲称为"道尔顿症"。

当然，道尔顿的"原子论"并不完美，有些问题也让他颇感为难。譬如，当氢气和氧气化合成水，水的微粒里面有氢原子和氧原子，那么水的微粒还是原子吗？显然，这是个很矛盾的问题。说它是原子，就有悖于原子的核心理念。那不是原子又是什么呢？无奈之下，道尔顿只好用自相矛盾的"复合原子"勉强应付。其实，现在我们都知道这个微粒是水分子。分子这个概念是意大利的物理学家阿伏伽德罗于1811年首先提出的。但是他的命运却比不上道尔顿，他的分子理论直到50多年后才被化学界接受，从而结束了化学中的混乱局面。

"分子论"与"原子论"一起，共同构成了现代化学的理论基础。

（二）元素周期律——门捷列夫为化学建立秩序

1860年，在德国莱茵河畔的小城卡尔斯鲁厄，召开了历史上第一次国际性的化学学术会议，参会者大约140位，包括当时各国绝大多数杰出的化学家。这次会议的初衷是想讨论并结束当时化学领域的混乱状态。当时的物理学在牛顿力学的垂范下，电磁学、热力学中的奥斯特、法拉第、焦耳等人，已经得以窥见其核心秘密，结构严谨的理论体系也呼之欲出。生物学方面，林耐的分类方法使得缤纷庞杂的生命界也初现秩序。唯独化学，尽管从玻意耳开始，经过拉瓦锡、道尔顿等人的努力，已经开启了这门脱胎于炼金术的独立学科，但其中的乱象却让所有的化学家都头痛不已。比如,有的元素原子量的值很不一致,甚至相差甚大。再比如,化学式的写法也不统一。很显然,这种混乱状态已经给化学领域正常的交流造成了极大的麻烦,严重阻碍了这一新兴学科的发展和进步。

然而,会议开得并不成功,这些人从一开始就争论不休,而且都很固执,互不让步,最后闹了个不欢而散。当然,这次会议也不是完全没有收获,最有价值的一项成果,是在意大利化学家康尼查罗的积极呼吁和努力下,使得阿伏伽德罗关于分子的假说在沉寂了半个世纪之后,终于被人们重新审视并受到重视,从而奠定了原子—分子论的基础,澄清并解决了化学中一些至关重要的基本问题。与会者中有一个来自俄罗斯的年轻人,名叫德米特里·伊万诺维奇·门捷列夫(1834—1907),当时他正在德国读化学研究生。会议的争论和当时化学界的乱象,让他产生了诸多的思考。

门捷列夫出生在俄罗斯西伯利亚西部的托博尔斯克,地方很偏僻,但是他的家庭却有着良好的教育传统。他的祖父是西伯利亚第一份报纸的出版商,父亲担任当地一所中学的校长,母亲据说还有蒙古族的血统。门捷列夫兄弟姐妹14人,但只有8个长大成人,他是最小的一个。本来这是一个幸福的大家庭,然而在门捷列夫出生不久,厄运就开始降临这个家庭。父亲突然双目失明,失业在家,于是母亲不得不外出工作。这是一位杰出的女性,为了生活,她回到她的娘家,重新打理她们家族一个已经停产的玻璃厂,并且经营得很成功,但是一场大火又把这一家人推到了贫困的境地。不久,门捷列夫的父亲去世了。坚强的母亲为了让自己的小儿子能够受到良好的教育,在对家庭的其他成员和财产做了妥善处置之后,就带着只有15岁的门捷列夫,长途跋涉3000多千米,踏上了艰辛的求学之路。他们先是到了莫斯科,希望能够找到一所大学接收门捷列夫,但屡屡碰壁,后来又来到圣彼得堡,在父亲一个老同学的帮助下,门捷列夫才得以进入圣彼得堡师范学院学习——父亲的老同学是这里的院长。此时母亲也精疲力尽,仿佛是她认为已经完成了自己的神圣使命,10周后便离开人世。她在临终前给门捷列夫留下遗言:"小心幻觉,努力研究,寻找神圣与科学的真相。"

门捷列夫没有辜负母亲的苦心和付出。他不仅天分突出,精力旺盛,而且兢兢业业,努力勤奋,最终以全校第一名的优异成绩毕业并获得金质奖章。1855年他取得教师资格，1857年到圣彼得堡大学任教。有意思的是，这所大学曾经拒绝过他入校学习的申请。

当时的俄国政府已经注意到科学技术对国家的影响和重要性，于1859年派出了包括门捷列夫在内的一批有潜质的年轻人到国外留学交流。门捷列夫曾先后在德国海德堡大学和法国的巴黎大学学习，从而有机会参加了那次刺激他思考的大会，并结交了很多一流的科学家，其中包括本生、康尼查罗、基尔霍夫等顶尖人物。

两年后，门捷列夫返回圣彼得堡大学，开始实施他为化学建立秩序的伟大计划。他首先编写了一本《有机化学》教科书，成功地将有机物分门别类，给出了一套条理清晰的教育体系。这本书让他声名鹊起，大大提高了他在俄国化学界的名誉和地位。但是，当他接下来思考《化学原理》的编写计划时，却是大伤脑筋。因为这本《化学原理》的主要内容是针对无机物的，而在无机物中首先要面对的是各种各样的化学元素。当时，科学家们发现的化学元素已经有60多种，但是没有人能够理清这些元素之间的关系，也不知道元素性质变化的规律。要找出成千上万种无机物之间的秩序，就必须先为这些看似杂乱无章的化学元素建立秩序。

其实在当时已经有人在研究这个问题。有的化学家根据元素原子量的大小为元素排序，希望能够有所发现；还有人按元素的性质，比如金属或气体，对元素进行分类。门捷列夫的高明之处是把这二者巧妙地结合起来，把60多种元素非常和谐地放在了同一张表中，不仅次序分明，而且规律清晰，一目了然。这就是鼎鼎有名的门捷列夫元素周期表，表中元素性质变化呈现的规律被称为元素周期律。

其实，门捷列夫的方法3年前在英格兰有一位名叫约翰·纽兰兹的业余化学家曾经提出过。这在科学上是常有的事儿。他发现，如果把元素按照原子量从小到大的顺序排列起来，似乎每隔7个元素就要重复某些特点，纽兰兹将其命名为"八音律"，他是把这一规律比作钢琴键盘上的八度音阶。纽兰兹的想法已经离发现元素周期律很接近了，但他没有坚持下去。可能是受不了一些人的嘲笑吧，因为集会时常有一些爱开玩笑的人问他，能不能用他的"八音律"弹个小曲子。

据说，门捷列夫是在一种单人牌的游戏中获得的灵感，他原本就热衷于此游戏。首先，他为当时发现的63种元素制作了63张卡片，把每种元素的性质都详细地写在上面，并按原子量的大小从左到右排列。同时，他又把性质相似的元素都放在同一纵行中,于是他发现,每隔一定数目,元素就会重复前面某个元素的性质。譬如,锂后面的第八个元素是钠,与锂的性质相似,他就把钠放在锂的下面。再往后的第八个是钾,钾与锂、钠的性质也很相似,于是锂、钠、钾自然就都排在了同一纵行中。他把表中的每一横行称为"周期",每一纵行称为"族"。在同一周期中,都是从非常活泼的金属元素开始,逐渐过渡到非金属元素。同一族中元素的性质都很相似。

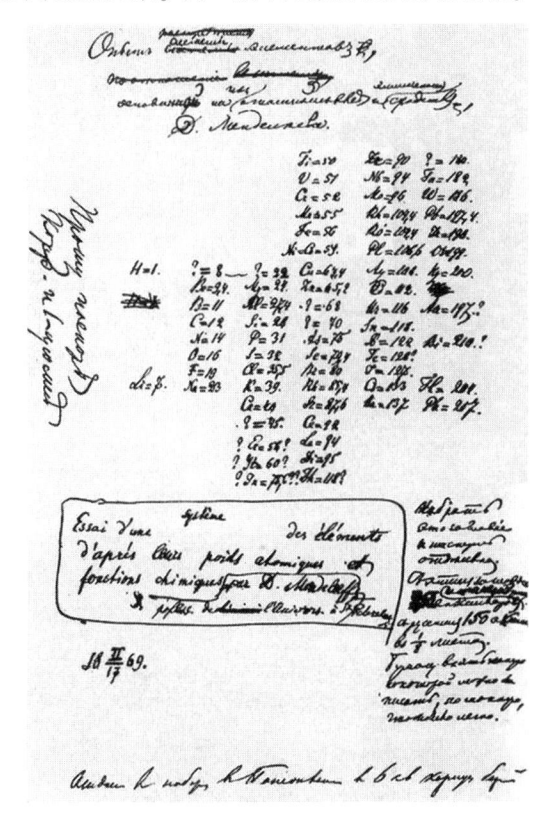

门捷列夫的元素周期表手稿

当然,门捷列夫发现元素周期律绝不像我们所说的那么轻松简单,因为那时候周期表中应该存在的很多元素还未被发现。另外,当时有些元素原子量的测量数据也很不准确,这无疑给门捷列夫为它们正确排序造成了极大的麻烦。关键时刻,门捷列夫的自信和果敢起了作用。他一方面把一些性质与原子量有矛盾的元素的原子量大胆地予以调整,使它能够顺利地纳入他的周期表中,服从他的周期律;另一方面,他又在周期表中为尚未发现的元素留出位置,使他的周期表更加合理、和谐。

前面我们曾经强调过,科学上对一个理论最严格的检验,就是看它能否作出成功的预测,这一方法论原理被门捷列夫演绎到了极致。面对各种各样的怀疑和嘲弄,他用自己的研究和名声作赌注,预言了三种还未被发现的元素(他暂且称之为类铝、类硼、类硅)的原子量和性质,并把它们置于周期表的特定空格里。几年后的1875年,一个名叫布瓦博德朗的法国化学家发现了一种新元素镓,化学性质与门捷列夫预言的类铝十分吻合,不过它的原子量比门捷列夫预测的要小。当门捷列夫得知这一消息时兴奋异常,但他坚持认为布瓦博德朗的测量有误,给他写信指出了镓的正确原子量值,建议布瓦博德朗再重新测量一下。布瓦博德朗在重复实验后惊讶地发现,门捷列夫预言的原子量真的比自己实际测量的还要准确。1879年瑞典化学家尼尔森发现了另一种新元素钪,它的性质几乎与门捷列夫提出的类硼完全符合;1886年锗的发现则完美地填补了类硅的空缺。

门捷列夫在看似杂乱无章的地方找出了自然的秩序,他的周期表使化学变得有条有理,明明白白。

门捷列夫不修边幅,成名后也依然简单朴素,而且鄙视那些所谓精英的浮华服饰和矫揉造作。他那飘逸的长发和胡须,以及威武挺拔的身姿,无不展示着他内在的坚强和独立人格。有人形容他行为夸张,但富有原则和勇气,不怕怀疑和反对,不怕政治压力,也不怕冒险。1887年,门捷列夫已经50多岁了,但他为了从最靠近、最有利的位置拍摄日食情景,竟独自一人操纵一个挂在巨型气球下面的篮子起飞升空。而此前,他从未有过类似的经历。至于巨型气球,他过去甚至连最基本的操作方法都不知道。

门捷列夫

（三）原子真的不可分吗——发现电子

门捷列夫的元素周期表给出了自然界中的最美秩序，与牛顿力学、麦克斯韦电磁学的数学抽象美相比较，它的美胜在简洁、直观。但是，也有一点美中不足，那就是没有人知道为什么会有这种秩序，门捷列夫也不知道。但是凭直觉，他认为元素这种独特的排列及性质，预示着必定存在一种人类尚未发现的基本的自然定律，并坚信"人类最终必定能够找到完整的解释，我认为一直要到我们能解释重力定律这类基本的自然定律之后，才有可能找到"。之后，科学的发展大大超出了他的预料和想象，随着人们对原子认识的革命性变化，门捷列夫的预言很快就得到了验证。原子内部结构的秘密，给出了元素性质呈现周期性变化的原因，这让他的元素周期表和元素周期律变得更加完美。

原子革命是从约瑟夫·约翰·汤姆孙（1856—1940）发现电子开始的。此前，由公元前5世纪的德谟克里特和他的老师留基伯创立了"原子论"，但是并没有引起人们的重视，甚至还不断遭人诟病。直到19世纪，道尔顿为原子提供了定量的科学证据，这才引起了其他科学家对原子概念的兴趣和关注。到了汤姆孙时代，原子是自然界中不可再分的最小粒子的提法已经被人们所接受。因此，汤姆孙以前的物理学家缺乏探索原子内部结构的兴趣也就不足为奇了。他们甚至认为根本就没有必要。但是随着人们对阴极射线和放射性研究的步步深入，电子开始进入人们的视野，并最终敲开了原子的大门，在人们面前展露出了一个更加神奇的、变幻莫测的亚原子世界。

1897年，时任英国剑桥大学物理学教授的汤姆孙打算对阴极射线进行更深入的研究。当时，他和其他科学家都知道，若在一个抽成真空的玻璃管两端各放置一块带电金属板，一个带正电，一个带负电，并且加上高电压，就会产生一种"射线"，从负极板指向正极板。因为负极板被称为阴极，所以人们就把这种神秘的射线称为"阴极射线"。汤姆孙才华出众，14岁就进入了曼彻斯特大学。1876年他获得了剑桥大学的奖学金，从此他的家就安在了剑桥大学。1884年他成了剑桥大学的物理学教授，并担任卡文迪许实验室主任，直到1919年退休。由于他的影响，卡文迪许实验室成了以后30年原子研究的主要基地，并且激励了整整一代年轻科学家。

科学史话

汤姆孙最初感兴趣的是麦克斯韦的电磁场理论,后来他却被阴极射线迷住了。当时,研究阴极射线的科学家们都在探寻阴极射线的本质究竟是什么。有人认为是一种电磁现象,也有人认为是带电的粒子流,莫衷一是。汤姆孙以独到的眼光,在广阔的视野上进行了综合研究和精密的实验测定,从多种不同的角度认证出电子的存在。他首先把阴极射线引入到电场中,成功地观察到了阴极射线的偏折。此前有人完成了阴极射线在磁场中偏折的实验。这些实验证明,阴极射线的确是由带电粒子组成的,而且带的是负电荷。为了搞清楚这些带电粒子的真面目,他又测量了阴极射线的偏折程度和速度,而且是用不同的金属材料作阴极,如铝、铜、锡、铂等,还把不同的气体,如空气、氢气、二氧化碳等引入到阴极射线管内做试验,不厌其烦。而无论他用何种材料,所测得的数据都是一样的。这就证明,组成阴极射线的粒子不是实验材料中的原子,也就是说阴极射线不可能是带电原子。如果是带电原子,因为制作阴极的材料各不相同,其原子的质量肯定不同,测得的数据也就不可能完全相同。

1897年4月30日,汤姆孙在英国皇家学会报告了他的研究和实验,他指出:"从阴极射线是一些高速运动的带电粒子的假设出发,那么这些带电体必定比通常的原子小得多。""起电本质上涉及原子的分裂,原子质量的一部分从原来的原子里脱离出来获得自由了。"汤姆孙的观点有理有据,很快就得到多数同行的认可。同行们还借用爱尔兰物理学家斯托尼1891年时发明的名词"电子",为汤姆孙所说的"带电粒子"命名。汤姆孙因发现了电子而获得1906年的诺贝尔物理学奖。电子的发现意味着原子解体为亚原子粒子已经开始,这可能是一条很长的路,直到今天我们还没有走到头。

电子一经发现,立即被归入原子,继而物理学家们就开始了"构造"原子结构这一激动人心的过程。汤姆孙首先给出了一个"葡萄干布丁"的原子结构模型,他假设带负电的电子嵌在均匀的带正电的物质球中,就像在蛋糕中嵌入葡萄干一样。他的这个模型想象的成分太多,没有可靠的实验根据,所以很快就被他的第一个研究生,或许是他最有名气的学生欧内斯特·卢瑟福——人们公认的原子时代第一位真正的英雄,用实验推出的原子核模型所取代。

卢瑟福1871年出生在新西兰的尼尔森。他的原籍是爱尔兰,据说他的父母为了能多种一些亚麻才移居到新西兰。他在这样一个遥远的地方长大，离科学的主流自然也很遥远。但幸运的是，1895年他靠努力获得了一份奖学金，终于有机会来到剑桥大学的卡文迪许实验室，这里很快就要成为世界上搞物理学最热门的地方。这年他刚刚24岁，黑头发，大个头，有着坚强的信念。一开始，他跟随老师汤姆孙研究无线电，曾经牛刀小试，成功地把一个清晰

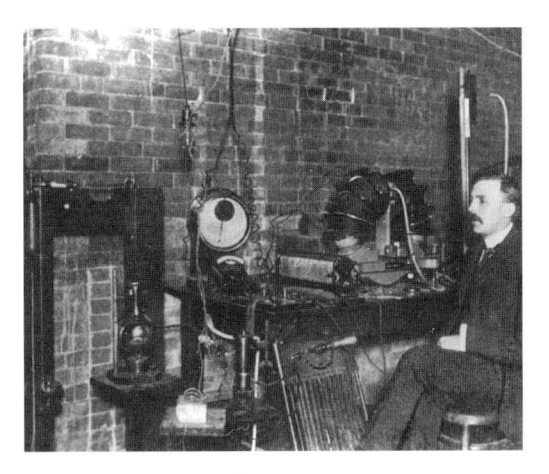

卢瑟福

的信号发送到了1000米以外的地方，这在当时也算是一个相当了不起的成就了。3年后，他接受加拿大麦吉尔大学的邀请，担任那里的物理学教授并主持实验室工作。到他获得诺贝尔奖的时候，他已经转到了曼彻斯特大学。就是在这里，他取得了他一生中最重要的成果：发现了原子核，初步确定了原子的基本结构和性质。

卢瑟福发现原子核颇有一点"无心插柳柳成荫"的意思，其实这类事在科学史上真是屡见不鲜。汤姆孙交给卢瑟福的第一项工作是有关X射线和放射性的研究。卢瑟福对放射性物质中发出的一种射线似乎情有独钟，他将其命名为α射线（另外还有两种射线，分别是β射线和γ射线）。首先他通过光谱分析，证明α射线其实是氦原子失去电子之后的氦离子流，α粒子就是氦离子，它的质量是氢原子的4倍，而且穿透力很强。所以，在麦吉尔大学期间他就喜欢用α粒子做实验，希望得到更多的信息。他曾用α粒子射向照相底板，中间设置一块铝箔，结果发现有个别α粒子穿过铝箔时发生了微小的偏转。1910年，卢瑟福在曼彻斯特大学又重复了这个实验。不同的是，他把中间的铝箔换成了金箔，他和他的学生期待着能够观察到更大角度的散射，最好能够接近或大于90°。然而结果却大大出乎他们的预期和想象，绝大多数的α粒子直接穿过了金箔，正像汤姆孙的模型所期望的那样。让人感到不可思议的是，有少数α粒子竟然发生了远大于90°的大角度散射，甚至有极个别的α粒子被直接反射回来。事后，卢瑟福回忆当初的情景时说："这是我一生

中遇到的最令人难以置信的事件。这简直……就像你对着卷烟纸射出一颗15英寸（1英寸=2.54厘米）的炮弹，却被反射回来的炮弹击中一样不可思议。"

此后，卢瑟福反复思索那些反射回来的粒子。经过将近两年的冥思苦想，他觉得只有一种解释：那些反弹回来的 α 粒子一定是击中了原子当中又小又密的东西，而别的 α 粒子则畅通无阻地穿了过去。卢瑟福意识到，原子内部应该是一个空空荡荡的空间，只是在当中有一个密度很大的核，体积很小，却几乎集中了原子的全部质量和正电荷。而带有相同数量负电荷的电子，则在核外的某些地方运动着，这是一个非常新颖的思想。

卢瑟福因提出原子核这一设想而赢得了"核物理学之父"的美誉。显然，这一模型比汤姆孙的"葡萄干布丁"模型更科学，更接近真实的原子结构。但它很快就遇到了麻烦，挑战来自经典的电磁理论。根据电磁理论，运动的电子要不断地辐射能量，其能量瞬间就会消失殆尽，被吸引到原子核上，从而造成原子的湮灭。这时多亏一个来自丹麦的年轻人——尼尔斯·玻尔出手相助，他用了一个被称为"量子"的崭新概念，把卢瑟福的原子模型从灭顶之灾中解救了出来。"量子"这个概念是一个沉默寡言的德国科学家普朗克提出的，以后发展成为"量子论"，它与爱因斯坦的"相对论"一起，引发了一场颠覆牛顿经典理论的力学革命。

（四）居里夫人与放射性：揭开原子核的秘密

就在汤姆孙从发现电子解开原子之谜的时候，还有一些人通过对放射性的研究，正一步步更加深入地进入原子的世界——直指原子核。有意思的是，他们也是从阴极射线开始的。

1895年11月8日的晚上，德国物理学家伦琴，在巴伐利亚的符兹堡大学幽暗的实验室里工作时，无意中发现墙角处发出神秘的闪光。他走近一看，原来这神秘的闪光来自涂有铂氰化钡的纸片。伦琴知道，这种物质在阴极射线的照射下会产生奇异的荧光，但此刻并没有阴极射线，他正在使用的阴极射线管已经被厚纸板遮盖得严严实实。他把阴极射线关掉，纸片不再发光。他又把纸片拿到另一个房间，关上门，拉下窗帘，然后开动阴极射线管，纸片仍然闪光。把阴极射线管关掉，它才不再闪光，可见引起闪光的神秘射线竟能穿墙而过，而阴极射线是没有这种本领的。出于好奇，他把自己的手放在阴极射线管和纸片之间，纸片上清晰地显示出手的阴影，甚至可以看到手骨。大感惊讶之余，伦琴推测这是伴随着阴极射线产生的一种新的未知射线，具有很强的穿透性，他暂且称它为"X射线"。直到今天，我们仍然称之为"X射线"，尽管它已经不再神秘，人们已经确证这是一种高能电磁波，因为它是伦琴发现的，所以人们也常常称它为伦琴射线。

7周后，伦琴宣布了这一激动人心的发现，并立刻引起轰动，而且人们很快就注意到X射线用于医学诊断的价值。这一消息传到美国的第4天，X射线就被

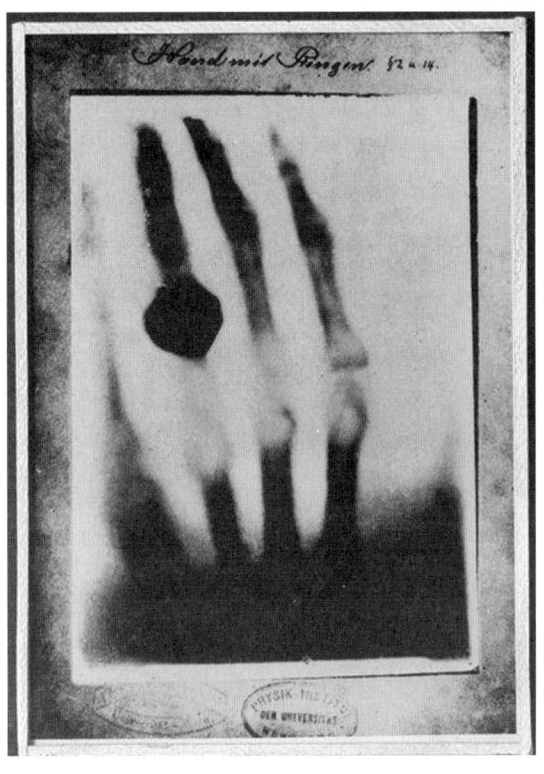

世界上第一张X光照片——伦琴妻子的手

用于确定一个病人腿上枪弹的位置。3个月后，一个名叫麦克卡塞的受伤男孩，成为历史上第一个用此方法查看断骨，并成功完成正骨手术的病人。对科学来说，伦琴射线不仅将成为生物学研究的重要工具，更重要的是，它的发现还标志着一场新的物理学革命的开始。1901年，伦琴因发现X射线而荣获了首届诺贝尔物理学奖。后来，有人问起他是如何设想并得到这一发现的，他的回答极其简洁："我没有设想过，我只是实验。"

伦琴的发现引起了法国物理学家贝可勒尔的兴趣，他的家族是一个专门研究荧光的世家。因为伦琴是从荧光材料发光发现了X射线，所以贝可勒尔想研究一下荧光材料是否也能发出X射线。1896年，贝可勒尔把包在黑纸里的感光胶片放在太阳光下，再把一种名叫硫酸双氧铀钾的荧光物质的晶体压在上面。他设想，太阳光照射晶体可以产生荧光，如果荧光中有X射线，它就会穿透黑纸使胶片曝光。

果然，底片冲洗出来后，上面出现了阴影，贝可勒尔认为这是荧光发出了 X 射线。而一次实验不足以证明科学上的一个论断，他需要再做几次来检验他的设想是否正确。但是巴黎阴冷的冬天妨碍了他的计划，连续数日都是阴天，无法继续做实验，贝可勒尔只好把包好的底片放进抽屉，上面还是压着那块晶体。几天后，贝可勒尔无所事事，于是他想先把底片洗出来看看，或许晶体里残存的荧光会使底片有微弱的感光。但是，胶片冲洗出来后，得到的结果却是大大出乎他的意料，底片上出现了强烈的阴影。显然，这不是荧光所为，也与太阳无关，只能与晶体有关——因为晶体中有铀，铀能放射出多种射线。当然，这都是后来才能弄明白的事。

就这样，贝可勒尔继伦琴之后，发现了另一种新的辐射——由一些特殊的物质自发产生的辐射。经研究，他发现它与 X 射线有一些非常类似的特性，譬如能够轻松地穿透一些不透明的物质，可以使空气电离而带电等。贝可勒尔的这一发现，开创了一个崭新的领域——放射性之域，其意义一点也不亚于伦琴射线。此后的若干年中，许多人在这一领域进行了影响深远的研究（包括对原子的重新认识），其中最为著名的要数举世公认的居里夫人——放射学的奠基人和开拓者。

1891 年，曼娅·斯可罗多夫斯卡历尽艰辛，从她的故乡波兰华沙来到巴黎时，她做梦也不会想到，她的智慧、毅力和无与伦比的抉择，将会把她推向怎样的巅峰。她不仅成了第一个荣获诺贝尔物理学奖的女性，而且罕见地两次荣获诺贝尔奖，一次是物理学奖，一次是化学奖。但到了巴黎以后，她确实知道她终于获得了梦寐以求的机会：能够进入久享盛誉的巴黎大学理学院学习。

19 世纪 90 年代的波兰在俄国的统治下备受压抑，人们很难享受到高等教育，尤其是女性。曼娅的父母都是教师，她从小不仅安静懂事，而且刻苦勤奋，成绩优异，一直是班里的第一名。中学毕业后她想报考大学学习物理，但因为是女性，她被波兰的大学拒之门外。为了圆自己的梦，曼娅决定远赴巴黎求学。但是清贫的家庭无法提供她所需要的费用，她只能靠自己。她先找了一份家庭教师的差事，又和她的一个有同样境遇的表姐达成协议：她把自己做家庭教师的薪水作为表姐的学费，表姐大学毕业后有了收入，就必须帮助她求学。这是她们想要摆脱宿命、发展自己的潜力、实现自己的梦想的唯一出路。就这样，曼娅整整坚持做了 8 年的家庭教师，在最困难的时候她也没有放弃。1891 年 11 月，她终于登上了一辆女子专用四等马车,开始了从华沙前往巴黎的三天行程。

巴黎是一座充满新奇的美丽城市,处处洋溢着浪漫的文化和艺术气息,但是这些不属于曼娅。她没有经济来源,只能靠微薄的配给度日——有一次由于饥饿她竟然晕倒在课堂上。但她一贯秉持的坚韧品质让她克服了各种困难,她于1893年以全班第一名的成绩拿到了物理学学位,两年后又拿到了数学学位。

1894年,曼娅遇上了她生命中堪称完美的另一半——皮埃尔·居里。这是一位安静深沉的科学工作者,物理学教授,建立了居里定律和发现晶体的压电现象。次年,两人在当地的市政当局登记结婚,随后两人骑自行车到法国南部度蜜月。在当时和以后的生活中,两人总是这样低调和简朴。曼娅成了居里夫人,此后这个名字逐渐被全世界接受和认可。

伦琴在1895年年底宣布发现X射线,几个月后,贝可勒尔的发现又传遍巴黎和全世界的物理学界。英国卡文迪许实验室的汤姆孙得到消息后马上采取行动,安排他的学生卢瑟福把注意力转向X射线。曼娅·居里还没有细细品味新婚的喜悦,也一头扎进这一激动人心的领域。她很快发现,贝可勒尔和卢瑟福几乎和她同时发现——铀发射出的射线不止一种成分。其中有一种射线在磁场中偏向一方,带正电;而另一种则偏向另一方,带负电。卢瑟福把带正电的射线称为α射线,带负电的称为β射线。1899年,曼娅·居里给铀产生放射线的过程定名为"放射性",她在一篇论文的题目中首次使用。1900年,法国科学家维拉德在放射性辐射中又发现了第三种射线,穿透力极强,但在磁场中不会偏折,显中性,他称之为γ射线。很显然,这三种射线的产生绝不是原子之间发生化学作用的结果,只能是某种原子内部发生了变化。看来,原子并不简单。

贝可勒尔发现具有放射性的硫酸双氧铀钾中总共有五种原子,极具洞察力的曼娅·居里选择先弄清楚究竟是哪种原子具有放射性。她的研究从一开始就做得相当精确、系统,因为放射性辐射能够使空气电离而产生导电性,她用丈夫皮埃尔发明的仪器,测量空气导电产生的微电流的大小,从而获得放射性强度的数据。她发现,放射性强度与放射物中的含铀量成正比,从而证实了样品中的铀具有放射性。后来,她又发现了钍也具有放射性。

接下来要做的事就是从沥青铀矿中提取纯净的铀,但是后来发生了一件怪事。

她发现相比于纯铀,废弃的沉淀物中测到的放射性反倒更强。这意味着一定还有一种更强的放射性元素,数量虽然少到难以检测,但一定存在!这时曼娅·居里的工作已经显示出巨大的价值和潜力,她的丈夫皮埃尔也认识到她作为科学家的非凡天赋,决定共同参与,尽管他已经是一个功成名就的科学家。1898年7月,居里夫妇取得了成功,他们从铀矿中提炼出了微量的粉末,其放射性强度比铀要高出几百倍。这是一种新元素,以前从未检测到过。他们把这一新元素命名为钋,以纪念曼娅·居里的祖国波兰。

此外,还有让人琢磨不透的现象,他们从矿石中继续检测到比铀和钋合在一起还要强的放射性,矿石里一定还有什么东西。1898年12月,他们找到了答案:这是另一种放射性更强的新元素——镭。接下来,就是必须提炼出能够进行检测的镭。此后的4年中,夫妇二人吃尽苦头才从大量的沥青铀矿矿渣中提炼出了镭,艰巨的劳动使曼娅·居里的体重减轻了15磅(1磅≈0.45千克)。

1903年,居里夫妇和贝可勒尔因为在放射性领域中的卓越贡献,共同获得了这一年的诺贝尔物理学奖。放

居里夫人在认真观察样品

射性物质产生的放射现象,让人们从更深层次认识了原子的复杂性。原子,确实不简单。

4.9　地球与宇宙

（一）宇宙诞生记

1964年，在美国新泽西州的贝尔实验室，两个年轻的天文学家彭齐亚斯和威尔逊，正在用大型的射电天线搜寻来自太空的微弱信号。但是一个连续不断的、像蒸汽一样一直咝咝响的噪声干扰，让他们的工作无法进行下去。这个噪声信号来自天空的各个方位，一年四季，日夜不停。此后一年的时间里，两个年轻人想尽各种办法，试图跟踪和除去这个噪声。他们把设备拆开，检查了每一条线路的电线和接头，再重新组装起来。他们爬进抛物面天线，用管道胶布盖住每一条接缝、每一颗铆钉，还用扫帚和抹布小心翼翼地把他们后来在论文中称作"白色电介质"（其实就是鸟粪）的东西清理得干干净净。可是，他们的努力却没有起到任何作用。然而，让他们无论如何也想不到的是，就在50千米外的普林斯顿大学，以罗伯特·迪克为首的科学家正在努力寻找的，正是这两位想要努力除去的东西。

千百年来，人们一直在追问这样一个问题：今天的宇宙是怎么来的？20世纪20年代，比利时学者乔治·勒梅特，首次提出了大爆炸宇宙理论。这个理论认为：宇宙可能起源于一次大爆炸，一个极小的"超级原子"（也被称为"奇点"）的大爆炸。此前，没有宇宙，当然也没有我们已经非常习惯的空间，也没有时间。奇点爆炸的一刹那，一个光辉的时刻到来了。爆炸发生的速度之快、范围之广、程度之剧烈，无法用语言形容。爆炸的瞬间，温度高达10^{32}K（K是热力学温标的单位，与我们熟悉的摄氏温标的关系是：0℃ = 273.15K）。此后几秒钟，依然是高温炽热，在这样的高温状态下，就是原子核也不可能形成和存在，更不用说普通原子和分子了，只有光子和基本粒子。不到1分钟，宇宙的直径已经有1600万亿千米，而且还在继续迅速扩大，温度却急剧下降，但仍然高达100亿摄氏度。如此高温足以让基本粒子发生核反应，结果是创造出了较轻的元素氢、氦，还有少量的锂。3分钟以后，98%目前存在的或将会存在的物质都产生了。于是，我们有了一个宇宙，之后又经过近百亿年的演化,才有了一个个的星球,当然也包括我们的地球——一个美妙无比的地方。

1948年,出生在乌克兰的美国科学家乔治·伽莫夫根据大爆炸宇宙理论曾经预言,宇宙早期核反应生成的氦元素应该能够保留到今天,估计应占宇宙物质的25%。此外,现在还应该存在大爆炸所产生的余热。普林斯顿大学的迪克小组,就是想用实验找到这个余热。而让彭齐亚斯和威尔逊头痛不已的噪声,恰恰就是由迪克等人正在努力寻找的大爆炸余热所产生的。其实这种辐射的干扰对我们来说并不陌生,当你把你的电视机调到任何接收不到信号的频道时,你所看到的锯齿形静电中,大约有1%就是由这种古老的大爆炸残留物造成的。有人曾调侃说,下次当你抱怨接收不到图像时,你总能观看到宇宙的诞生。

找不到噪声原因的彭齐亚斯和威尔逊就打电话给迪克,向他描述了他们所遇到的问题,希望能得到一个解释。迪克马上意识到两个年轻人发现了什么。"好家伙,人家抢在我们前面了。"他一面挂电话,一面对他的同事们说。接下来的事情是这样的:《天体物理学》发表了两篇文章,一篇是彭齐亚斯和威尔逊描述的他们听到咝咝噪声的经历;另一篇是迪克小组写的,解释了它的性质和意义,即这种无法消除的热噪声,就是伽莫夫当年预言的宇宙大爆炸的余热,这种余热以热辐射的形式存在于宇宙之中,具有各向同性,因此无法被消除。后来,人们把这种热辐射称为大爆炸残留下来的宇宙微波背景辐射。它的发现,是对宇宙大爆炸理论的有力支持。彭齐亚斯和威尔逊因此项发现获得了1978年诺贝尔物理学奖,尽管他们不是在寻找宇宙的本底辐射,发现时也不知道这是什么东西。有人说彭齐亚斯和威尔逊是两个幸运的家伙,本来是掏鸽子粪的,结果却掏出了金豆子。

后来,人们又研究了宇宙中氦元素的含量,结果是20%~30%,与伽莫夫的预言也基本符合。于是,大爆炸宇宙理论开始受到重视,目前该领域的研究已经成为自然科学研究中的热门之一。

大爆炸后相当长的时间里,宇宙远不是今天这样美丽和有秩序。没有星星,也没有太阳和月亮,只有无边无际的黑暗和飘浮的炽热气态物质与尘埃。这些飘浮的气体和尘埃是如何变成了今天无数星系的呢?18世纪的德国哲学家康德和法国数学家拉普拉斯,用星云假说给出了一个宇宙逐步演化的图景。

伊曼努尔·康德在科学史中的地位和名气远不及他在哲学上显赫。康德于

1724年出生在原属于东普鲁士的哥尼斯堡,一个偏远的边陲小镇,至今镇上的人们仍然深以康德为荣。康德身材矮小,也就1.5米左右,但他博学多才。康德头上顶着哲学家的光环,是德国古典哲学的创始人,被认为是继苏格拉底、柏拉图和亚里士多德之后,西方最有影响力的思想家之一。在他职业教师的生涯中,他不仅讲授哲学,讲与哲学相关的人类学、自然法、教育学,还讲授数学,以及自然科学中的物理、生物、地理、矿物学等,甚至和哲学八竿子也打不着的修筑碉堡和烟火制造,他也讲过。康德讲课生动幽默,教育思想也很务实。譬如,他最关注天分一般的学生,他说因为天才自有办法。这种思想对于当下的教育,也不无启迪和影响。对于哲学,他更有其独到之处,很少有哲学教授能像他那样明白。他认为,他们的工作不应该只是教学生关于哲学的知识和概念,更重要的是教授学生如何进行哲学式的思考,用不带成见的眼光去批判前人的思想。

与他丰富多彩的思想相比,康德的生活却极其单调,当然,也可以说是极有规律。德国大诗人海涅说他"起床、喝咖啡、写作、讲课、吃饭、散步,都各有固定的时间。每当康德身着灰色外衣,执着手杖,出现在门口,走向那条迄今还叫作'哲学家之路'的菩提树小道时,邻居们知道,时间恰好是三点半钟"。有人形容康德就像一个规则动词,一个不与其他词搭配的规则动词。他的规律生活让不少传记作家望而却步,或者说是大失所望,因为他的一生只在思想领域里驰骋,生活里实在找不到能够博取读者眼球的素材。海涅说康德"没什么生活故事。因为他既无生活,也无故事"。康德终生未娶,而且也从未离开过哥尼斯堡,仅有的一次远足,就是到了距他家有90多千米的阿恩斯多夫。但是他的思想领域却横跨宇宙,从浩瀚的星空到人类灵魂的深处,都留下了他思考的痕迹。他在科学上的代表作《自然通史和天体论》中提出了科学的宇宙起源,摒弃了牛顿关于宇宙起源的神学假设——牛顿认为宇宙是起源于上帝的"第一推动"。

以太阳系为例,康德认为,太阳系是由炽热的"原始星云"发展来的。这一观点与后来的大爆炸宇宙理论不谋而合,巧妙对接,人们甚至怀疑大爆炸宇宙理论是不是从康德的假说中获得了灵感。这些炽热的原始星云不停地旋转、运动,由于内部质点的吸引和排斥,密度大的质点就把密度小的质点吸引过去,逐渐形成了引力中心,这个中心质量越来越大,最后形成了太阳。同时,由于原始星云的旋转和排斥,还形成了一个围绕太阳旋转的扁的云雾状的物质环,这个环后来形成了围绕太阳运动的各个行星,其中一个就是我们的地球。把太阳系形成的模式推广到整个宇宙,康德认为宇宙中的各种天体都是由星云发展演化形成的。

其实在康德之前,笛卡儿也曾有过类似的研究,他认为太阳系是由旋涡运动状态的物质发展形成的。康德是否受此启发不得而知,但他的星云假说侧重于思辨,缺乏科学方法的支持,在当时并没有引起人们的足够重视。到了1796年,法国数学家拉普拉斯用数学方法对星云的运动进行了科学的运算和推理,提出了类似的假说。他也认为太空最初弥漫着巨大的球状星云,像一个巨大的火球,炽热并缓缓自转。后来由于冷却而不断收缩,在离心惯性力和中心部分引力的共同作用下,球状星云逐渐发生了分化,中心部分最终形成了太阳,周围的气态物质逐渐冷却变成了今天的行星。

与康德的星云假说相比,拉普拉斯假说的科学依据更加充分,更有说服力,在科学史上被称为"康德-拉普拉斯星云说",这一思想对20世纪的宇宙演化理论产生了巨大影响。

(二)地球——人类家园的前世今生

和康德一样,在拉普拉斯的星云演化假说中,仍然没有给上帝插手宇宙事务的机会,这在当时处于宗教势力控制的欧洲,是要冒很大风险的。有人就在拿破仑那里打了小报告,说拉普拉斯在他的书中根本没有提到过上帝。拿破仑曾问拉普拉斯:"您的宇宙体系大作中,为什么没有提宇宙的创造者?"拉普拉斯不卑不亢地答道:"陛下,我不需要那样的假设。"

拉普拉斯的确不需要上帝的帮助,就像地球,它是从形成太阳系的星云中甩出来的一块,经过漫长的演化逐步形成的,距今大约已经有46亿年了,这和上帝是没有任何关系的。但在17世纪50年代,一个名叫詹姆斯·厄谢尔的大主教,曾经根据《圣经》上的历史年表,非常认真地计算上帝创世初期的时间,然后郑重其事地宣布,地球诞生在公元前4004年10月23日,这个日期后来还被记录在《圣经》的各个权威版本里。于是,人类的以及自然的全部历史,就都被压缩到了极其短暂的6000年里。今天看来,这当然是个笑话。然而在这上面栽跟头的还不仅仅是教会,也有科学界人士,包括泰斗级的人物开尔文勋爵。

前面我们曾经提到过开尔文,他是19世纪的杰出人物,维多利亚时代的"超人"。开尔文10岁考入格拉斯哥大学,后来又进入剑桥大学学习。20岁时他曾用英文和法文发表了10多篇很有创见的数学论文,不过是匿名的,据说是为了避免让他的长辈们感到难堪。在他漫长的科学生涯里(他享年83岁),总共写了600余篇论文,获得了约70项专利,在物理学的各个领域几乎都享有盛誉。他设计的绝对温标,也叫热力学温标,单位为"开尔文",便是为纪念他而命名。他大概只有一个失误,就是计算出的地球年龄是错误的。他认为地球的年龄应该是2400万年,这个数字曾让达尔文诚惶诚恐,因为在这么短的时间里,生物界不可能进化到现在的程度,他的进化论也就不能成立。首先用确凿证据证明开尔文错误的是卢瑟福,他用放射性元素的半衰期证明,地球至少已经存在将近10亿年了,而且可能会更长。据说卢瑟福在宣讲他的论文时,开尔文也在场,因为年事已高,中间时不时还会打个盹儿,但他最终还是拒绝接受这个修正。

开尔文

地球科学家和天文学家受到的是两种截然不同的训练,地质学和天文学的发展也大不一样。作为一门科学,地质学在18世纪开始起步,19世纪才逐渐成熟起来。在这期间,欧洲发生的工业革命,从根本上改变了人类的文明形态,以及人们的生产生活方式。对矿物资源需求的激增,地质勘探、矿山采掘以及运河的开凿,成为促进地质学研究的强力推手。这是一个地质学上英雄辈出的年代,出现了一大批在荒郊野外、偏僻乡间,甚至崇山峻岭中专干所谓"敲石头"活儿的人。然而这些人可不是等闲之辈,他们有学问、有思想,想从各种各样的石头、动植物残骸的化石中,从一些蛛丝马迹中,寻找地球发生沧桑巨变背后的真相。另外,他们大多不用为生计发愁,有大量时间去做自己想做的事。

科学史话

在关于地球演变的问题上,这些人分成了完全对立的两个阵营:水成论与火成论。水成论者认为,地球上的一切,包括出现在高处的海洋贝壳,都可以用海平面的升高和降低来解释。火成论者认为,是火山和地震不断改变和造就了地球的现状。英国地质学家詹姆斯·赫顿起初也是一个火成论者。他于1726年出生在苏格兰一个富裕家庭,开始学的是医学,后来改学农业,曾经到荷兰、比利时、

寻找化石

法国学习农业,后来一直在贝里克郡的自家农场里以从容而又科学的方式务农。按照那个年代的传统,赫顿差不多对什么都有兴趣,从矿物学到玄学。当然,他最关注的还是地质学,他在自家农场里的沟沟坎坎上、丘陵河床里,精心观察思考。1795年,赫顿出版了具有划时代意义的著作《地球的理论》,他的思想也从火成论转变成了渐变论。他认为,地球的现状是在各种因素(譬如侵蚀、地震和火山等)共同作用下形成的,这个过程极其缓慢,而且这些因素今天仍然在起作用。对此,他说了一句很有气势的话:"既无开端的迹象,也无终止的苗头。"他推断,地球的年龄远比人们想象的要古老得多。

野外地质考察活动吸引了许多杰出人士,其中有一个名叫詹姆斯·帕金森的博士,他是英国地质学会的创始人之一,今天我们之所以记得他,是因为他对一种疾病的划时代研究。这种病当时被称为"震颤麻痹",后来一直被叫作帕金森综合征。真正把赫顿的思想发扬光大的是查理士·莱伊尔,他的影响力甚至比当时地质界所有人的影响加起来还要大,其中也包括赫顿。赫顿的思想虽然很新颖,很有

吸引力,但是他的《地球的理论》却写得非常晦涩乏味,一般人很难读得进去。有人曾经戏言道,如果要评选一部读者最少的重要科学著作,那么最有资格当选的一定是赫顿的《地球的理论》。

1797年赫顿逝世,同年莱伊尔出生。莱伊尔家庭生活优裕,思想活跃。他曾经当过伦敦大学国王学院的地质学教授,就是在这期间,他写出了《地质学原理》,在1830—1833年分三卷出版,这时达尔文正在大西洋的"贝格尔"号舰上酝酿他的进化论。出发时,亨斯洛意味深长地给了他《地质学原理》的第一卷;当"贝格尔"号舰抵达南美洲东海岸的蒙得维的亚时,第二卷仿佛正在那里等他一样;第三卷则是在"贝格尔"号舰停靠在大陆另一侧的瓦尔帕莱索时拿到的。这是对达尔文形成进化论思想影响最大的三卷书。

在赫顿时代和莱伊尔时代之间,地质学界发生了一场新的争论,即灾变论和渐变论之争。灾变论者认为,地球是由突发的灾难性事件形成的——主要是洪水。这是人们常常把灾变论与水成论互相混淆的原因。灾变论很符合教会的教义和需要,这样他们可以把《圣经》里诺亚时代的洪水纳入严肃的科学讨论之中,以彰显上帝的权威。渐变论者则认为地球的变迁是一贯的、缓慢的、逐渐形成的,几乎所有的地质变化都要经历漫长的时间。这是莱伊尔在《地质学原理》中阐释的基本观点,尽管首先提出这个观点的是赫顿,但大多数人读的是莱伊尔的书,所以无论在当时还是现在,莱伊尔成了人们心目中的"近代地质学之父"。

历史进入20世纪,一个搞气象研究的德国人在地球科学中发动了一场革命,此人名叫阿尔弗雷德·魏格纳。据说,魏格纳是躺在病床上无意中从一张世界地图中获得的灵感。他发现,如果把南美洲的东海岸和非洲西海岸中间的大西洋移走,让两岸靠拢,它们就能很好地合并在一起;巴西东端的直角凸出部分与非洲西海岸呈直角凹进的几内亚湾非常吻合;而欧洲西海岸到非洲西海岸的凸形大陆,刚好能镶入沿着北美东海岸到特立尼达和多巴哥的凹形地带。莫非大西洋两岸的大陆原来是连在一起的?一年后的秋天,魏格纳在学校图书馆偶然翻阅到一本考古书,书中描述在两大洲发现有完全相同的动植物化石。魏格纳被书中的内容深深吸引了,并决心寻找类似的证据。他这一找就是20年,直到1930年,他带领一支小分队在格陵兰零下60℃的雪山上考察时不幸遇难。

科学史话

魏格纳在1915年出版的《海陆的起源》中提出了一个理论,认为远古时期地球上的大陆是连在一起的庞大的原始大陆,他称其为"泛大陆",取自希腊语中的"整块大陆"。后来由于地球内部巨大的热量和力的作用,原始大陆才裂成几块,漂移到现在的位置。他称这个理论是"大陆位移",后来被大家称为大陆漂移说。其实第一个提出大陆漂移说的还不是魏格纳,而是美国一个名叫泰勒的业余地质学家。尽管魏格纳对大陆漂移说信心十足,而且不断地寻找并发现了更多的证据,但在此后的几十年中,并没有得到重视,当时的主流地质学界并不打算接受这个理论,况且这个理论还是出自一个外行和业余的研究者。然而有意思的是,石油公司的地质工作者却知道,要想找到石油,就必须考虑陆块的这种移动。但是他们不写学术论文,只找石油。

魏格纳发动的地学革命50年后终获胜利。20世纪60年代,哥伦比亚大学的科学家用现代仪器通过对海洋底部地质变化的测量,提出了海床扩展的理论。地质学家把大陆漂移理论和海床扩展理论综合在一起,提出了板块构造理论,因为发生移动的是整个地壳,不只是大陆。根据板块构造理论,可以很好地解释山峦形成、火山爆发以及地震发生的原因和机制,甚至"整个地球突然之间都说得通了"。

第五讲　20世纪的科学革命

5.1 探幽寻微:走进亚原子世界

1900年1月1日,全世界的人们都沉浸在世纪之交的兴奋与欢乐之中。科学界当然也不例外,他们更有理由为他们在19世纪取得的辉煌成就举杯祝贺并感到自豪。以物理学为例,它以牛顿力学、统计力学、热力学、电磁学为支撑,构建起了经典物理学的宏伟大厦。据说,在英国皇家学会的新年庆祝大会上,物理学界的泰斗开尔文自信满满地说:"物理学的大厦已经建成,未来的物理学家只需要做些修修补补的工作就行了。"但是他又不得不承认在物理学晴朗美丽的天空中还飘浮着两片小小的乌云,让人心中隐隐感到有些不安。这两片乌云就是迈克耳孙-莫雷实验和黑体辐射,这是当时的物理学理论始终无法解释的两个问题,一直困扰着这些充满乐观情绪的物理学家。但开尔文万万没有料到,就是这两片小小的乌云竟然酿成了20世纪的两场暴风骤雨,引发了物理学领域中的伟大革命,诞生了彻底颠覆人们传统思维的两个崭新理论——量子论和相对论。

提起黑体辐射,我们知道,一个物体看上去是白的,是因为它反射了所有频率的光;反之,一个物体看上去是黑色,则是因为它吸收了所有频率的光。物理学意义上的黑体,就是能够吸收所有频率的光而绝对不会有丝毫反射的理想化物体。19世纪末,人们对黑体被加热时辐射出的能量与频率之间的关系产生了兴趣。有人根据经典物理学理论分别得出了两个公式,一个是德国科学家维恩根据玻尔兹曼的分子运动理论提出的,但是它只在高频区域有效,在这个范围,理论计算与实验结果能够吻合,而在低频区域却有较大误差;另一个是瑞利-金斯辐射公式,出发点是麦克斯韦的电磁理论,但它只适用于低频区域,到高频区域就不行了,甚至会推演出荒谬的结论。就像紫外线属于高频区域,当频率高到无穷大时,按照瑞利-金斯公式计算的结果,黑体将会辐射出无穷大的能量。如果这个理论正确,那么当你打开烤箱门时,你将会受到足以致命的高能辐射。这个推论被一个奥地利学者给出了一个很适合在科幻小说中使用的称呼,叫"紫外灾难"。于是,这个看来似乎并不是太大的问题,却让整个物理学界束手无策。但在当时,却没有人会怀疑经典理论中是否有毛病,尤其是经典理论大厦的根基是否存在问题,包括在万般无奈之下才挑战经典理论,并使黑体辐射问题最终得以圆满解决的普朗克。

普朗克于1858年出生在德国一个受过良好教育的传统家庭,父亲是位著名的法学教授,曾经参与普鲁士民法的起草和制定工作,曾祖父和祖父都是神学教授。家庭背景的熏陶和教育,让普朗克养成了一种古典时期的优雅气质。普朗克自小就喜爱音乐和文学,追求完美。后来,一堂关于能量守恒的科学课,让他对自然规律的美妙和神奇心驰神往。中学毕业后,普朗克进入慕尼黑大学攻读数学和物理。而当时的人们普遍都不看好研究物理的前景,他的导师就劝他说,物理学体系已经非常成熟和完善了,以后很难会有所作为。普朗克却表示,他研究物理完全出于对自然和理性的兴趣,只是想把基本而普遍的问题搞清楚,没有奢望做出多大的成绩。普朗克不是在谦虚,他说的确实是肺腑之言。然而颇具讽刺意味的是,普朗克当初这个似乎有点"没有出息"的决定,却成就了物理学上一个伟大的突破,也成就了他一生的名望和荣誉。

普朗克从不奢望做大事情,但是追求精益求精。黑体问题对他有吸引力,是因为他觉得尽管这个问题很麻烦,但解决问题的条件很充分,就像所有的零件都摆在那里,尽管散乱如麻,但只要耐心地予以归类整理,总能让它们井然有序,他相信自己有能力做好这件事情。

摆在普朗克面前的是两个无法调和的公式,分别只在一个有限的范围内起作用,而且两个公式的理论基础和推导逻辑都无懈可击,挑不出一点儿毛病,但是必须找出一个普适的公式。普朗克经历了6年的苦思冥想,终于出现了类似阿基米德高喊"尤里卡"的关键时刻。他无意中凑出了一个公式,看上去似乎正好符合要求。请注意,这里之所以用了一个"凑"字,是因为他在万般无奈之下,不得不抛开经典理论,不再去做那些合乎理论的假设和推导,而是尝试着先拼凑出一个可以满足所有波段的普适公式。通过实验数据与用该公式计算结果的比对,普朗克惊喜地发现,在所有波段中,这个新鲜出炉的公式给出的数据都十分精确地与实验值相符合。

大功告成,普朗克却无论如何也高兴不起来,因为他不明白这个完全是侥幸拼凑出来的经验公式,为什么竟然会有这么大的威力。这是一个相当尴尬的处境:知其然不知其所以然。但是他也明白,在这个神秘公式的背后,必定隐藏着不为人知的秘密,必定有某种普适的原则支持着这个公式。这个不起眼的公式只是一个线索,它的背后一定隐藏着至关重要的东西,很有可能关系到整个热力学和电磁学的基础。

普朗克做了他极不情愿做的一件事。作为一个传统保守的物理学家,他总是尽可能地在理论内部解决问题,而不是颠覆这个理论以求得突破,更何况面对的是他最崇拜的麦克斯韦理论。但是在种种尝试都失败了以后,他不得不作出一个连他自己都不愿相信的大胆假设:必须假定能量在发射和吸收的时候,不是连续不断的,而是分成一份一份的。

1900年的12月14日,是量子这个"精灵"的诞辰,这天普朗克在德国物理学会上宣读了那篇名垂青史的论文《论正常光谱的能量分布定律的理论》——一篇开辟了完全不同于经典物理学却比经典物理学更为广阔的量子物理新天地的论文。文中使用了一个革命性的概念"能量子",后来很快就改称为"量子"。请注意,量子是我们打开亚原子世界大门的金钥匙,读懂它至关重要。它在英文里是quantum,原来是拉丁文,原意含有"分立的、不连续的、一份一份的"之意。以后我们就会明白,量子这个概念只会出现在微观世界,一般人看来,在我们能用眼睛观察到的世界里它似乎毫无意义。譬如我们最熟悉的水,通常看来肯定是连续的,"抽刀断水水更流"就是形容再锋利的刀也无法把水分开。但是从微观的角度看,水却是由一个一个的水分子组成的,分子和分子之间是有间隔的。再比如光,我们看到的光一定是连续的,但从微观的角度看,光却是由一个一个的光子组成的,光子与光子是分立的,是有间隙的。普朗克发明(准确说应该是"发现")的"能量子",就是在他那极为"叛逆"的假设中提出的,能量在发射和吸收时是以一份一份的形式进行的。换句

科学史话

话说，就是能量在发射和吸收时，不可能是连续的，必须是通过一个个的"能量子"发生的。就像你在超市购物结账时，人民币的最小单位是分，你付出的人民币最少也得是1分，或者是1分的整数倍的钱，你不可能付0.5分，你也无法付1.5分。

这个想法实在太"叛逆"了，它动摇了整个经典物理学赖以存在的基础：物体的运动是连续的，时间的流淌是连续的，能量的传递是连续的，牛顿发明的用于物理研究的强有力的数学工具微积分，也是建立在物质运动必须连续的基础上的。而现在，能量不能连续了，而且是必须不能！果真如此，在连续基础上建立起的物理学大厦岂不要岌岌可危？普朗克不希望看到经典物理学遭到破坏，在他以后的科学生涯中，他一直致力于让他那令人不安的发现和他所钟爱的经典物理学能够互相协调，和平共处。当然，这一努力注定是要失败的。其实他很清楚，由他开始的事情已经不可能停下来，量子这个精灵一经问世，很快就显示出强大的威力和无限生命力。今天最先进的科学技术，多数都是以量子理论为基础发展起来的，经济学家预估的美国国内生产总值中，约有三成与量子科技密切相关。

普朗克作为量子之父，当之无愧地荣获了1918年诺贝尔物理学奖。有位科学史家这样评论普朗克和他的量子假设："普朗克好比是这样一个人，在火尚未发现之前，他要找到最好的方式来钻孔，经年累月，甚至数十年，在他能找到的各种材料上，以各种能够想象的方式钻孔。就在这一过程中，偶然地发现了火。"

5.2 "量子"——让人难以捉摸的小精灵

亚原子，顾名思义就是比原子还要小的粒子。古希腊人提出了原子的概念，道尔顿用实验证实了原子的存在。所以，在汤姆孙发现电子之前，人们理所当然地认为原子是世界上最小的粒子，是不能再分的基本粒子。继汤姆孙发现电子之后，卢瑟福又发现小小的原子里面还有一个更小的原子核，核的周围才是电子的地盘。于是人们在不知不觉中，已经走进了亚原子的世界。

普朗克误打误撞地提出了量子假说，他做梦也不会想到，他的这一突发奇想，竟然会成为在亚原子世界里制定秩序的基本原则。但是在接下来的5年中，量子论却像个弃儿，无人理睬，备受冷落，就连普朗克，也因为它与经典理论的格格不入而对它心存芥蒂。1905年，科学史上的另一位奇人爱因斯坦，用量子论成功解释了光电效应的本质。这又一次掀起了光学领域的轩然大波，光的微粒说与波动说开始了新一轮的大战。但是这次论战的结果却大大出乎人们的意料，两派最终握手言和，以光的波粒二象性圆满收场，即光既具有波动性，也具有粒子性。爱因斯坦的这一工作是量子假说在黑体辐射后的第一次成功应用，是对量子论的有力支持，爱因斯坦也因此获得了1921年的诺贝尔物理学奖。但是普朗克对此却并不领情，他钟情的是经典的波动理论，不喜欢光的量子说。而爱因斯坦在量子世界略加点评之后，也转身而去，他对大尺度的宇宙空间和光速领域的事情更有兴趣，一门心思钻研他的相对论去了。

真正拿起接力棒，让量子论大放异彩的，是丹麦物理学家尼耳斯·玻尔（1885—1962）。玻尔身材魁梧修长，1903年进入哥本哈根大学读书。他不仅学业优异（数学尤其出色），而且还是一位优秀的足球运动员。1911年，26岁的玻尔渡过英吉利海峡来到英国剑桥，投靠到大名鼎鼎的汤姆孙门下。他时常在剑桥大学的校园里一边走，一边想象着当年的牛顿、麦克斯韦在这里走过的情形，渴望也能一展身手。但是表面挺热情的汤姆孙，似乎并没有把这个在足球场上很出风头的丹麦小伙儿放在心上，这让玻尔颇为失望。也许是命中注定的缘分，一个偶然的机会让玻尔遇上了卢瑟福。虽然两人性格迥异,卢瑟福是急性子,永远精力旺盛,玻尔则像个羞涩的大男孩,一着急说话还结巴,但是他们显然是一对佳配。一番促膝长谈之后,两人都有相见恨晚的感觉。玻尔很快就义无反顾地离开剑桥前往曼彻斯特,卢瑟福已经在那里为他准备好了位置。

玻尔的这个选择真是再恰当不过了。首先,他选对了人,从新西兰农场走出来的卢瑟福,具有农民特有的金子般的朴实,对他的助手和学生总是那样关心和充满热情,总能敏锐地发现他们中的天才,充分挖掘他们的潜力,并且提供力所能及的帮助。他培养的学生中有许多人获得过诺贝尔奖,他的实验室因此被后人称为"诺贝尔奖得主的幼儿园"。其次,他抓住了宝贵的时机。1912年正是科学界黎明的曙光就要来临,新的一页将要被书写的年份,人们已经站在了通向神秘亚原子世界的门槛上,只等玻尔迈出这关键性的一步了。

前面我们曾经说过,卢瑟福的 α 粒子散射实验,向人们描述了这样的原子模型:有一个致密的核位于原子的中心,而电子则绕着这个中心运行,就像围绕太阳运动的行星。但是这个模型面临严重的理论困难,经典电磁理论认为,绕核运动的电子必然要辐射能量,自身的能量会越来越小,最终将被原子核吸引和俘获,导致原子的湮灭。换句话说,卢瑟福的原子不可能稳定存在一秒钟。玻尔面临着选择,要么放弃卢瑟福模型,要么放弃麦克斯韦和他的伟大理论。玻尔最终选择了卢瑟福,这倒不是因为卢瑟福对他有知遇之恩,而是因为卢瑟福的模型有可靠的实验根据,就是那有名的 α 粒子的散射实验,他坚信科学应该是建立在事实基础上的。玻尔以一种深刻的洞察力作出猜想,在原子这样小的层面上,经典理论有可能将不再成立,新的革命性思想必须被引入,这种新思想就是普朗克的量子论。

受普朗克量子论的启发,玻尔对原子核外电子的运动给出了一个量子化的假设。他认为原子核外的电子是在具有不同能量的轨道上运动的,这些轨道之间的能量是不连续的,是分立的,即量子化的。在这些轨道上运动的电子,既不辐射能量,也不吸收能量,所以不存在原子湮灭之忧。不同的两个轨道之间有能量差,当电子在这两个轨道之间互相转移(更专业的说法叫激发或跃迁)时,才会吸收或者放出一定的能量,这个能量刚好等于两个轨道之间的能量差。

玻尔关于核外电子运动的量子假设,不仅轻而易举地回答了原子稳定存在的问题,而且还圆满地解释了氢原子的线状光谱问题——这是一个存在已久的难题。长期以来,人们一直搞不明白为什么在氢原子的光谱中,会有一条条确定波长的谱线。玻尔理论很轻松地回答了这个问题:这些光谱线是电子在玻尔轨道上发生转移时,由放出或吸收的光子形成的,而这些光子所具有的能量,恰好等于玻尔核外电子轨道之间的能量差。

这是一个非常了不起的见解,当爱因斯坦获知数据与光谱极好地吻合时,欣喜若狂,称赞"这是最伟大的发现之一",这对他关于光电效应的工作是一个有力支持。在1913年9月召开的英国科学促进会年会上,量子论成了中心话题。1921年9月,36岁的玻尔在哥本哈根大学创办了一个理论物理研究所,他的人格魅力和精神吸引了一大批才华横溢的年轻人,并且很快就把这里变成了全欧洲的一个学术中心。在这里,人们充分感受着进行平等学术交流、争论的自由气氛和玻尔的关怀,形成了一种富有激情、活力、乐观和进取意识的学术精神,也就是被后人称道的"哥本哈根精神"。这种精神,成就了"哥本哈根学派"在原子物理领域独领风骚数十年

玻尔(左一)、詹姆斯·弗兰克(左二)、爱因斯坦(左三)、伊西多·艾萨克·拉比(左四)

的荣耀。小小的丹麦,出现了一个物理学界眼中的圣地。有人曾经问玻尔:"为什么那么多优秀的年轻人都喜欢这里?"玻尔说:"没什么秘诀,只有一点是清楚的,我不怕在年轻人面前暴露自己的愚蠢。"但是这并不影响玻尔成为20世纪原子理论的奠基人。1922年,玻尔紧随爱因斯坦之后,获得了该年度的诺贝尔物理学奖。

如果把量子论的发展看成三部曲的话,第一部的主角只能是普朗克,尽管他本人很不情愿,但毕竟还是由他发现了量子这个精灵。第二部的主角毫无疑问是玻尔,他把量子化的假设用到卢瑟福的原子模型之中,立刻就显示出量子在亚原子世界的威力和神通。但是假设毕竟是假设,不是公设,更不是公理,难以让人信服。你说电子在轨道上运行不会辐射能量,有根据吗?玻尔没有。所以量子化的假设仅仅是暂时调和经典理论和现实问题的矛盾,没有形成理论武器,不足以与强大的麦克斯韦理论相抗衡。麦克斯韦的方程组根本不介意玻尔轨道成功与否,还是一如既往地享受着大家的顶礼膜拜,连玻尔也不能例外。玻尔需要为他的量子轨道的理论找到一个公理,这个更为基本的公理应该成为整个理论的奠基石。后来的发展大家都知道,这个公理确实被找到了,但发现者不是玻尔,而是另一位传奇人物。

后来的历史学家在评价玻尔的理论时,认为他还是没有彻底摆脱经典理论的束缚,而仅仅是在经典理论的外面套上了一件量子化的外衣,是一个"半经典半量子"的折中产物,很难具有长久的生命力。所以,玻尔的理论在取得一连串的重大胜利之后,很快就成了强弩之末,面对一些新的问题变得捉襟见肘、无能为力了。例如,在解释只有一个电子的氢原子、氦离子时,还算得心应手,很成功,但对付稍微复杂一些的原子,就显得力不从心了。而且即使是氢原子,对于其光谱中更精细的结构,他也只能摊开双手说一声"抱歉"。

这些,都预示着一场更大的量子风暴的来临。暴风雨过后,呈现在世人面前的将是风光无限的量子新天地。

5.3 波澜壮阔的"量子三部曲"之三

如果说在"量子三部曲"的前两部中,基本上是普朗克和玻尔分别在唱独角戏的话,那么在第三部中可谓是群星璀璨。德布罗意、海森伯、薛定谔、玻恩、泡利、狄拉克……一连串响亮的名字化作优美的音符,共同谱成了量子力学这部天籁神曲。

德布罗意(1892—1987)的家族在法国是赫赫有名的贵族,他的祖辈中出了很多的将军、元帅、部长,还出过一个法国总理。他们曾经忠诚地在路易十四、路易十五、路易十六的麾下效劳,先后被册封为亲王和公爵,并享有世袭的权利和荣耀。可能是悠久显赫的家族背景,让顶着王子爵号的德布罗意从小就对历史学表现出浓厚的兴趣。也可能是受曾经担任法国总理的祖父的影响,因为这位总理爷爷还是一位出色的历史学家,精通晚罗马史,曾经写过一本《罗马教廷史》。

1910年,18岁的德布罗意从巴黎大学的历史专业毕业,此后他的人生轨迹却发生了奇妙的转折。他对物理学产生了强烈的兴趣,这缘于他的哥哥莫里斯·德布罗意——第六代德布罗意公爵,一位著名的射线物理学家。这位公爵曾经参加过一个著名的学术会议,即1911年在比利时的布鲁塞尔召开的第一届索尔维会议。

第一届索尔维会议

索尔维是比利时人，从小就喜爱物理和化学，当年因病错过了大学，但一直割舍不下自己的科学梦。后来他自学成才，发明了一种制造小苏打的方法，这就是很有名气的索尔维制碱法，并靠此发了财。于是他慷慨解囊，资助并邀请当时全球最杰出的24位科学家(有洛伦兹、普朗克、爱因斯坦、卢瑟福、居里夫人等)在布鲁塞尔一起讨论当时科学上的热点问题，如量子和辐射。德布罗意在他哥哥家里看到了这次会议的记录和文件，这些激动人心的科学进展和最新思想，彻底激发了他内心深处对科学的满腔热情和兴趣，他决定弃文从理，转攻物理学。

德布罗意注意到了玻尔理论的尴尬，他怀疑人们还没有真正看透电子的本来面目，也就是说，在电子的背后，莫非还隐藏着不为人知的秘密？德布罗意思考这个问题的时候，想起了光的波粒二象性的发展历程，人们对光的认识，在长达两百多年的时间中，先后经历了微粒说与波动说。牛顿首先提出了光的微粒说，尽管同时代的笛卡儿、胡克、惠更斯等人认为光是一种波，但是牛顿巨大的影响力让他的微粒说占了上风。到19世纪初，英国的托马斯·杨和法国的菲涅耳，通过光的衍射和干涉实验清晰地证明了光的波动性，光的波动说逐渐占了上风并大行其道。但是所向披靡的波动说有个过不了的坎儿，那就是光电效应这一事实，它横亘在波动说的前面，始终无法被逾越。爱因斯坦用普朗克的量子假说很轻松地给出了解释，有力地捍卫了光的微粒说。到了后来，两派较量的最终结果却是给了人们一个意外的惊喜，原来光既是粒子，也是波，具有波粒二象性。那么电子呢？会不会也像光子一样，也具有波的性质呢？德布罗意被自己这个极为大胆，又极其新颖的想法深深地打动了，很快他就决定以此作为自己博士论文的题目展开研究。

1924年，德布罗意以一篇《量子理论的研究》论文获得了巴黎大学的博士学位，并荣获1929年的诺贝尔物理学奖，这是有史以来第一个仅凭借一篇博士论文就直接获取科学最高荣誉的科学家。但是他的论文答辩却充满了争议，因为他的观点实在是太叛逆了，让参与评审的前辈们难以接受，包括他的导师，著名的物理学家朗之万。但是爱因斯坦却非常支持德布罗意，当朗之万把他这个奇葩弟子的论文副本寄给爱因斯坦征求意见时，爱因斯坦立刻发现了德布罗意思想的深远意义，称赞德布罗意"揭开了巨大帷幕的一角"。

答辩中，评委们对德布罗意的质疑最后几乎都集中到"证据"上面。他们的要求不算过分,因为任何理论都需要有经验事实的检验和支持,仅凭想象坐而论道,是难以服人的。"证据,我们需要证据。""如果电子是一个波,那么就让我们看到它是一个波的样子。把它的衍射实验做出来给我们看……"当时德布罗意确实还没有进行过能够证明电子具有波动特征的实验工作,但是他很自信地说:"是的,先生们,我会给你们看到证据的。"果然,证据很快就有了,但它不是来自德布罗意,而是来自远在大洋彼岸的贝尔实验室。

1927年,就职于美国纽约贝尔实验室的戴维森和他的助手革末,在进行一个用电子束轰击金属镍的实验中,阴错阳差地获得了电子衍射的图案。同年,因发现电子获得诺贝尔奖的汤姆孙的儿子乔治·佩吉特·汤姆孙,在剑桥的实验室也获得了电子衍射的图案,而且所有的数据都和德布罗意的预言相吻合。至此,再也没有人怀疑电子的波动性了。戴维森和乔治·佩吉特·汤姆孙共同获得了1937年的诺贝尔物理学奖。

在德布罗意的思想中,波动性可不仅仅是电子、光子的基本属性,而是所有物质的基本属性。它们产生的波称为物质波,或者叫德布罗意波。根据他提出的粒子的波粒二象性公式,可以很轻松地计算出任何物质在运动时所产生的波的有关数据。

德布罗意关于电子也具有波的属性的论述引起了薛定谔的极大兴趣。出生于维也纳的薛定谔当时已经是瑞士苏黎世大学一个很有名望的物理学教授。他迅速查阅了与德布罗意有关的文章,并做出了准确判断:只要把德布罗意的思想和经典力学中关于波的理论结合起来,就有可能走出玻尔的原子迷宫。1925年的圣诞节前夕,美丽的阿尔卑斯山上白雪皑皑,薛定谔在海拔1700米高的赫维格别墅里,对当代物理学中的最具诱惑的原子谜团做了彻底的思考和整理。第二年,奠定量子力学基础的、名震20世纪物理史的薛定谔方程横空出世。

薛定谔方程其实就是数学上一个常见的二阶偏微分方程,它的神奇之处就在于用数学方法可以准确地描述原子核外电子的运动行为和状态,解这个方程所得的结果,竟然与实验数据完全吻合!在玻尔理论中,强加在原子中的量子化假设和看不见、摸不着的电子轨道,在解薛定谔的方程中却自然而然地跳了出来,成为电子的自然属性。多年来困扰物理学家的神秘的原子光谱,也在新的量子力学中得到了完美的解释。这些让我们不禁又想起了伽利略的名言:"大自然这本书是用数学语言写成的。"

其实在薛定谔之前,德国一个才华横溢的年轻人海森伯,已经完成了这项了不起的工作,不过他所用的方法,却是一种非常古怪的、当时还鲜有人知的叫作矩阵的数学方法。这种方法是剑桥的一位数学家于1858年发明的,对于当时全欧洲的物理学家来说,矩阵几乎是一个完全陌生的名字,甚至海森伯对矩阵的性质也不见得完全了解。但是海森伯用这种方法,不仅打造了量子力学这一新兴的物理学基础,还不知不觉地"重新发明"了矩阵。然而对于根本就不知道矩阵为何物的物理学家来说,让他们用矩阵来理解量子力学,确实是件十分痛苦的事。所以,当薛定谔方程以他们熟悉的形式呈现在他们面前时,迎来了物理学界的一片欢呼声,他们不必再费劲学习海森伯那让人头痛的矩阵力学了。但是矩阵力学的伟大意义却是不容置疑的,它与薛定谔方程是完全等效的。

海森伯还有一个著名的理论叫"测不准原理",是说人们在对电子的运动状态进行测量描述时,它的速度和位置是不可能同时得到准确数据的。这一理论让科学界的两个好朋友玻尔和爱因斯坦争吵了一辈子,爱因斯坦因此留下了一句名言:"上帝不掷骰子。"小小电子的诡谲行为还在哲学上掀起了轩然大波,建立在牛顿力学基础上的机械决定论哲学受到了挑战和怀疑,后现代思潮也努力从中为他们的观点寻找科学的依据和支撑。

亚原子世界在开始向人类逐渐显露出神秘容貌的同时,还给人们带来了无尽的思考。

5.4 爱因斯坦的坎坷求学路

爱因斯坦伟大的科学成就和极富传奇色彩的人生经历，给世人留下了一笔巨大的精神财富和文化遗产。与普朗克的保守、经典和优雅相比，爱因斯坦则是以叛逆著称：他宁可孤军奋战，在思想和智力的最高领域里神游，也不屑于处理一般人的日常事务，以至于他常常会表现出粗鲁、任性和不耐烦的一面。在这一点上，他与伟大的前辈牛顿颇为相似，他们都对自己的天赋充满信心，走自己的路，从不介意他人的目光。

1879年3月14日，阿尔伯特·爱因斯坦在德国南部的乌尔姆出生，在这个小镇的市政厅里，现在还保存着爱因斯坦的出生登记文件。爱因斯坦1岁时，他们全家搬到了慕尼黑。对于早年的爱因斯坦，任何人都难以想到他会和以后的大人物沾上边，一个大家都

阿尔伯特·爱因斯坦

知道的事实就是他到3岁多才会说话。5岁时，尽管家庭的电器行生意并不景气，父亲还是节衣缩食为他请了个家庭教师，希望能快点儿开发他的智力——犹太人素有重视教育的传统。但是这招似乎不怎么奏效，爱因斯坦依然是沉默寡言，喜欢一个人独处，这个习惯他保持了一生。虽然以后的爱因斯坦给人们的感觉是热心、爱笑、关心他人，但是和他最亲近的人都知道，他并不完全属于这个世界，他常常进入唯有他一人能去的思想太空，遨游其中流连忘返。他曾经自白："我真的是个'独行的旅人'，从不全心属于我的国家、我的家、我的朋友，甚至我最亲近的家人。在面对这一切时，我始终都有一种疏离感，也一直有独处的需求。"

当然，小时候的爱因斯坦也不是没有任何爱好。在他 4 岁时，父亲送给他了一件礼物，是水手在海上常用的一个罗盘。罗盘磁针总是指向南北的神秘力量深深吸引了他，并一步一步地引导他终生探寻隐藏在物体背后的某种奥秘。在他 6 岁时，父母为他请了一个音乐教师，教他拉小提琴。他非常认真地学了整整 7 年，小提琴拉得还颇具水准，这个爱好也伴随了他的一生。晚年时，他曾半是自嘲半是自夸地说，他演奏小提琴的水平要超过物理研究的成就。

转眼到了 7 岁，和其他同龄的孩子一样，爱因斯坦开始上学了，但是接下来的学习生活，对他来说不仅毫无乐趣，而且充满痛苦和折磨。因为在他孤独的外表下面其实有一颗早熟的心和一个善于思考的大脑。他特别反感德国学校体制的严苛管理和墨守成规，以及死板的教学方法和只需死记硬背的教学内容，这些对他来说简直就是摧残。在这样的环境和状态下，他的学习成绩也就可想而知了，所以母亲每每接过他的成绩单时，只能摇头叹息。学校里的老师多数也不欣赏他的独立思考。

但是也有例外，在他 12 岁时，学校开设了几何课，欧几里得巧妙的公理化方法和严密的逻辑体系让他着迷，他把那本教科书称为"神圣的小几何书"。此后，数学就成了他的最爱，他靠自学完成了高等数学的学习，掌握了微积分。但是他对旁人眼里优雅的希腊文和拉丁文却毫不关心。此外，他还阅读了很多的科普书籍，这些书让他对自然规律产生了深深的敬畏。因为对学校的种种不满，加上生性孤独，所以表面上，他对人总是一副爱答不理的样子，包括对老师。后来，特立独行的爱因斯坦被要求退学。

1894 年，爱因斯坦办结了退学手续。此前，他们全家因生意方面的原因已经搬到了意大利。于是年轻的爱因斯坦很快就离开了德国，同时还宣布放弃德国国籍，这样可以逃避服兵役。他从小就对战争深恶痛绝，成名后更是成为全世界反战、反法西斯的一面旗帜。

爱因斯坦的断然决定却让他的父母忧心忡忡，担心他会自毁前程。后来的事实证明，他们的担心显然是多余的。年轻的爱因斯坦计划用一年的时间旅行和自学，然后报考了瑞士著名的苏黎世联邦理工学院。接下来的日子成为爱因斯坦一生中最快乐的时光，他穿行在德国和意大利的深山里，边走边研读他的物理课本；在热亚那参观美术画廊和博物馆，常常是流连忘返。一年后爱因斯坦如期参加大学入学考试,但是结果却名落孙山,想必好学校的入学竞争都是很激烈的,毕竟爱因斯坦还没有完成正规的高中学业。不过爱因斯坦出色的数学和物理成绩,还是引起了一位教授的注意。他建议爱因斯坦一边旁听他的物理课,一边申请到实行进步教学法的瑞士阿劳州立中学学习,那里的管理要宽松得多。

1896年的秋季,爱因斯坦总算是如愿以偿,通过了苏黎世联邦理工学院的入学考试。可接下来的日子他感觉还是不快乐,苏黎世联邦理工学院虽然相对自由,但对他这个禀赋迥异的人来说,还是太受限制了。在后来的《自述》一文中,他这样描述了他在那段时期的感受:"人们为了考试,无论愿意与否,都得把所有这些废物统统塞进自己的脑袋。这种强制的结果使我如此畏缩不前。"当然,爱因斯坦也有化解这种困境的妙招,那就是不想听的课就不去听,不需要听的课也不听,就像物理和数学,因为他早就学会了。至于考试,却是多亏了一个名叫格罗斯曼的同学。格罗斯曼很勤奋,从不缺课,而且笔记整理得井井有条。需要时,爱因斯坦就把他的笔记借来看,然后从作业到考试他就都能应付了。

格罗斯曼是爱因斯坦一个重要的朋友,甚至可以说是他的命中贵人。爱因斯坦的高傲让他疏远了所有的人,尤其是那些教授,本来他们或许会帮他在大学里谋个职位的。所以,爱因斯坦从苏黎世联邦理工学院毕业后,整整一年都是过着毫无保障的生活。他当过家庭教师,偶尔还应聘过代课教师,没有稳定的收入,生活经常是捉襟见肘。这种状况一直持续到1902年的年中,好运才开始眷顾爱因斯坦。为他带来好运的就是格罗斯曼。格罗斯曼的父亲把爱因斯坦推荐给了朋友哈勒——瑞士伯尔尼专利局的负责人。这时局里正好有一个职位空缺,具体职务是在新的专利申请书送交上级官员之前,先进行审查,评判其科学性和技术上的可行性。

1902年6月,爱因斯坦开始到瑞士伯尔尼专利局上班。虽然这里远离学术,但爱因斯坦却很满意,认为这一工作相当完美,他终于可以摆脱让他讨厌的僵化思维模式和烦琐的学院管理体制的束缚,能够有更多的自由时间。工作本身轻松有趣,有时还很吸引人,尤其当办公桌上出现各种别出心裁、近乎狂想的科学发明时,他那出色的洞察力就派上了用场,他可以很从容地做出判断。然而最重要的是,这份工作让他有更多的时间思考,别人可能需要一天时间完成的工作,他一个上午就干完了,其余的时间就可以自由地思考和设计他的科学概念。幸运的是,做这些事情不需要实验室,只需要一支削好的铅笔、一叠草纸和他那独特的大脑就行了。后来他出名了,这种研究方式却没有变。据说曾经一个客人来访,发现他书房里的书并不多,也没有实验仪器,就好奇地问他是如何进行研究的,他就诙谐地指指自己的大脑门。

然而,就是在这似乎远离科学中心的地方,爱因斯坦用最简单的手段,在短短的三年中,就研究出了震惊世界的科学成果,从而彻底颠覆了人类数千年来的思维常识。

5.5 "以太"之谜

在科学史上，有两个"神奇年份"。第一个是1665年，牛顿为躲避瘟疫，在回到家乡后的18个月中，独自开创了四项革命性的科学成果（数学微积分、光的色散研究、三大运动定律和万有引力定律），从而奠定了近代物理学的基础。第二个是1905年，主角就是阿尔伯特·爱因斯坦。而且非常耐人寻味的是，爱因斯坦的工作恰恰是以牛顿的某些科学成果为革命对象的，他不仅颠覆了牛顿的物理学基础，也颠覆了自古以来人们的已有认知，创立了现代科学。

1905年，爱因斯坦在德国《物理学年鉴》上连续发表了五篇论文，其中的三篇具有获取诺贝尔奖的实力，用著名科学家兼小说家查尔斯·珀西·斯诺的话来说，这三篇"称得上是物理学史上最伟大的作品"。第一篇是关于光量子化的，题目是"关于光的产生和转化的一个启发性观点"，这个"启发性观点"就是普朗克已被尘封多年的量子假说。他用这个假说，成功解释了被称为"光电效应"的神秘现象。某些金属在光的照射下会发射出电子，人们关注这个现象已经很多年了，但一直没有人能够对此作出合理的解释。爱因斯坦用量子理论巧妙地化解了这个难题，他认为具有特定波长的光，是由相应固定能量的光子组成的，当一个光子轰击一个原子时，原子就会释放出一个具有相应能量的电子，仅此而已，再没有别的。他还指出，光的波长越短，光子的能量就越大，激发出的电子也具有更高的能量。波长非常长的光子的能量就很低，低于某一阈值时就不足以引起电子释放，而这一阈值与金属本性有关，不同的金属会有不同的阈值。这是自普朗克的量子假说用于解释黑体辐射后的第一次应用，它再次对经典物理学无法解释的物理现象作出了成功的解释。凭借这项工作，爱因斯坦摘取了1921年的诺贝尔物理学奖，并与普朗克、玻尔一起被誉为早期量子论的三巨头。

在两个月后发表的第二篇论文中，爱因斯坦对布朗运动进行了精确的数学分析，为证明原子的存在提供了证据。布朗是英国植物学家，他早在1827年就发现，悬浮在水中的植物花粉总在不停地做无规则运动。起初他以为这是花粉微粒具有

"生命力"的表现，因为植物是有生命力的。但是当他用无生命的粉末检验时，也观察到了同样的无规则运动。布朗无法解释这种现象，此后的75年中也没人能够解释。爱因斯坦却用数学的方法，根据不同大小的分子和运动的方向所产生的效应，推演出了一个数学方程，用这个方程可以计算发生撞击的分子及其组成原子的大小，指明布朗运动其实是液体分子无规则热运动的结果。这是自道尔顿提出原子论一百多年以来，爱因斯坦独辟蹊径，首次测出原子大小的可靠数据，从另外一个角度证明了原子存在的真实性，而这个事实过去还一直争议不断。后来法国的物理学家佩兰，通过观察实验证实了原子的存在，验证了爱因斯坦的理论工作，他因此获得了1926年的诺贝尔物理学奖，这多少也还是沾了一点爱因斯坦的光。此前，爱因斯坦用另一篇测定分子大小的论文，获得了苏黎世大学的博士学位。

影响最大的当数那篇惊世骇俗的《论动体的电动力学》，也就是后来被称为是关于"狭义相对论"的第一篇文章。此后，人们对这个世界的认识就发生了根本性的改变。

大家一定还记得让开尔文心有不安的另一朵乌云吧，那就是迈克耳孙-莫雷实验，它主要是针对一个非常奇特的概念——以太设计的实验。据说，以太最早是由亚里士多德提出的，他在所著书中写道："地在水中，水在空气中，空气在以太中，以太在宇宙中。"此后，笛卡儿又给这个子虚乌有的思辨产物赋予了力学上的功能，认为宇宙中充满了以太，它能够传递力，以及施加力于"浸在"其中的物体上。后来以太说逐渐得以大行其道，完全是得益于光的波动说。因为光要以波的形式传播，就必须要有传播介质，于是以太就顺理成章地被派上了用场，成为光传播所必需的介质。后来法拉第发现了光学过程和电磁过程之间的联系，以后人们又进一步证实光也是电磁波。于是以太又顺理成章地被引入到了电磁领域，俨然成了麦克斯韦理论赖以存在的基础。至此，以太学说盛极一时，以太似乎无处不在，但有一点却让人感到非常尴尬，那就是没有任何人能够证明以太是真实存在的。后来完成这一历史性使命的是阿尔伯特·迈克耳孙，不过他煞费苦心通过实验得到的结果，不是证实了以太的存在，而是与大家期望的完全相反，证明以太纯属人们的一厢情愿，茫茫太空中根本就不存在这种物质。

迈克耳孙1852年出生在德国和波兰边境一个贫穷的犹太人家庭，很小的时候就随家人一起来到美国,在加利福尼亚州一个淘金热地区的矿工居住区长大。他的父亲做些干货生意,收入有限,至多也就是保证家人不饿肚子,没有多余的钱供他上大学。所以高中毕业后,迈克耳孙想申请参加美国海军,但是却被议员拒绝了。于是他就一个人来到华盛顿,在白宫附近晃来晃去,希望能与时任总统的格兰特先生在每天出来散步时碰上。这一招还真有效。就是在这样散步的过程中,迈克耳孙渐渐博得了总统的欢心,总统先生竟然答应免费送他到美国安纳波利斯海军学院学习,攻读物理学。当然,

阿尔伯特·迈克耳孙

迈克耳孙也没有辜负总统的这番美意,凭借著名的迈克耳孙-莫雷实验,他于1907年为美国赢得了第一枚诺贝尔物理学奖。

迈克耳孙是一个天生的实验高手,对测量光速尤其痴迷。1878年,他用岳父资助的2000美金,自己设计制造了一套非常精密的测量装置,测出的光的速度非常接近今天所确认的299792458米/秒的精确值。这一测量装置设计的可靠性让科学界对这个数据很有信心,以至于人们开始用光速来定义长度的单位,而不是用长度单位定义光速。当时的《纽约时报》在报道这一消息时认为美国的科学界注定将要升起一颗璀璨的新星,并预测对光速的测量很快就可以达到和测量普通的炮弹速度一样的精度。此后,在迈克耳孙有生之年,他始终是国际光速测定领域中的核心人物。

1879年,麦克斯韦在给美国天文年鉴局托德的一封信中,讨论测定地球相对于以太运动的速度时,提到光速测定的精度是其中的关键因素。这激起了迈克耳孙对以太的强烈兴趣。当时人们普遍认为充满宇宙的以太是静止的,他想,如果真是这样,那么地球在以太中运动时,从地球上看,以太就应该像风一样迎面吹来。所

以，顺着以太风的光束肯定会比逆着以太风的光束走得更快一些。按照这个思路，迈克耳孙说服刚刚由于发明电话而发财的贝尔，投资制造了一台叫作干涉仪的仪器，它能把一束光一分为二，让它们互相垂直运行，然后再会合后，通过产生的干涉条纹的移动量，就能确认这两束光的速度差异。迈克耳孙对这个实验的前景非常看好，因为根据计算，只要干涉条纹的移动量达到0.37，就算大功告成，从而达到确证以太存在的目的。但是结果却让他大失所望，实验以失败告终。1881年，迈克耳孙向贝尔报告了这个令人沮丧的结果，但他坚信这不能作为证明以太不存在的证据，希望贝尔继续支持他进行实验。

这是一件非常细致而又十分辛苦的工作，中间曾经一度让迈克耳孙的精神处于崩溃状态，工作也不得不中断了一段时间。1887年，迈克耳孙和一个名叫爱德华·莫雷的化学教授一起，针对实验中的每一个细节，都做了精心的推敲和处理，对可以想象到的所有可能会出现的误差，都采取了相应的措施。应该说，这次实验肯定能够成功地检测到以太了吧。但是实验再次以失败告终，迈克耳孙-莫雷实验成了科学史上著名的失败实验。

其实更准确地说，这是一个伟大的失败实验。一个精心策划、无懈可击的实验，得到的结果却与理论预期出现极大的反差，这往往预示着人们正在接近解开科学家所谓的"自然界深奥之谜"。但是人们想不到的是，当时只有8岁，痴迷于把玩一个小罗盘的阿尔伯特·爱因斯坦，就是以后解开这个深奥之谜的人。

5.6 相对论横空出世：爱因斯坦颠覆人类思维

以寻找以太为目的的迈克耳孙-莫雷实验结果以失败告终，其原因只可能有两个：要么是实验本身的问题，设计上有缺陷导致失败；要么就是要寻找的以太根本就不存在，纯属子虚乌有。但是根据当时的情况，这两个原因似乎都不可能成立。首先是实验的设计极其精妙，无懈可击，开尔文评价它"以高度的细致严谨从而确保结果的值得信赖"。也就是说，如果确实如人们想象的那样，以太客观存在的话，迈克耳孙就绝对有把握把它检测出来。而如果说以太根本就不存在，这好像更加不可思议，因为以太当时在人们的心目中已经成为牛顿物理学与麦克斯韦电磁学的基础，没有了以太，让牛顿、麦克斯韦这些科学上的圣人情何以堪？

为了拯救以太，人们纷纷伸出援手，先后提出了各种各样的假说来解释迈克耳孙-莫雷实验，企图让以太能够弄假成真。其中影响最大的是爱尔兰物理学家斐兹杰惹和荷兰物理学家洛伦兹，他们先后独立地提出了在以太中运动的物体在运动方向上会产生长度收缩的假说。按照这个假说，干涉仪在随地球一起运动时，长度缩短了，这刚好抵消了光逆着以太运动时减小的速度，因此在干涉仪上就观察不到应该出现的干涉条纹。对于这样的解释，尽管人们觉得太过荒唐，但也算对实验的零结果有了一个交代，虽然没能证实以太的存在，却也暂时保全了以太。然而，这个看似荒谬的观点，却恰恰是在爱因斯坦的相对论中必然得出的一个结论。所不同的是，爱因斯坦的结论与以太根本就不沾边。

在相对论问世以前，爱因斯坦只是瑞士伯尔尼专利局的一个三级职员，此前他曾经申请晋升二级专利员却遭到拒绝。当时的他还游离于主流科学界之外，是个职业物理学的局外人，但是他却始终关注着当时科学发展的最新动向。所以，对于迈克耳孙-莫雷实验的结果，以及人们拯救以太的种种努力，他都一清二楚。所不同的是，他没有被这种主流观点绑架，相反，他认为迈克耳孙-莫雷实验不是失败，而是成功：成功地证明了以太的不存在。在那篇《论动体的电动力学》中，爱因斯坦明确指出："'光以太'的引用将被证明是多余的。"其实，早在1899年，他就基于哲

在瑞士伯尔尼专利局任职时的爱因斯坦

学上的思考，断言以太只是个概念，不具有实际意义。有人曾把爱因斯坦抛弃"以太说"与哥白尼抛弃"地心说"相媲美；哥白尼用"日心说"替代了托勒密的"地心说"，宇宙一下子变得简洁和谐了；爱因斯坦认为光是以光量子的形式传播的，根本就不需要以太，所以人们也就不用再继续纠结于以太。

爱因斯坦在文中提到狭义相对论的两个基本原理：光速不变原理和相对论原理。这不仅颠覆了牛顿物理学的基础，也颠覆了人们的认知。关于光速，一般人都知道它是宇宙中的速度之最，一秒钟就接近30万千米。而爱因斯坦的光速不变原理，却是相对于任意参考系的，一般人很难理解。譬如在一艘以一半光速飞行的宇宙飞船上，发射出了一束光。相对于飞船来说，这束光的速度当然是每秒钟接近30万千米。那么相对于站在地面上的观察者，这束光的速度应该是多少呢？经典物理学给出的答案，应该是飞船的速度再加上光的速度。爱因斯坦却摇摇头说："不是这样的。我的结论是无论对于地面上的观察者，或是相对于其他任何运动系的观察者,这束光的速度都是相同的,这就是光速不变原理。"

爱因斯坦相对论的相对性原理,更加不可思议。在牛顿物理学中,时间与空间都是绝对的,当然也是公平的,谁也不可能比别人多得到一秒钟。对这样显而易见的常识,爱因斯坦却给出了另一种结论,时间的快慢和空间的大小,对于处于不同运动状态的人,结果竟然会各不相同。在中国的神话传说中,常有"天上方一日,世间已千年"的说法,而这在爱因斯坦的相对论中却成了不折不扣的事实。

在相对论中,物体运动得越快,在静止的观察者看来,它沿运动方向的长度收缩得越厉害,一根1尺长的铁棒可能就成了8寸,但在与物体一起运动的人看来,它还是1尺,一点也没变。同一事物相对于不同的观察者,却是两个不同的结果。"相对论"这个名称也就不胫而走,但是起名的并不是爱因斯坦,据说爱因斯坦对这个名字感觉不太满意。

相对论和前面在量子论中讲的"测不准原理",在哲学上对笛卡儿-牛顿的机械决定论,以及现代科学观给予了极大冲击,人们对自然界的认识发生了根本性的变化,开始由确定性、可预测性向不确定性、不可预测性转变,从而产生了一种新的思潮和科学——后现代主义和后现代科学。美国哲学家图尔明曾指出:"后现代科学是一种充满不确定性和创造性的当代科学,而不是牛顿主义或拉普拉斯主义所支持的以发现和确定性为特点的科学。它是开放的、可转变的,而不是封闭的、可预测的。"

科学的发展又一次对哲学提出了挑战。科学和哲学就是这样不断地互相质疑、互相促进,在共同发展中,携手为人类搭建美好生活和心灵的家园。

至此,狭义相对论的大幕还没有落下。几个月后,作为对《论动体的电动力学》的补充,爱因斯坦又发表了《物体惯性和能量的关系》。在这篇论文中,爱因斯坦从相对性原理出发,推出了科学史上最有名气的一个公式——质能关系式:$E=mc^2$。E表示总能量,m表示物体质量,c为真空中的光速。

相信大家在一些科普作品的封面或图片中会经常见到这个公式,因为它已经成了爱因斯坦和相对论的象征性符号。这个看似简单的式子,却揭示了宇宙中一个最深奥的秘密,即当一个物体的能量发生改变时,它的质量就按照这一关系式相应地发生变化,反之亦然。因为c^2是个极大的数字,这就意味着一个很不起眼的物体,其实包含有巨大的能量——假如能被释放出来的话。同时,这个等式还非常明白地解释了宇宙中大量的恒星为什么可以连续燃烧几十亿年还没有把燃料用尽,也就轻而易举地解开了困惑开尔文多年的太阳经久不息放出如此巨大的能量之谜。

可能是爱因斯坦的观点太叛逆、太超前了,人们一时半会儿还不能理解和接受。另外,当时的物理学家也不会重视一个专利局小职员发表的东西,尽管它提供的信息又多又管用。所以文章发表后,并没有立即给爱因斯坦带来什么改变,他依然在瑞士伯尔尼专利局按时上下班。1909年,爱因斯坦离开专利局,到苏黎世大学任理论物理学副教授。后来,还是在普朗克的努力斡旋下,柏林近郊的威廉皇帝物理研究所给了爱因斯坦一个干活不多但待遇丰厚的职位。在这里,爱因斯坦用一篇通常称为"广义相对论"的论文,把相对论的原理从惯性系推广到了加速系,同时也把他推向了荣誉的峰巅,使他成了与牛顿齐名的里程碑式的人物。

5.7 "时空弯曲"对决"牛顿引力"

谈到极大，人们首先想到的自然是宇宙了。宇宙究竟有多大，现代科学至今还不能给出一个可靠的答案，但是爱因斯坦的广义相对论，已经为探索宇宙的演化提供了一个理论架构，成为人类研究宇宙的基础理论。而人们对于极小的认识就像是把玩俄罗斯套娃，从分子到原子，从原子到原子核和电子，从原子核到质子和中子，然后是夸克……描述极小世界的理论，是建立在普朗克提出的量子概念基础上的量子力学。然而让人不可思议的是，这一"大"一"小"似乎根本就沾不上边的两套理论，正被人试图统一在奇妙的超弦理论之中，从浩瀚宇宙的尽头到物质最深层的核心粒子，都将被纳入这一理论里面。

1905年狭义相对论问世，其中一个重要结论是，任何运动的速度都不可能超越光速。但是这个结论的一个严重后果，就是与万有引力理论发生了激烈冲突。牛顿认为，地球绕着太阳运动是两者之间的引力作用，假如有一天太阳突然爆炸了，那么地球会因为引力的消失而立刻脱离它正常的椭圆轨道。也就是说，太阳爆炸的信息会因为引力的消失在瞬间就传递到地球，而光从太阳跑到地球上至少也需要8分钟的时间。当两个优秀的理论发生矛盾时（还有一种情况是理论和实验事实产生矛盾时），人们自然会寻找一个新的理论来协调它们或者取而代之。于是，广义相对论就应运而生了。

其实，在狭义相对论挑战万有引力理论之前，万有引力理论就有一个严重的缺陷，即引力是以什么方式让两个相距亿万千米的物体能够相互吸引的？对此，牛顿说："一个物体能通过虚空超距地作用于另一个物体，而无需其他任何中介作为那个力的承载物和传播者。这一点在我看来真是一个伟大的谬误，我相信凡对哲学问题有足够思想能力的人都不会信它。"但是他接受了引力存在的事实，并且建立了精确描述它的作用方程。根据这个方程，物理学家、天文学家和工程师们成功地用火箭把卫星送入了太空，准确预言了日食、月食，以及彗星的运动等，但是却留下了一个两百多年没人能够解开的谜。

1907年的一天午后,爱因斯坦坐在瑞士伯尔尼专利局的办公室里,苦苦思索引力的本质。就像在科学史上经常发生的那样,后来被他称为是"最快乐的思想"突然出现了,他找到了引力和加速度的内在联系,即引力作用和加速运动是等效的。这个结论理解起来其实也不困难,我们可以跟随爱因斯坦的思想实验初窥端倪:假若在一个电梯的天花板上系上一个悬挂有重物的弹簧秤,那么重物受到地球的吸引,将向下拉伸弹簧秤。如果把电梯移到太空,重物不再受地球的引力作用,弹簧将恢复原状。但是,如果让电梯向上做加速运动,弹簧将再被拉伸,当加速度达到一定程度(通常认为是9.8米/秒^2)时,弹簧拉伸的状态就和在地球上受到引力作用时完全一样,没有什么区别。

爱因斯坦从"最快乐的思想"出发,开始建构他的广义相对论理论,这让他花费了又一个十年(构思狭义相对论他用了十年的时间,从1895年直到1905年)。幸好普朗克在柏林附近的威廉皇帝物理研究所给爱因斯坦提供了一个自由度极大的职位,让他有充裕的时间思考他的广义相对论。1915年11月,爱因斯坦终于完成了广义相对论的逻辑框架。他大功告成,但过程曲折,因为在他的理论中,空间是弯曲的,时间是弯曲的。为了处理弯曲时空中的引力效应和加速运动,涉及的16个数学方程,必须全部同时求解,而且其中每一个都要比牛顿的平方反比定律复杂得多。为此,他需要学习更加复杂的数学方法。幸好,数学家黎曼已经发展出了可以描述弯曲空间的几何学,即完全不同于欧几里得几何的黎曼几何,这正是爱因斯坦所需要的。1916年,爱因斯坦在德国《物理学年鉴》上发表了《广义相对论的基础》,其结果就像在国际物理学界投下了一枚重磅炸弹,它的余波至今也没有完全消失。像前面提到的超弦理论,就是从广义相对论中产生的。广义相对论的预测今天仍在不断地被披露,如多数星系的核心都有黑洞在吞噬周围的一切,包括光。

爱因斯坦很清楚,任何理论都需要经受实践的检验,他提出了可以用来检验广义相对论的三个预言,分别是水星近日点的反常进动、引力红移和强引力场附近的光线弯曲,其中以光线弯曲的检验最为精彩。

广义相对论认为,所有的星球都会使其周围的时空发生弯曲,星球的质量越大,譬如太阳,它所造成的弯曲也越大。这就像在一块伸展的橡皮膜上放置了一个大铁球,铁球周围的橡皮膜会自然凹陷一样,太阳周围的空间也会因太阳的存在而发生凹陷和弯曲。如果我们在凹陷的橡皮膜上放一个小球,它会很自然地滚落到底部的大铁球上。而地球就处在太阳周围凹陷的空间里,它必须围绕太阳不停地运动,否则它就会逐渐滑落到太阳上面。这有点像杂技团的摩托车手,要在距离地面10多米高的圆形斜面上不掉下来,就必须在圆桶一样的斜面上高速行驶。所以,从这个观点来看,引力与其说是一种"力",不如说是一种结果——时空弯曲的结果。美国物理学家米奇奥·卡库说:"在某种意义上,引力并不存在,使行星和恒星运动的是空间和时间的变形。"美国另一位物理学家惠勒也用一句很精练的话概括了广义相对论:"时空告诉物质如何运动,物质告诉时空如何弯曲。"

正是有了这个理论,爱因斯坦轻而易举地化解了前面提到的狭义相对论与万有引力的矛盾:当太阳发生爆炸而突然消失时,它所造成的凹陷是逐渐消失的,直至恢复空间的平展。根据计算,凹陷消失的速度恰好等于光速。

因为太阳周围的空间是弯曲的,所以如果有来自太阳背后的恒星的光通过这个弯曲的空间时,光线也必然会发生弯曲。但是来自远方恒星的光与太阳相比,实在是太微弱了,地球上的人要观察经过太阳的恒星的光,只能在发生日全食的那几分钟里。1919年5月29日,机会来了。这天不仅有日食发生,而且当日食发生时,太阳的背后恰好有毕宿星团的恒星群在闪烁。受英国皇家天文学会的委托,著名天文学家爱丁顿带领一支考察队,远赴西非几内亚海湾的普林西比岛进行观测。同时出发的还有一支考察队,奔赴巴

爱因斯坦和爱丁顿

西的索布拉尔安营扎寨。两支考察队都拍摄了大量日食时太阳附近星空的照片，尽管能用的不多——这主要是天气的原因。当时的天气很不理想，阴雨霏霏，爱丁顿几乎要被迫放弃了。幸好快到日全食时，乌云开始渐渐退去，让他们拍到了一些宝贵的照片。两个月后，他们又拍摄了同一星空的照片，这时太阳已经远离了原来的天区。通过比对，他们在索布拉尔测出星光的偏折是(1.98±0.12)角秒，在普林西比得到的结果是偏折(1.61±0.30)角秒，更接近爱因斯坦的预测值，而与牛顿的理论不符。

1919年11月6日，英国皇家天文学会和皇家学会联合举行特别会议，讨论两支考察队提交的观测报告和结果，争论是不可避免的。一些人质疑统计数据的可靠性，有人手指悬挂在会议厅的牛顿画像，告诫说："我们感谢这位伟大人物，谨小慎微地修正和改进他的万有引力定律。"但是会议主席、电子的发现者汤姆孙教授则是心悦诚服地说："这是自从牛顿时代以来所取得的关于万有引力理论的最重大的成果。"最后由天文学家罗伊尔宣布："星光确实按照爱因斯坦引力理论的预言发生偏折。"

第二天，一向谨慎的伦敦《泰晤士报》赫然出现醒目的标题——"科学革命"，两个副标题是"宇宙新理论""牛顿观念的破产"。11月9日，《纽约时报》的报道标题是"天之光歪斜"。12月14日，爱因斯坦的照片又被刊登在《柏林画报》周刊的封面，文字说明是这样写的：世界历史上的一个新伟人——阿尔伯特·爱因斯坦。他的研究标志着我们自然观念的一次全新革命，堪与哥白尼、开普勒、牛顿比肩。

5.8 从极大到极小：当代科学的探索与展望

1919年爱丁顿考察队的日食考察，为在科学共同体内接受爱因斯坦的广义相对论提供了可靠的证据，爱因斯坦被确认为是20世纪最伟大的智者之一。接下来，媒体又把他从物理学界的小圈子推入了大众文化的领域，使他受到社会各个层面，包括娱乐界的热烈追捧，这种现象在历史上是非常少有的。究其原因，可能是当时第一次世界大战刚刚结束，对于惨遭战争蹂躏并且战后仍在蒙难，仍被战争阴影笼罩的欧洲来说，这个有点古怪的人和他古怪的理论，自然成了一个受欢迎的、能够分散注意力的话题，尽管他的理论本身远远超出了普通人的才智和理解水平。

爱因斯坦访问纽约时备受欢迎的盛况

刚开始受到媒体关注和追捧时，爱因斯坦的感觉是愉快而感激的。此后，新闻报道中逐渐突出了他作为天才和英雄的作用，让他几乎受到社会各界人士的崇拜。据说当时的英国驻德国大使回国，他儿子一见面就问："爸爸，你见过爱因斯坦吗？"大使先生有点尴尬地承认自己没有那么荣幸。儿子一听，马上耸了耸肩，好像父亲在柏林真是白待了。1921年爱因斯坦去伦敦访问，负责接待的霍尔丹勋爵邀请他住在自己的别墅里。当爱因斯坦到达时，勋爵的女儿竟因激动而晕了过去。其实爱因斯坦虽然是一个了不起的科学家，但是他的慈祥、有礼貌的举止，不拘小节的样子，使他看起来更像是一位人见人爱的大叔。晚年他在普林斯顿工作和生活，邻居家的一个小女孩儿经常去他家玩儿。一次，女孩儿的父亲好奇地问她在爱因斯坦家都干啥，女孩儿笑眯眯地说："他替我做作业，我给他糖吃。"

但是爱因斯坦也会犯错误，其中有一个错误被他认为是自己一生中所犯的最大错误。

根据广义相对论中有关的数学推论，宇宙总在不断膨胀或者收缩。但是当时流行的看法认为宇宙是静态的、固定的、永恒的，爱因斯坦自己也认同这个观点。为了调和这个矛盾，他就在他的公式里加上了一个所谓的宇宙常数，作为数学暂停键，从而在数学上得到了一个能够让宇宙处于静止状态的结果。但是他不知道的是，也就在这个时间，美国亚利桑那州洛厄尔天文台的一个名叫维斯托·斯里弗的天文学家，在记录远方恒星光谱图上的读数时，发现恒星好像正在离我们远去。尽管维斯托·斯里弗意识到这对理解宇宙的运动很重要，但是很可惜，他的这一重要发现在当时却没有引起更多人的注意。

在这方面获得荣誉的是20世纪伟大的天文学家——埃德温·哈勃（1889—1953），一个似乎颇受上天眷顾的幸运儿。哈勃天生有一个好身体和一副好相貌，他的一个崇拜者说他"美得像美神阿多尼斯"，还有人说他"英俊到了不适当的程度"。1906年，哈勃参加当地的中学田径运动会，一个人就获得了多个项目的第一名，如铅球、铁饼、链球、撑竿跳高、立定跳高、助跑跳高，并且他还是接力赛跑冠军队的主力。学习方面他也是出色得不得了，似乎不费吹灰之力就考上了芝加哥大学，主修物理学和天文学，系主任就是大名鼎鼎的迈克耳孙。后来，哈勃又获得首批罗兹奖学金，赴英国牛津大学深造。1919年，哈勃来到洛杉矶附近的威尔逊山天文台，很快他就名声大噪，成为20世纪著名的天文学家。

在我们能够观察到的宇宙里，和银河系类似的星系不计其数。然而在当时，在哈勃第一次通过望远镜遥望太空时，人们知道的星系只有一个银河系。其他的一切，要么被认为是银河系的组成部分，要么被认为是远方天际众多气体中的一团气体。而哈勃很快就证明这种看法是极其错误的。

1923年，哈勃首先成功地证明，仙女座里一团代号为M31的薄雾状的东西根本不是气云,而是一大堆光华夺目的恒星,其本身就是一个星系,离我们至少有90万光年。1924年,哈勃写了一篇具有划时代意义的论文,说明宇宙不仅仅有银河系,还有大量其他星系,其中许多都比银河系要大。

仅这一项发现,就足以让哈勃扬名天下了。但他接着要计算宇宙到底有多大,于是有了一个更加惊人的发现,就是斯里弗那个没有引起人们注意的发现:太空中的所有星系都在离我们远去,而且星系离我们越远,它们离去的速度越快。也就是说,宇宙不是稳定的、固定的,而是在不停地快速扩大。哈勃成功地证明了爱因斯坦广义相对论中的数学推论,即宇宙总是在不断膨胀或者收缩,而爱因斯坦却画蛇添足,添加了一个宇宙常数,想阻止宇宙的膨胀,难怪他为此自责不已。

爱因斯坦的理论和哈勃的发现,都认为宇宙是不断膨胀的,那么如果让时间倒流,宇宙自然应该回到它膨胀的起点。这个起点,就是前面我们曾经讲过的发生大爆炸的奇点,于是麻烦出来了。因为奇点的质量无穷大,体积却无穷小,对此广义相对论是束手无策。我们知道,当代科学有两大支柱理论,一个是以引力为核心的描述宇宙大尺度行为的广义相对论,另一个是描述宇宙中极小粒子,如分子、原子、电子及夸克行为的量子力学。两个理论在各自的领域可谓是神通广大,它们的预言差不多都被物理学家以难以想象的实验精度证实了,但是这两个理论却又是水火不容的。科学家们不相信两套规则同时在宇宙间发挥作用,于是寻求一个统一的终极理论就成了当代顶尖物理学家的梦想和追求。极具传奇色彩的史蒂芬·霍金——一个拥有才华横溢的大脑却陷进全身瘫痪的身体,能够活动的仅有三个手指和眼珠,但却成为攀登当代科学最高峰的战士。霍金曾经提出了量子引力论,试图将广义相对论和量子力学统一起来,并用于描述宇宙在大爆炸的奇点

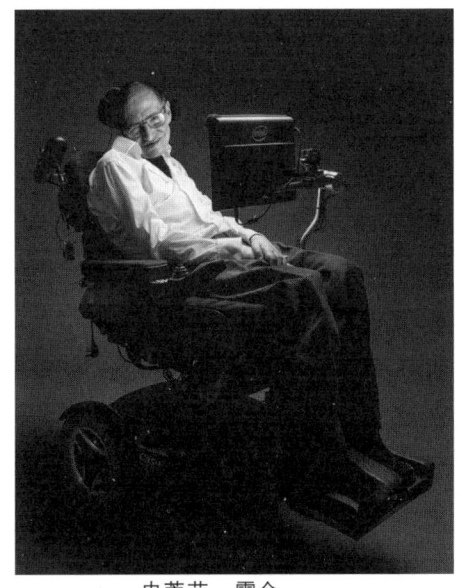

史蒂芬·霍金

时的状态。当然,在这方面他要走的路还很漫长,而他在黑洞方面的研究已经走在了世界的前面。

　　首先提出黑洞这个概念的是德国的一个天文学家卡尔·施瓦西。那是1916年第一次世界大战期间,他正在俄国前线,一边根据牛顿理论计算他的弹道曲线,一边学习爱因斯坦的引力新发现。令人惊讶的是,爱因斯坦完成广义相对论才几个月,施瓦西就用这个理论精确地计算并描绘了球形星体附近的空间和时间是如何弯曲的。尤其是连爱因斯坦也未曾想到过的,他的计算揭示了广义相对论的一个奇妙结果,就是如果星体的质量足够大,体积足够小,那么时空将产生剧烈的弯曲,包括光在内的一切事物都不能逃脱它强大的引力。因为连光都逃不出这种"压缩的星体",所以施瓦西就称它为黑星。后来,另一个天文学家惠勒给它换了个更动听的名字:黑洞。因为不发光,所以"黑";因为接近它们的任何东西都会被其强大的引力吸引进去,有去无回,所以是"洞"。这个名字一直叫到今天。

　　随着对黑洞研究的逐渐深入,科学家们发现,他们又一次陷入了与宇宙原初奇点类似的尴尬困境。因为在黑洞的中心,往往是星体塌缩形成的奇点,这个小东西只有量子力学能对付,广义相对论再次崩溃。难道这两大理论真的就不能和谐相处,共同描述神秘而又美妙的宇宙吗?和许多事情一样,科学上也经常会有"山重水复疑无路,柳暗花明又一村"的情况。转机是随着弦论的出现而发生的,它极大地鼓舞了科学家们冲顶宇宙大统一理论的兴趣和热情。

　　人类构建终极理论之梦,从古希腊人提出"原子"时就开始了。经过两千多年一代又一代的思想家、科学家们接力式的探索,宇宙的底牌已经越来越清晰了。希腊人想象中构成宇宙万物的"原子",逐步变为今天科学已经掌握的电子和夸克。科学家们已经查明,原子核中的质子和中子,分别由不同的三个夸克组成。而联系宇宙万物的基本作用力,科学家们已经逐一为其验明正身,它们分别是万有引力、电磁力、强力和弱力。大家对引力和电磁力都比较熟悉,但对强力和弱力可能还比较陌生。强力就是在原子核中能够把质子、中子紧紧联结在一起的力。产生强力作用的介质,在粒子层面常被称为力元,也是一种粒子,科学家们称它为胶子,取其能把夸克,进而把质子、中子黏合在一起的意思。弱力则是在放射性物质的衰变中起作用,它的力元叫弱规范玻色子。电磁力的力元是我们熟悉的光子。物理学家们相信,引力也关联着一种粒子——引力子,不过它的存在还有待实验来证明。

或许,宇宙的最后一张底牌关乎着一根小小的弦。也就是说,构成宇宙万物的最终单元可能不是什么粒子,而是一根根细小的不停跳动着的弦,而弦是在研究强力时出现的。1968年,年轻的理论物理学家维尼齐亚诺偶然有了一个惊人的发现:瑞典著名数学家欧拉在200年前,因为纯数学目的构造了一个不太起眼的公式——欧拉β函数,而这个公式几乎一下子就描写了强力的大量性质。接下来有人证明,如果用小小的一维的振动的弦模拟基本粒子,那么它们的核相互作用,就能精确地用欧拉β函数来描写。神秘的弦终于露面了。

大家知道,爱因斯坦为了追寻能够统一宇宙的终极理论,耗费了30年的时间,结果却依然无法解释。但是客观情况恐怕也只能这样,因为当时的人们只发现了两种基本作用力——引力和电磁力,强力和弱力还深藏在原子核中不为人知。

通过对弦理论的研究,人们发现一根根振动的弦的频率、强度,能够很好地对应一个个粒子的质量和能量,包括力。尤其令人振奋的是,科学家已经从这些弦中发现了人们期待已久的引力子,这意味着一直困扰物理学家的量子力学和广义相对论的矛盾,终于有解了。今天,一根小小的弦已经发展成超弦理论、M理论。也许,弦理论能够为我们提供一个真正的统一理论,因为所有的物质和力,都来自同一个基元:振动的弦。

就在人们认为我们也许已经接近探索自然终极定律尾声的时候,有人及时提醒,不要忘记20世纪初开尔文在新年献词留下的尴尬:"物理学的大厦已经建成,未来的物理学家只需要做些修修补补的工作就行了。"后来还有一次,物理学家马克斯·玻恩告诉来自格丁根大学的访问者:"据我们所知,物理学将在6个月内结束。"他的信心是基于当时狄拉克新发现的能够制约电子的方程。因为人们已经发现质子——这个当时仅知的另一种粒子也服从类似的方程,所以他认为那将会是理论物理的终结。事实上,从科学发展的历程中,我们或许应该明白:当我们自以为懂得了自然的一切时,它总还藏着些惊奇。我们只有极大地,甚至是从根本上改变我们认识世界的思维方式,才有可能发现它们。从亚里士多德到牛顿,再到爱因斯坦,两千多年科学发展的伟大历程,充分而又生动地证明了这一点。更何况,此前科学的发展主要是围绕物理学展开的。如果说弦论能够成功的话,那么可能终结的也只是物理学理论,而其他的学科,譬如生命科学,目前还仅仅是"小荷才露尖尖角"。有人预言,21世纪将是生命科学的世纪,生命科学将在未来展现其无限的生命力。

所以,科学,永远在路上。

第六讲 继往开来，勇攀高峰的当代中国科学技术

6.1 世界首颗量子科学实验卫星——"墨子号"

前面在第二讲中,我们扼要介绍了古代中国在科学技术领域的辉煌业绩,尤其是以墨子为代表的墨家,在力学、光学等领域的研究成果及水平,让研究中国科技史的专家李约瑟也不得不承认其"超过整个古希腊"。当历史的车轮驶入21世纪之后,我国更是在科技领域持续发力,奋起直追,取得了一系列令世界瞩目的成就。其中由中国科学技术大学潘建伟教授领衔的科研队伍,在世界顶尖的科技领域——量子通信的研究中后来居上,由跟跑者实现华丽转身,变成了领跑者。我国发射的量子通信卫星,起名叫"墨子号",其中就包含了丰富而又深刻的含义:这既是对墨子和墨家科学思想所取得的科学成就的肯定,也彰显了我国在科技领域重回世界之巅的强大自信。

"墨子号"成功发射

要真正理解"墨子号"对中华民族崛起的重大意义,我们就需要从对人类文明进程产生巨大影响的工业革命说起。工业革命说到底就是科技革命,对人类生产、生活方式的变革产生了深远的影响。在人类发展的历史上,曾先后发生了三次工业革命。第一次工业革命的背景是17世纪牛顿力学的提出以及科学家对热力学的研究,促使18世纪瓦特等人改进蒸汽机和机械制造等技术,引领人类从农耕文明进入大规模的工业化生产时代。第二次工业革命,源自19世纪法拉第和麦克斯韦等物理学家在电磁学上的重大发现。以此为基础,科学家和工程师们陆续完成了发电机和电动机等重大发明。19世纪下半叶到20世纪初,人类开始进入电气化时代。

经典物理学推动了以上两次工业革命的发生,那么20世纪下半叶出现的第三次工业革命,也被称为信息革命,则是源自20世纪初由普朗克、爱因斯坦、玻尔等物理学家开创,并最终由海森伯、薛定谔、狄拉克等物理学家建立起来的量子力学。科学家们通过量子力学研究了电子和光子的性质及其在材料中的运动规律,并于20世纪50年代到70年代间陆续发明了半导体晶体管、激光器、集成电路、磁盘、光纤等技术。以此为基础,20世纪80年代以来陆续诞生了电脑、手机、互联网等伟大发明。以各类电子计算机的大规模应用为代表,人类的信息技术突飞猛进,半导体集成电路横空出世,这让人类具有了快速处理大量信息的能力。激光通信取代了电报,LED逐渐取代了电灯,所有看到的景象和听到的声音都可以转化成信息,人类文明彻底进入了信息时代。目前信息产业的热点是由5G网络推动的万物互联。无论是工业4.0、智能制造,还是"互联网+"等新概念,它们都代表着信息产业正深刻地改变着传统行业,改变着人类的生产、生活方式。

但是这次信息革命是属于"经典信息"的革命,也被称为第一次信息革命。虽然这次信息革命我们必须用量子力学才能理解半导体和激光的本质与工作原理,但我们用它们处理的还是经典的二进制信息(0或1,叫作经典比特),即信息的载体是物质呈现的经典状态,而不是量子状态。信息的传输和计算,都基于经典物理学描述的过程,而不是量子过程。当我们能够将物质呈现的量子状态用作信息载体时,一门新的学科就登场了,那就是"量子信息学"。

在经典信息学中,信息的最小单元叫作比特。一个比特在特定时刻只有一种特定的状态,即0或1。所有的信息处理都按照经典物理学规律,一个比特接一个比特地进行。在量子信息学中,信息的最小单元叫作量子比特,一个量子比特就是0和1的量子叠加态,即一个量子(可以是一个基本粒子,或者是复合粒子)可以同时处于0和1两个状态,但它既不是0,也不是1,这在经典物理学中是不可能出现的。正因为如此,像建立在量子信息学基础上的量子计算,凭借量子叠加的先天优势,会快得无与伦比。

在量子世界还有更加不可思议的存在,那就是量子跨越时空的诡异互动——量子纠缠,当两个粒子发生纠缠,就会形成一个双粒子的叠加态,即纠缠态,有一种纠缠态就是无论两个粒子相隔多远,只要没有外界干扰,当粒子A处于0态时,粒子B就一定处于1态。反之,当粒子A处于1态时,粒子B一定处于0态。这也就意味着纠缠态量子信息的传递不受时空的限制,即使相隔千山万水亦可瞬间完成,这违背了爱因斯坦的光速理论,所以爱因斯坦始终认为量子力学是不完备的。2016年8月,我国成功发射"墨子号"量子科学实验卫星,首次于国际上成功实现在上千千米的星地距离进行量子纠缠这一奇异性质的实验,成功验证了量子纠缠在跨越1200千米的距离上依然存在。也正是靠量子纠缠这一不可思议的奇异特性,最大限度地保障了量子通信的绝对安全和可靠性,这无疑在军事国防、金融经济等领域中具有极为重要的意义和作用。

目前,世界正处于第四次科技革命,亦即第二次信息革命的前夜,而量子通信和量子计算机,以及可控核聚变等都将成为这次革命中当之无愧的主角。而特别令人欣慰的是,这次我国不仅抓住了机遇,而且目前在一些领域已经跻身世界第一方队,处于国际领先的地位。带领中国的科研队伍攻坚克难、勇攀高峰的领军人物则是中国科学技术大学的潘建伟院士,他不仅是中国量子信息领域最具代表性的人物,也是世界量子信息领域最具代表性的人物之一。

潘建伟院士1970年出生于浙江省东阳市,1987年考入中国科学技术大学近代物理系,在读完本科和硕士后,于1996年赴奥地利因斯布鲁克大学攻读博士学位,师从2022年诺贝尔物理学奖得主、量子通信创始人之一的蔡林格教授,并于1999年获维也纳大学实验物理博士学位。读博期间他初试锋芒就一鸣惊人,在世界顶级刊物《自然》杂志上发表了首次实现量子隐形传态的学术论文,该成果被公认为量子信息实验领域的开山之作,并入选《自然》杂志"百年物理学21篇经典论文"。2000年到2004年,潘建伟在奥地利科学院量子光学和量子信息研究所从事博士后研究。其间,他在《自然》杂志上以第一作者身份发表了四篇论文,引起了国际同行的高度关注。虽然潘建伟在国外取得了优秀业绩，但是他始终心系祖国，他利用回国期间的有限时间率先在中国科学技术大学组建了量子通信实验室。2004年回国以后，潘建伟的实验室取得了一系列令人惊艳的研究成果，数次创造世界第一。其中，2016年"墨子号"量子科学实验卫星成功发射并实现人类第一次卫星与地面之间的量子通信实验，以及2017年建成的世界第一条量子保密通信干线"京沪干线"，就是为大家所熟知的两项世界第一。"京沪干线"实现了高可信、可扩展、军民融合的广域光纤量子通信网络，极大提高了我国军事、政务、银行和金融系统的安全性。

众多的世界第一让潘建伟收获了无数的国内外荣誉，但他始终保持着难得的低调与谦和。2016年《感动中国》评选委员会给予潘建伟的颁奖词这样说道："嗅每一片落叶的味道，对世界保持着孩童般的好奇，只是和科学纠缠，保持与名利的距离。站在世界的最前排，和宇宙对话，以先贤的名义，做前无古人的事业。"当然，在业内还有一个比较专业的评价，称他是中国的"量子之父"。

6.2 屠呦呦与青蒿素

2015年10月5日,屠呦呦的名字迅速传遍了全国各地,因为国际诺贝尔奖评审委员会宣布,将2015年诺贝尔生理学或医学奖授予中国科学家屠呦呦,以表彰她发现了青蒿素。中国人对诺贝尔自然科学奖期盼已久,如今终于如愿以偿,这也是屠呦呦迅速引起全国人民热情关注的重要原因。

屠呦呦似乎命中注定就是为了青蒿素而生的,呦呦,即鹿鸣声。她的父亲根据《诗经·小雅·鹿鸣》为她起了这个名字。诗中有一句"呦呦鹿鸣,食野之蒿"。只是没有人会想到"呦呦"这两个字和"蒿"这种植物,两千多年后又以这种奇特的方式联系在了一起,为一个科学家的故事增添了几分令人遐想的诗意。

1930年的12月30日,屠呦呦诞生于浙江宁波一户书香人家。小时候的屠呦呦,曾多次看到宁波城里的一个老中医用草药治病救人的场景,而她自己也曾在感染疟疾和肺结核而身处险境时,靠中药汤挽回了生命,这让她从小就与中草药结下了不解之缘。1951年,屠呦呦如愿考入了北京大学医学院药学系,所选专业是生药学。生药是指纯天然的、未经加工或者经过简单加工后的植物类、动物类和矿物类的药材。在当时,生药学是冷门专业,就业面比较窄,大四各班分科时,屠呦呦所在的药学第八班,全班七八十个学生只有12个人选择了生药学。屠呦呦觉得生药学专业最可能接近具有悠久历史的中医药领域,符合自己的兴趣和理想,于是毫不犹豫地做出了选择。

屠呦呦与青蒿素结缘,名字只是偶然,真正的起因是越南战争,当时的交战双方都因为疟疾肆虐导致大量减员而大伤脑筋。应越方的请求,中国政府于1967年5月23日开始了研制抗虐新药的"523"项目。屠呦呦是1969年加入该项目的,担任中药抗疟组组长。当时疟疾防治研究领导小组为该项目制定的基本思路和方向还是非常高明的,就是从中华医学宝库中发掘,从民间验方中去寻找有效的信息和方法。为此,他们几乎查遍了所有的中医药典籍,汇集了640余种治疗疟疾的中药单秘验方,最后将目标锁定在了东晋葛洪《肘后备急方》中提到的青蒿。但是最初青蒿提取物的抗疟效果并不理想，就在他们几乎要放弃时，屠呦呦从葛洪在书中讲的"青蒿一握，以水二升渍，绞取汁，尽服之"这句话中受到启发，认为可能是高温对青蒿的有效成分造成了破坏，从而影响了疗效。于是她就用沸点更低的乙醚代替酒精进行萃取，结果一举成功，古老的中医药学在现代化的今天，又一次开出了绚丽的花朵。

屠呦呦研制青蒿素

自青蒿素问世以来，青蒿素联合疗法在全球疟疾流行地区广泛使用，挽救了数百万人的生命。2019年1月，英国广播公司（BBC）发起"20世纪最伟大人物"评选，评选对象是对当代人类生活影响最大的杰出人物，屠呦呦和居里夫人、爱因斯坦，以及"计算机之父"艾伦·麦席森·图灵一起入选。同年，屠呦呦和于敏、申纪兰、孙家栋、李延年、张富清、袁隆平、黄旭华等八人共同荣获中华人民共和国最高荣誉"共和国勋章"。面对接踵而来的各种荣誉，屠呦呦依然保持着一贯的低调、谨慎和勤俭的作风，所获得的诺贝尔奖金，也分别捐献给了北京大学医学部和中国中医科学院，并成立了屠呦呦创新基金，用于奖励年轻的科研人员。

"呦呦鹿鸣，食野之蒿"，屠呦呦用一种绿色的小草改变了世界，而她自己仍然朴素、静默得像一株普通的小草。

6.3 "天眼之父"南仁东

德国哲学家黑格尔曾经说过:"一个民族有一群仰望星空的人,他们才有希望。"中华民族从来就不缺仰望星空的人,像前面曾经讲过的张衡、祖冲之、郭守敬等古代先贤都曾仰望星空,探究宇宙。而今仍然有无数科研人员为看到更深远的星空而努力。南仁东无疑是其中的佼佼者,他带领团队在大山深处,托举起一个世界级的巨大工程——500米口径球面射电望远镜FAST,又名"天眼",使我国射电天文多个研究领域得到空前发展,南仁东也因此被誉为中国"天眼之父"。

天眼

南仁东1945年出生于吉林省辽源市龙山区,他从小就喜欢和小伙伴们一起到附近的龙首山上看星星,那时他的梦想是能够摘一颗星星送给妈妈。南仁东6岁上学,随后开启了他的"学霸"之路。1963年高中毕业,他因品学兼优被北京一所军事院校选中,本可以免试保送入学,但是出乎所有人的意料,他没有接受,而是凭着过硬的高考成绩,以当年吉林省理科第一的成绩考入清华大学无线电系。

在北京上学期间,南仁东最常去的地方就是北京二环边上的古观象台。在那里,他常常摸着那些古老仪器思考:这些仪器究竟是让太空变得不再神秘,还是更加神秘？这个问题经历了十多年的沉淀。1977年国家恢复高考，研究生也开始招生。1978年，南仁东决定要亲自去探索神秘的太空，于是他毫不犹豫地报考并考取了中国科学院研究生院天体物理学专业，并先后获得了硕士、博士学位。

到了20世纪90年代初，南仁东已经成为国际一流的天文学家，日本国立天文台高薪聘请他为客座教授，还为他提供先进的科研条件。但是南仁东并不开心，原因是当时国内没有先进的天文观测设备，我们的天文学家需要时只能向其他国家申请，而且使用时间非常受限，有时甚至只能拿到一个小时的使用权。1993年，国际无线电科学联盟第24届大会在日本召开，南仁东作为中国代表团的一员出席会议。其间射电天文专门委员会组织了一场题为"第三个千年的射电望远镜"学术会议，讨论21世纪射电望远镜的发展，以及建造新一代大型射电望远镜的问题。当时国际天文学界的共同愿景，是在地球电波环境被彻底破坏之前，能真正看一眼初始的宇宙，弄清宇宙是如何形成和演化的。科学家们担忧，如果失去了这个机会，人类就只能到月球的背面造望远镜了。

这个议题引起了南仁东强烈的共鸣。会议一结束，他就迫不及待地找到国内来的代表，激动地说："我们也造一个吧。"他提出，要建就建个大的，500米口径。身旁的人几乎都被南仁东的想法震惊了，当时世界最大的射电望远镜是美国的阿雷西博望远镜，口径是350米，而中国当时最大的射电望远镜口径仅有25米。看南仁东非常坚定而且迫不及待，代表就只好说回国以后研究一下再说吧。

会议结束没几天，南仁东的国际长途就追了过来，但是国内专家的反馈却很不乐观，普遍认为南仁东的想法很好，可是要造这么大的射电望远镜，起码要投资几十亿，这无异于天方夜谭。南仁东沉默了，他知道，如果他继续留在日本，他的想法就只能停留在他的梦想中，这是他绝对不能接受的。

1994年3月的一天早晨，刚一上班，南仁东就出现在时任中国科学院院长周光召的办公室。他的目标非常明确："我回来就是为了造个望远镜。"周光召非常理解南仁东，并给他安排了一个天文台副台长的职务，说有个职务协调一些事情也方便。接下来，南仁东知道他的余生就是为这个望远镜而活着了，而事实也确实如此。为了实现这一梦想，南仁东用22年的时间，生动地向人们诠释了什么是"鞠躬尽瘁，死而后已"。

造望远镜的第一件事就是选址，这个台址不仅要大，能够放得下口径500米的一个大家伙，而且还要考虑地理条件、无线电环境、地基与工程地质要求，以及降水排水、地震滑坡等方面。南仁东首先想到的就是利用喀斯特洼地给大望远镜安个家，美国的阿雷西博望远镜就是建在波多黎各岛上的一个喀斯特洼地里。贵州、云南、广西都有喀斯特地貌，要从这么大的范围里找出一个最好的、最适合建造超大型的射电望远镜的洼地，南仁东及其伙伴们用了整整12年的时间，经过多轮筛选和考察，最后选中了贵州省平塘县的大窝凼，这其中的艰辛与凶险一言难尽，有两次还差点使南仁东丢了性命。梦始喀斯特，缘定大窝凼，这个刚好能盛起FAST巨型反射面的洼地，成了建造FAST独一无二的选择。

在为大望远镜选址的同时，另一项工作就是为FAST立项，其重要性和难度不亚于选址。立项不通过，一切都无从谈起。为此，南仁东以一个科学家的身份，做起了"推销员"，将FAST项目从国内推销到国外，他调侃自己说："我开始拍全世界的马屁，让全世界来支持我们。"苦心人，天不负，2007年7月，FAST立项了。从1994年回国到立项，南仁东用了13年的时间，他永远记得通过评审时那激动人心的一刻！

2016年9月25日，世界上最大口径射电望远镜——500米口径球面射电望远镜FAST，又名"天眼"，在贵州省黔南布依族苗族自治州平塘县大窝凼落成。这个实现了三十多项自主创新专利成果的FAST工程，以其无与伦比的科技高度和美轮美奂的造型震惊了世界。这个曾经被公认为世界难题的天文项目，终于光彩夺目地屹立于世界天文学的前沿，它的几大技术创新和突破，注定它在未来几十年内，都将保持世界一流的水平和地位。而为这一世界级的项目呕心沥血、鞠躬尽瘁，甚至不惜以命相搏的项目总工程师兼首席科学家的南仁东，却已经是肺癌晚期，生命进入了倒计时。

2017年10月10日，FAST捕获第一颗脉冲星信号，距离地球约1.6万光年。紧接着，FAST又收到了第二颗脉冲星信号，距离地球约4100光年。这个消息震惊了世界，但是南仁东却没能等到这一天，25天前他已经告别了这个世界，奔向他向往的星空。2018年10月15日，中国科学院国家天文台宣布，经国际天文学联合会小天体命名委员会批准，国家天文台于1998年9月25日发现的国际永久编号为"79694"的小行星被正式命名为"南仁东星"。

6.4 大地之子黄大年

2009年，国际知名战略科学家、著名地球物理学家黄大年，放弃百万高薪和优渥的生活条件，毅然响应国家的召唤，回到了祖国。此后，他用5年时间研究出深地、深海探测设备，直接拉平了我国与欧美国家在该领域30年的技术差距，以至于让一向肆无忌惮的美国，不得不将其在我国邻海的军演区域直接向后撤退了100海里。

黄大年与地质勘探有着天然的缘分，他的父亲黄方明是一名地矿学校的教师，小的时候父亲就经常给黄大年讲李四光的故事，这让他在朦朦胧胧中就对地质勘探多了一种向往，甚至还用一些废旧材料制作了从事地质勘探所需的三大件：螺栓套在木棍上，工具锤；酒瓶底固定在铁皮圈上，放大镜；硬纸板上装个铁皮针，罗盘。

黄大年

由于父亲工作的流动性很大，黄大年在不断转学中读完了小学和中学。1975年高中毕业时，正好赶上广西第六地质队招考工人，从小学到高中几乎包揽班级第一名的他，毫无悬念地顺利通过考试进入了地质队。黄大年童年时就有一个当地质队员的念头，但那时仅仅是一个朦朦胧胧的憧憬，而如今却实实在在地实现了。不过，他没有当上小时候想象的肩背工具包、手拿地质锤在群山野外到处敲敲打打的地质队员，而是因为考试成绩优秀，直接被破格录取为航空物探操作员。航空物探是"航空地球物理探矿"的简称，是指利用航空器搭载的各种仪器，从空中测量地球上的各种物理场（如磁力场、重力场等）的变化，从而进行地质构造调查，以及探寻各种矿产资源的分布情况。这是黄大年的第一份工作，也是他终生事业的开始。

此后的几十年,他在这条道路上矢志不渝、奋力拼搏,直至登上世界的最高峰。

1977年恢复高考后,黄大年白天工作,晚上则挑灯夜战,最终以高出录取分数线80分的成绩,考入长春地质学院(现并入吉林大学)应用地球物理系,而且他在填报志愿时,第一、第二志愿填的都是地质专业。1982年,黄大年本科毕业后留校任教,一年后又考取了硕士研究生。1992年,黄大年获得了全国仅有的30个公派出国留学名额中的一个,赴英国攻读博士学位。1996年,他以排名第一的成绩获得英国利兹大学地球物理学博士学位。此后,他努力学习,刻苦钻研世界最前沿的海洋和航空快速移动平台高精度地球重力和磁力场探测技术,后来被聘为英国剑桥ARKeX航空地球物理公司高级研究员、研发部主任。他致力于将这项高效探测技术应用于海陆大面积油气资源和矿产资源的勘探领域,许多研究成果达到世界领先水平,成为享誉世界的航空地球物理研究领域的科学家。

2009年当得知国家启动从海外引进高层次人才计划后,黄大年知道他回报祖国的时候到了。他毅然放弃了国外优越的工作条件和生活待遇,回国并出任吉林大学地球探测科学与技术学院教授、博士生导师,组建吉林大学暨吉林省"移动平台探测技术中心"重点实验室并担任实验室主任,带领他的研发团队重点攻关"地球深部探测关键仪器装备项目"。这种装备就像是"透视眼",安装在飞机、舰船、卫星等移动平台上,就能探知地下深层的矿产、海底埋藏的油气以及潜伏在深海的潜水艇等目标,这对国民经济的发展及保障国家安全具有重要的意义和作用。

好像是为了要把自己待在国外的十多年时间补回来一样,黄大年惜时如金,用争分夺秒形容他每天的工作状态一点都不夸张。外出开会他总是乘坐最晚的航班,掐着点让司机把他送到机场;每天加班到深夜几乎成了常态,顾不上吃饭就让学生给他捎回来两个玉米棒子;生病甚至曾经几次晕倒,他都顾不上去医院,只是说累了,稍微休息一下,就又精神抖擞地投入工作。换来的,是用短短5年的时间就全面提升了我国深部地球物理探测能力与技术水平,打破了国外垄断。

2017年1月8日,年仅58岁的黄大年因病去世。他像蜡烛一样燃尽了自己,化作吉林大学地质宫507室那不灭的灯光,薪火相传,熠熠生辉。

6.5 中国现代数学研究的兴起与"哥德巴赫猜想"

中国现代数学的研究,是在中国高等教育兴起与发展的基础上开始的。1912年,中国第一个大学数学系——北京大学数学系成立,这是中国现代高等数学教育与研究的开端。当时主持数学系工作的冯祖荀,曾留学日本京都帝国大学,是我国出国学习现代数学最早的留学生之一。1920年,姜立夫在天津创办了南开大学数学系,为中国培养了一批优秀的数学人才。20世纪40年代,他又主持筹建了中国第一个数学研究所——中央研究院数学研究所。清华大学数学系成立于1927年,第一任系主任是郑之蕃,他曾于1907年赴美国康奈尔大学学习数学。后来,郑之蕃又举荐早年留学法国的熊庆来出任数学系主任。1929年,在美国芝加哥大学获得博士学位的杨武之——著名物理学家杨振宁的父亲,也在回国一年后加入了清华大学。1931年,清华大学开始招收第一批数学研究生。

伴随着中国现代数学教育的形成,现代数学研究在中国也悄然兴起。1931年,留学日本的苏步青回国,受聘于浙江大学数学系。1928年至1939年间,苏步青在当时处于国际热门的仿射微分几何方面引进了仿射铸曲面和旋转曲面,并取得了重大科研成果,国际数学界将其命名为"苏氏锥面"。此后他又在射影曲线论、曲面论、共轭网论、K展空间和一般度量空间几何学等方面取得了具有国际水准的一系列成就。另一位数学家熊庆来也成绩斐然,1931年,已经是清华大学数学系主任的他,又重返法国庞加莱研究所学习。两年后,已经40岁的熊庆来获得法国国家理科博士学位,其博士论文《关于无穷级整函数与亚纯函数》将博雷尔有穷级整函数论推广为无穷级情形,他所定义的"无穷级函数"在国际上被称为"熊氏无穷级"。与其在学术领域取得的成就相比,熊庆来更为人们津津乐道的是他慧眼识珠,打破常规培养只有初中学历的华罗庚的故事。

华罗庚是江苏金坛(今常州市金坛区)人,初中毕业后曾到上海中华职业学校学习,后来因生活所迫,不得不中途退学,回到家中帮助父亲打理一个杂货铺,所以他的最高学历就只是初中毕业。1929年的冬天,华罗庚不幸感染了伤寒病,落下左腿残疾，以至于此后都要借助手杖走路。但是这些都没有让华罗庚放弃学习，他用5年时间自学了高中全部和大学的部分数学课程，并于1930年在上海《科学》杂志上发表论文《苏家驹之代数的五次方程式解法不能成立之理由》。这篇论文引起了远在千里之外的清华大学数学系主任熊庆来的注意，在了解了华罗庚的自学经历和数学才华后，熊庆来于1931年将其调入清华大学任助理员。在清华大学这样一个特有的学术环境中，又有熊庆来、杨武之等教授的扶持引导，再加上个人的刻苦努力，华罗庚不仅在数学领域有了极大的进步，而且还自学了英、法、德、日四种外语，为他以后出国学习交流打下了基础。

1935年，国际著名数学家诺伯特·维纳访问中国，他注意到华罗庚的潜质，就推荐华罗庚到作为当时世界数论研究中心的英国剑桥大学做访问学者，跟随哈代教授从事数论研究。此后，在短短的两年内，华罗庚就发表论文十多篇，在华林问题、塔利问题、完整三角和等方面取得重要成果，引起国际同行的重视。1938年，华罗庚到西南联合大学任教，并被破格聘任为教授。此后，华罗庚撰写的专著《堆垒素数论》在苏联科学院用俄文出版，为他赢得了世界性声誉。除了解析数论，华罗庚后来又在代数学、多复变函数论、数值分析等领域做出了重大贡献。1950年，华罗庚放弃了美国伊利诺伊大学终身教授的职位和待遇，毅然回到刚刚诞生的新中国，并参与了中国科学院数学研究所的筹建。1952年，华罗庚出任中国科学院数学研究所所长，后来又当选中国科学院院士、美国国家科学院外籍

工作中的华罗庚

院士、第三世界科学院院士、联邦德国巴伐利亚科学院院士。

华罗庚勤奋好学，以初中学历成长为世界级的数学家，他的名言"聪明在于学习，天才在于积累"是对他一生的生动诠释。

在中国现代数学研究中，陈省身、许宝禄都是举足轻重的人物。陈省身是浙江

嘉兴人，1926年考入南开大学学习，1931年考入清华大学研究院，1934年获得清华大学硕士学位，同年赴德国汉堡大学留学，师从著名微分几何学家布拉希克，不到两年时间就获得了博士学位。1937年，陈省身曾回国受聘为清华大学的数学教授，1943年应邀赴美国普林斯顿高等研究院工作，他将高斯-博内公式推广到高维曲面和紧致黎曼流形上的经典性工作，引起了国际微分几何学界的震惊，使其逐步成为现代微分几何的奠基人。由于陈省身在微分几何上的特殊贡献，1984年他荣获沃尔夫奖，成为首位获此殊荣的华人。1985年，陈省身在他的母校南开大学创建了南开数学研究所，为中国培养了许多优秀的青年数学家。

许宝禄出生于北京，是多元统计分析学科的开拓者和奠基人之一，对极限分布论、试验设计等方面都有重要贡献，一些国际同行称赞许宝禄是"20世纪最深刻、最富有创造性的统计学家之一"。

陈景润1933年出生于福州郊区的一户农家。他家境贫寒但学习努力，尤其酷爱数学，甚至到了痴迷的地步。1950年，陈景润高中尚未毕业，但他毅然以同等学力考入厦门大学数学系，1953年毕业后被分配到北京四中任教。可能是他有浓重的地方口音，学生们听不懂，加上他不善言辞，短期任教后陈景润又被调回厦门大学。时任厦门大学校长的王亚南了解他的情况后，就把他安排在厦门大学资料室，让他一边工作一边研究数学。陈景润没有辜负大家的期望，很快就发表了一篇有关数论的论文《塔内问题》。这篇论文引起了华罗庚的关注与赏识，华罗庚当即决定将陈景润调入中国科学院数学研究所工作。

在陈景润上中学时，一位从清华大学到他们学校任教的数学老师沈元，给他们讲了一个世界级数学难题的故事——"哥德巴赫猜想"。哥德巴赫猜想起源于1742年，当时德国数学家哥德巴赫提出"任何一个大于2的偶数均可表示为两个素数之和"的猜想，简称"1+1"。但是他无法给予证明，于是就写信请当时赫赫有名的大数学家欧拉帮忙。两个人直到去世也未能成功证明这一猜想。这个难题就此留给了后人，也吸引了众多数学家一试身手，但是无人获得成功。故事讲完后，沈元老师还打了一个有趣的比喻，说如果数学是自然科学的皇后，数论则是皇后头上的皇冠，而哥德巴赫猜想就是皇冠上的明珠。想必是这个故事给从小就痴爱数学的陈景润留下了深刻印象，从此，他立志要摘取这颗皇冠上的明珠。为了实现这个目标，陈景

专心研究的陈景润

润蜗居在一个只有 6 平方米的阴暗小屋里,夜以继日地挑灯奋战,光是演算的草稿就装了几麻袋。陈景润性格内向,不善交际,身体也不好,他似乎只生活在数学王国里,对其他事情几乎什么都不关心,40 多岁还孑然一身。为了研究哥德巴赫猜想,他不惜透支自己的生命奋力拼搏,甚至不顾医院下达的病危通知书,依然潜心钻研,以至于在别人的眼里他成了一个"怪人"。有志者,事竟成。陈景润终于取得了震惊世界的研究成果。1966 年,他发表论文《大偶数表为一个素数及一个不超过二个素数的乘积之和》(简称"1+2"),紧接着,1973 年他在《中国科学》发表了"1+2"的详细证明并改进了 1966 年宣布的数值结果,立即轰动了国际数学界。

1978 年年初,一篇名为《哥德巴赫猜想》的报告文学,把陈景润推到了全国人民面前,同时也为我国的科技界吹来一缕暖暖的春风。紧接着召开的全国科学大会,让全国人民对科学的热情彻底爆发了,久违的科学热重回神州大地,"学好数理化""争当科学家"再次成为当时一代人的追求。而引爆这波热潮的陈景润,则成了全国家喻户晓的人物,他在世界数学领域树起了一座丰碑。他的研究成果被国际数学界称为"陈氏定理",至今仍被广泛引用。陈景润对哥德巴赫猜想的研究至今无人超越,他被称为"哥德巴赫猜想第一人"。世界级的数学大师、美国学者安德烈·韦伊称赞他:"陈景润先生做的每一项工作,都好像是在喜马拉雅山山巅上行走。"我国的数学家也曾高度评价陈景润:他是在挑战解析数论领域 250 年来全世界智力极限的总和。

科学史话

6.6 从"两弹一星"到遨游太空（上）

"两弹一星"通常指的是核弹、导弹和人造卫星，其中核弹包括原子弹、氢弹。"两弹一星"是无数科技工作者自力更生、艰苦奋斗、奋发图强、通力合作的结晶，彰显的是国家的综合国力，是国家高科技实力的象征。在我国为研制"两弹一星"做出巨大贡献的科学家中，钱学森、钱三强、邓稼先、于敏、孙家栋、朱光亚、程开甲等人，都是为大家所熟知和敬仰的"两弹元勋"。钱学森被称为"中国导弹之父""中国航天之父"，钱三强被誉为"中国原子弹之父"，是我国制造原子弹、氢弹的组织者和推动者，而邓稼先则是我国原子弹、氢弹的开拓者和奠基人。

邓稼先 1924 年 6 月出生于安徽怀宁，与杨振宁是同乡，二人还是中学同学和西南联合大学校友，更是挚友，杨振宁比邓稼先年长两岁。1945 年，邓稼先从西南联合大学毕业，后来在北京大学物理系当了几年助教。为了学习更多当代前沿的科学知识，1948 年他以本科学历直接考取博士，赴美国普渡大学留学深造，师从荷兰籍

两弹元勋邓稼先

核物理学家德尔哈尔攻读原子核物理专业。邓稼先只用 23 个月就获得了博士学位，当时他年仅 26 岁，被称为"娃娃博士"。1950 年 8 月 29 日，在拿到博士学位 9 天后，邓稼先就从洛杉矶登上"威尔逊总统号"轮船启程回国，随后投身到中国科学院近代物理研究所的建设中，开创了中国原子核物理理论研究工作的崭新局面，当时担任研究所所长的正是钱三强。

1955 年 1 月 15 日是一个特殊的日子。这天下午，时任地质部部长的李四光和

中国科学院近代物理研究所所长的钱三强来到中南海丰泽园，这是毛主席生活和办公的地方，当天要在这里召开中央书记处扩大会议。会上，李四光首先介绍了近一年来我国地质勘探发现的铀矿资源的情况。铀是制造原子弹的核心材料，没有铀就不可能独立自主地发展核工业和原子弹。钱三强接着介绍了原子弹、氢弹的工作原理及外国的发展概况。毛主席高瞻远瞩，在会议上果断决定要研制原子弹，所以这个日子被全世界记录为"中国正式下决心研制核武器的起始日"。

钱三强1913年出生于浙江绍兴，原籍浙江湖州，其父钱玄同是我国著名的文字学家，新文化运动的倡导者之一。钱三强原名钱秉穹，自小就非常聪慧好学，成绩很好。他个子不高，但非常结实，身体素质好，篮球、乒乓球打得都很好。因为他在家排行老三，在学校里各方面又都很强，于是同学们就叫他"三强"。他父亲听说之后感觉很有意思，就把他的名字改为"钱三强"，寓意德、智、体三方面都要强，都要好。

1929年，钱三强考入北京大学理科预科，后来他对原子物理学产生了浓厚兴趣，于是在1932年又考入清华大学物理系学习。1937年，已经在北平研究院物理研究所任职的钱三强，成功考取并获得了赴法国留学的机会，得以进入世界著名的法国巴黎大学镭学研究所居里实验室，成为居里夫人的女儿、诺贝尔奖获得者伊伦·约里奥-居里及其丈夫弗雷德里克·约里奥-居里的学生，攻读博士学位。其间，钱三强刻苦勤奋、谦和低调，两位导师给予其很高的评价："钱先生在与我们共事期间，证实了他那早已显露的研究人员的特殊品格。他的著述目录已经很长，其中有些具有头等的重要性。他对科学满腔热忱，并且聪慧有创见。""钱先生还是位优秀的组织工作者，在精神、科学与技术方面，他具备研究机构领导者所应有的各种品德。"

1948年，钱三强惜别了一再挽留他的导师，回到祖国。1949年，中华人民共和国诞生。很快，中国科学院成立，并设置了近代物理研究所，钱三强出任所长。为了加快发展我国的原子能事业，钱三强广纳人才，先后招揽了国内外知名的王淦昌、彭桓武、赵忠尧、杨澄中、杨承宗等科研人员。同时，他还从美国、英国、法国、德国、东欧等国家和地区以及国内有关大学，招揽了一大批有理想、有造诣、有实干精神的年轻核物理科学家，其中就有前面讲到的邓稼先。

1958年7月，中央决定成立核武器研究所，急需一个德才兼备、善于团结共事的人牵头,一方面与苏联专家联络沟通学习,另一方面逐步组建自己的科研队伍。经过慎重考虑,钱三强选中了学识人品都很好,而且行事低调的邓稼先。于是,当年34岁的邓稼先开始隐姓埋名,走上了披荆斩棘、艰苦卓绝的奋斗之路,成为我国原子弹、氢弹的开拓者和奠基人。

研制原子弹是一项极其复杂的系统工程,涉及大量的多学科高深理论研究与计算,还有极高精度的工程技术要求。美国研制原子弹的曼哈顿工程,曾集中了当时除纳粹德国外的几乎是全世界最优秀的科学家,其中仅诺贝尔奖获得者就有14位。而邓稼先当初研制原子弹的团队只有28名刚毕业不久的大学生,平均年龄仅23岁。

1959年6月,苏联撤走专家,中国的原子能科学技术研究遇到了极大的困难。但是中国人民历来就有越挫越勇的志气和能力,面对险恶的国际环境和严峻的经济形势,中央决定独立自主研制原子弹,并称之为"596工程",时任国务院副总理的聂荣臻元帅对钱三强说:"我们要完全依靠自己的力量,来攻克原子弹、氢弹方面的尖端科学技术问题……至于人员选定,由你负责点将,点到哪个单位,哪个单位都不能打折扣。"经过钱三强的精挑细选,国内一批在原子核物理领域很有建树的重量级科学家,都义无反顾地加入到研制原子弹的事业中,譬如王淦昌、彭桓武、郭永怀等。王淦昌是一位资深的核物理专家,清华大学毕业,德国柏林大学博士,1959年在苏联杜布纳联合原子核研究所工作期间,因发现反西格马负超子轰动世界。当钱三强征求他的意见时,他沉吟片刻,即坚定地回答:"我愿以身许国!"从此,王淦昌在世界物理学界消失了,而在我国西北大漠的核研究基地多了一个化名王京的"老头"。彭桓武,1935年毕业于清华大学,1938年赴英国爱丁堡大学留学,师从量子力学奠基人之一的理论物理学大师马克斯·玻恩,从事固体物理和量子场论等理论研究,获哲学博士和科学博士两个学位,美国的"原子弹之父"罗伯特·奥本海默是他的同门师兄。1947年彭桓武回国,历任云南大学、清华大学教授,1948年被选为爱尔兰皇家科学院院士。郭永怀和钱学森是同门师兄弟,都是美国加州理工学院航空工程专家冯·卡门的高足。钱学森1955年历尽艰险回到祖国,郭永怀紧随其后,于1956年冲破重重阻力毅然回国。研制核武器需要一位力学专家,钱三强请教力学大师钱学森时,钱学森当即就推荐了郭永怀。

邓稼先得知王淦昌、彭桓武、郭永怀加入研制核武器的团队后非常激动。在当时,由于研制核武器有极其严格的保密要求,请的人和被请的人都要面临很多问题,甚至是风险。被请的人不仅要抛开自己的研究方向,放弃学术前途,还要隐姓埋名,对家人,包括妻子、父母都不能透露丝毫信息。有人曾向王淦昌的妻子打听他的去向,她半是赌气半是幽默地说:"调到邮箱里啦。"因为她只知道王淦昌的一个通信邮箱的编号。

　　在研制原子弹的初期,王淦昌等人还没有加入进来,制造原子弹应该从哪儿入手?后续工作如何开展?千钧重担都压在了邓稼先的身上。因为原子弹的研制对任何国家来说都是绝密的,在一无资料、二无技术,甚至在没有任何可以借鉴之处的情况下,邓稼先必须为研制原子弹找到一个方向,或者说是突破点。这段时间邓稼先的内心究竟经历了什么,外人无从得知,但是他的妻子许鹿希却感到邓稼先发生了很大的变化。原来的邓稼先活泼、开朗、热情,像个大男孩,现在却变得沉默寡言,甚至常常一个人发呆。当然,许鹿希也知道丈夫是在思考重大问题,或者说要做出重大决定,但是她不知道丈夫这个决定究竟重大到何种程度。

　　无论做什么事情,理论上的研究和突破都是第一位的,研制原子弹也是如此。邓稼先经过反复思考、斟酌和比较,最终决定把中子物理、流体力学和高温高压下的物质性质等三个方面作为主攻方向。后续的发展证明了这三个主攻方向是何等的准确,这是邓稼先为我国原子弹理论设计做出的重大贡献之一。方向确定以后,邓稼先把团队分成三个组,分别攻关。尽管这些年轻人非常优秀,但由于我国大学在1956年才开始设置相关专业,所以他们都不是学习该专业的。于是邓稼先不得不让他们边工作边补课,没有教材,邓稼先就把仅有的一本俄文版教材翻译出来,自己将内容刻在蜡板上,油印出来供大家使用,其困难程度真是不可想象。此外,邓稼先团队的工作精神和工作量之大超乎人想象,加班加点工作到深夜几乎是常态,拉计算尺能困到睁不开眼,但用凉水冲一下还接着干。为了验证制造原子弹的关键参数,邓稼先带领团队一遍又一遍反复计算。20世纪60年代的计算机使用的是打孔的纸带子,邓稼先他们计算用的纸带子,一麻袋一麻袋的,能从地面堆到房顶。著名数学家华罗庚曾把他们所计算的问题称作是:"集世界数学难题之大成。"

　　制造原子弹在工程技术上的难度和精度不亚于理论研究。有一次,为了加工一个关键的部件,邓稼先就守在机器旁边,工人轮班作业,他却坚守了一天一夜。因为有他在,大家就觉得心里踏实,有信心,都说他是一员"福将"。搞原子弹必然要与放射性极强的核材料打交道,不可避免地要受到核辐射的伤害,研究人员轻描淡写地称之为"吃剂量"。有一次核弹试验,引爆氢弹的原子弹炸了,可氢弹却没炸。为了搞清楚事故真相,邓稼先义无反顾地冲了上去,谁也拦不住,他说:"你们进去也没有用,没有必要!"也就是"没有必要去白白地做出牺牲"。最终事故搞清楚了,隐患排除了,但是邓稼先却遭受到极为严重的辐射伤害。

1964年10月16日15时整,在我国西北的大漠深处,伴随着巨大的爆炸轰鸣声,一个猩红色的巨大火球直冲云天,一团美妙无比的蘑菇云也随之腾空而起,在祖国西北部的天空翻腾舒卷,绘成了令无数人欢腾雀跃的壮丽图景。中国第一颗原子弹爆炸成功!《人民日报》的号外是当天夜间发出的,北京街头的人群如潮般地争抢阅读。当晚22点中央人民广播电台的晚间新闻节目连续滚动播报关于爆炸原子弹的《新闻公报》。在举国欢腾热烈祝贺原子弹爆炸成功的同时,国际上也引发了强烈的反响。时任法国总统的蓬皮杜坦言,中国第一颗原子弹的爆炸,改变了世界的形势和中国的地位。

邓稼先逝世时年仅62岁,时人无不为之痛惜。但是熟悉他的人都知道,如果有来生的话,他依然会做出同样的选择。

中国第一颗原子弹爆炸

6.7 从"两弹一星"到遨游太空(下)

在第一颗原子弹爆炸之前,我国就已经开始布局氢弹的研制了。1963年9月,聂荣臻元帅下令让邓稼先领导的研制原子弹的全班人马,转去承担中国第一颗氢弹的理论设计任务,我国第一颗氢弹的代号就叫"639"。这时原子弹的理论设计工作已在短短几年间全部完成,邓稼先团队攻关之神速,使懂得其中艰辛的人无不感到惊叹。

为氢弹研制成功立下头功的是钱三强冒着政治风险举荐的于敏。于敏1949年毕业于北京大学物理系,随后考取了研究生,继续在北京大学攻读他所喜爱的"量子场论"。1951年,于敏和邓稼先几乎同时进入中国科学院近代物理研究所,与邓稼先成为无话不谈的好朋友。于敏没有出国留学的经历,但是他学术造诣很高,曾经得到量子力学创始人之一的玻尔的赏识,玻尔称他是中国科技界极其难得的人才。于敏的思维能力和记忆力都特别好,在讲课或者作报告时,常常能不假思索就写出一黑板需要引用的公式。有时计算一个数据,用手摇计算机还没他口算来得快。调到九院理论部以后,他没有辜负钱三强对他的信任和举荐。他在没有任何头绪的情况下摸索氢弹理论设计方案,经过千辛万苦,他终于带领小组在茫茫黑夜中闪过一束智慧之光。第一时间得到消息的邓稼先立即带领理论组成员从青海赶赴上海,开始了一场争分夺秒的"百日会战",并最终找到突破氢弹的技术路径,形成了从原理、材料到构型的完整方案。

1967年6月17日,罗布泊沙漠腹地,伴随着惊天动地的"雷鸣",又一朵巨大无比的蘑菇云腾空而起,我国第一颗氢弹爆炸成功,爆炸当量是330万吨级,与理论设计完全符合。我国第一颗原子弹的爆炸当量是2.2万吨级,美国在广岛投下的原子弹的爆炸当量是1.5万吨级,由此可见氢弹威力巨大。而中国的研制速度更是令世界震惊,从原子弹到氢弹,美国用了7年4个月,苏联用了4年,英国用了4年7个月,法国用了8年6个月,而中国仅用了2年8个月。

中国的原子弹爆炸成功后,国外一些有"酸葡萄"心理的人说中国有"弹"无

"枪","枪"就是运载工具火箭。在火箭上装上弹头就是导弹,装上氢弹、原子弹就是核导弹。其实早在第一颗原子弹爆炸之前,中国就已经开始研制导弹并且成功发射,不过我国的保密工作做得很好,外人不可能知道。负责该项工作的领军人物,就是1955年冲破重重阻力,历尽艰险回到祖国的世界著名的火箭专家——钱学森。在我

火箭专家钱学森

国,钱学森可以说是家喻户晓,人人皆知,他的名字已经成了"科学"和"爱国"的象征。

1960年11月5日,我国的第一枚地对地近程导弹"东风一号"在位于甘肃、内蒙古交界的额济纳旗导弹试验基地发射成功,"东风一号"是根据苏联的P-2地对地导弹仿制的,并没有列装。后来,额济纳旗导弹试验基地逐渐发展成为酒泉卫星发射中心,我国第一颗人造地球卫星"东方红一号"和"神舟"系列载人飞船,都是在这里成功发射的。中国自主设计制造的第一枚导弹"东风二号",在1962年首次发射试验失败之后,于1964年6月29日在额济纳旗导弹试验基地再次发射。在钱学森等人的注视下,操作手按下发射按钮,导弹带着尾部喷射的烈焰一飞冲天,在飞行了十几分钟后,准确击中了1200千米外的预定目标,取得了圆满成功。同年的7月9日和11日,我国相继发射的两枚导弹均获成功。三发三中,标志着我国的运载火箭技术已经取得了关键性的突破,为我国随后卫星和航天事业的发展,打下了一个坚实的基础。

1966年10月27日,是一个具有里程碑意义的日子,在中国第一颗原子弹成功爆炸过去两年后,载有核弹头的"东风二号甲"导弹,在我国西北空中飞行九分十四秒之后,准确地在罗布泊上空预定的高度成功爆炸。聂荣臻元帅在给毛主席、周总理的报告中激动地写道:"在自己的国土上用导弹进行核试验,并且一次就百分之百地成功,这在国际上是一个重大创举。"两弹结合试验的成功,标志着中国有了可

以用于实战的核导弹。就在这一年,中国组建了战略导弹部队——第二炮兵,现在称"火箭军"。经过几十年的潜心发展,我国目前的导弹技术已经跻身世界一流,拥有东风、红旗等多个系列的弹道导弹,具备了地空、空地、空空、空舰,以及从海底发射的全方位作战能力,为我国国防构筑了一道道坚固的立体屏障。

在原子弹、导弹相继研制成功后,1965年年初,在钱学森和时任中国科学院地球物理研究所所长赵九章的努力下,人造地球卫星被提到了国家的议事日程上,并被中央命名为"651"工程。空间物理学家、地球物理研究所的室主任钱骥协同赵九章组织领导科研队伍进行攻关。1967年下半年,我国确定在喀什、湘西、南宁、昆明、海南、胶东6个地方建地面观测站并开始施工,观测站的任务是跟踪卫星,掌握卫星的运行状态。用来发射卫星的火箭,是在刚刚研制成功的"东风三号"导弹的基础上,再加一级固体火箭改进而成,被命名为"长征一号",其研制工作由时任第七机械工业部总设计师的任新民全面负责。任新民是美国密歇根大学工程力学博士,1949年8月回国,参与组织了我国历次导弹的研制发射工作,荣获"两弹一星"功勋奖章。卫星的总设计师由钱学森推荐的当时年仅37岁的孙家栋担任。

1950年元宵节,正在哈尔滨工业大学预科班学习的孙家栋,有幸被选中成为中国人民解放军空军部队的一员,同年又被派往苏联茹科夫斯基空军工程学院学习。在此后的学习中,孙家栋以年年全优的优异成绩,最终获得学院的最高荣誉——金质斯大林奖章。这个荣誉是非常难得的,尤其是对外国留学生来说,获得的人更是凤毛麟角,这也是钱学森看好孙家栋的一个很重要的原因。

卫星的制造和发射是高度综合的尖端科学技术,涉及航天动力学、火箭结构分析、航天器结构分析、航天热物理学、火箭推进原理、燃烧学、航天材料学等诸多学科领域。这是一个体量庞大而且复杂烦琐的工程,作为卫星总体设计负责人,孙家栋首先从几十个相关单位中挑选出18名专业涵盖各个领域的优秀人才,组成了一支精干的科研设计队伍,这18个人后来被称为"航天18勇士",其中就有后来成为"神舟一号"到"神舟五号"总设计师的戚发轫。

对于第一颗卫星,经中华人民共和国国防科学技术工业委员会、中国科学院等部委共同商定后报中央批准,将其命名为"东方红一号"。经过反复讨论,决定将"上得去、抓得住、看得见、听得到"作为这颗卫星的总体技术方案和目标。"上得去"就是卫星要进入预定的轨道，这是最基本的。"抓得住"就是依靠已经组建的测控网，能准确报告卫星在任意时间的准确位置，随时掌握卫星的动向。"看得见"就是让人在夜里用眼睛即可直接观察到。卫星直径只有 1 米大小，在距地面几百千米以外的太空，用肉眼是不可能看到的。孙家栋为了让全国人民能够亲眼看到祖国的第一颗人造地球卫星，采取在卫星上加装一个观测裙，涂上反光层，卫星入轨后旋转展开，就会形成直径

科研人员在厂房内测试东方红一号卫星

为 10 米的发光物体，从而解决了这个难题。"听得到"就是卫星入轨后，卫星上面自动播放的音乐经地面接收站接收，再通过中央人民广播电台转播出去。当时播放的乐曲经中央审定，确定为《东方红》。最终，我国用卫星这种独特的方式，以特定的电子信号模拟《东方红》乐曲，向全世界传递出中国声音。

1970 年 4 月 24 日 21 时 35 分，随着"点火"口令的发出，发射场上蓄势已久的火箭喷着橘红色的火焰，从巨大的发射架上冉冉升起，几十米长的火焰，绚丽无比。"星箭分离，卫星入轨""跟踪良好"……21 时 50 分，广播事业局报告，收到了中国第一颗卫星播送的《东方红》乐曲，声音清晰响亮。至此，孙家栋一直悬着的心终于放了下来，眼睛也不由得湿润了。几年的呕心沥血、筚路蓝缕，在这一刻得到了切实的回报。

4 月 25 日 18 时，新华社受权对外宣布了这一震惊世界的消息，这也是为了确保对外公布的卫星轨道参数准确无误。

"东方红一号"是具有科学探测性质的试验卫星，它的成功发射为我国的航天事业打下了极为坚实的基础，此后，通信卫星、气象卫星、应用卫星……连续不断地上天入轨，我国的卫星和航天工程一步一个脚印地迅速接近和达到世界先进水平。

给人们日常生活带来直接便利的就是北斗导航卫星。1994年12月,北斗一号系统工程开始研制和建设,总设计师还是孙家栋,2000年建成并服务于中国地区。2004年,北斗二号系统工程正式启动建设,2012年建成,为亚太地区提供服务。2009年,北斗三号系统工程正式启动建设,2020年6月23日9时43分,北斗三号最后一颗全球组网卫星,也是北斗系统第55颗卫星发射成功。2020年7月31日上午10时30分,北斗三号全球卫星导航系统建成暨开通仪式在人民大会堂举行,习近平总书记宣布北斗三号全球卫星导航系统正式开通。从此,中国不仅彻底摆脱了对国外卫星导航系统的依赖,有力保障了我国的国防安全,促进了我国经济社会的发展,同时还为世界提供了更多的优质卫星服务选择。

卫星的成功发射,拉开了我国探索太空的大幕,从载人航天工程到探月工程,从火星探测到太阳探测,中国人探索太空的脚步走得越来越稳,也越来越远。

1986年3月,发展载人航天被醒目地写进了"863"计划,这个计划源于四位"两弹一星"元勋王大珩、王淦昌、杨嘉墀、陈芳允提出的要跟踪世界先进水平、发展中国高技术的建议,进而形成的我国《高技术研究发展计划("863"计划)纲要》。1992年9月21日,中国载人航天工程正式启动,代号"921"工程,揭开了我国载人航天事业的序幕。神舟一号到神舟十四号飞船的成功发射,见证了中国已经完成了从无人飞行到载人飞行、从一人一天到多人多天、从舱内实验到太空行走、从单船飞行到载人空间交会对接等多项任务。中国载人航天事业一次次在浩瀚太空刷新"中国高度",同时也在中华民族的历史长河中,培育铸就了"特别能吃苦、特别能战斗、特别能攻关、特别能奉献"的航天精神。与此同时,中国的探月工程也取得了重大突破。嫦娥系列卫星的成功发射,获取了全月球影像图、月表部分化学元素分布、月表土壤厚度等一系列科学研究成果,圆满实现了工程目标和科学目标。2020年11月24日,我国"嫦娥五号"月球探测器在文昌航天发射场成功发射,这是"探月工程"的收官之战,也是中国航天迄今为止最复杂、难度最大的任务之一。"嫦娥五号"要实现首次在月球表面自动采样,首次从月面自动起飞,首次在38万千米外的月球轨道上进行无人交会对接,首次带着月壤以接近第二宇宙速度返回地球。最终,"嫦娥五号"于12月17日凌晨在预定地区着陆,圆满完成任务。

进入21世纪,全世界都把目光投向了火星。中国的火星探测任务于2016年1

月正式立项，首次火星探测任务被命名为"天问一号"，这个名字来源于屈原的长诗《天问》，表达了中华民族对真理追求的坚韧与执着，体现了对自然和宇宙空间探索的文化传承。2020年7月23日，"天问一号"火星探测器在文昌航天发射场发射升空。7月27日，"天问一号"传回地月合影。2021年5月15日，"天问一号"火星探测器所携带的"祝融号"火星车及其着陆组合体，成功着陆于火星乌托邦平原南部预选着陆区。接着，火星车驶离着陆平台，开始对火星的表面形貌、土壤特性、物质成分、大气、电离层、磁场等进行科学探测，实现了中国在深空探测领域的技术跨越。2022年10月9日7时43分，中国在酒泉卫星发射中心使用长征二号丁运载火箭，成功将先进天基太阳天文台卫星，即太阳探测卫星发射升空。先进天基太阳天文台卫星简称ASO-S，又称"夸父一号"，这个名字来源于中国古代神话故事"夸父追日"。"夸父一号"成功发射标志着中国航天事业进入了一个新的阶段。

　　探索浩瀚宇宙，发展航天事业，建设航天强国，是我们不懈追求的航天梦。经过几代航天人的持续奋斗，我国航天事业创造了以"两弹一星"、载人航天、月球探测为代表的辉煌成就，走出了一条自力更生、自主创新的发展道路。人类探索太空的步伐永无止境，习近平总书记寄语我国的航天人："为建设航天强国、实现中华民族伟大复兴再立新功，为人类和平利用太空、推动构建人类命运共同体做出更大的开拓性贡献！"

参考文献

1. 〔美〕詹姆斯·E. 麦克莱伦第三,〔美〕哈罗德·多恩. 世界科学技术通史[M]. 王鸣阳,译. 上海:上海科技教育出版社,2007.
2. 何兆武. 西方哲学精神[M]. 北京:清华大学出版社,2003.
3. 黎瑞山. 哲学的100个故事[M]. 北京:新华出版社,2008.
4. 傅佩荣. 一本书读懂西方哲学史[M]. 北京:中华书局,2010.
5. 陈晨. 7天教你读懂哲学[M]. 北京:金城出版社,2008.
6. 〔美〕肯尼斯·W. 福特. 量子世界——写给所有人的量子物理[M]. 王菲,译. 北京:外语教学与研究出版社,2008.
7. 关洪. 原子论的历史和现状——对物质微观构造认识的发展[M]. 北京:北京大学出版社,2006.
8. 〔英〕W. C. 丹皮尔. 科学简史[M]. 曾令先,译. 北京:人民日报出版社,2007.
9. 〔英〕布莱恩·麦基. 哲学的故事[M]. 季桂保,译. 北京:生活·读书·新知三联书店,2015.
10. 李义天,袁航. 知道点世界哲学[M]. 北京:文化艺术出版社,2010.
11. 林成滔. 科学的故事[M]. 北京:中国档案出版社,2001.
12. 〔英〕史蒂芬·霍金. 时间简史[M]. 许明贤,吴忠超,译. 长沙:湖南科学技术出版社,2010.
13. 〔英〕约翰·O. E. 克拉克,〔英〕迈克尔·阿拉比. 世界科学史[M]. 马小倩,张晓博,张海,译. 哈尔滨:黑龙江科学技术出版社,2009.
14. 〔德〕奥特弗利德·赫费. 世界哲学简史[M]. 张严,唐玉屏,译. 北京:社会科学文献出版社,2010.
15. 〔美〕唐纳德·帕尔玛. 快乐学哲学:减轻哲学的不能承受之重[M]. 曹洪洋,译. 上海:上海社会科学院出版社,2008.
16. 〔英〕布鲁斯·贝塞特,〔英〕拉尔夫·埃德尼. 视读相对论[M]. 李芬,译. 合肥:安徽文艺出版社,2007.

17. 汪洁. 时间的形状——相对论史话[M]. 北京:新星出版社,2012.

18. 〔英〕约翰·范顿. 世界上最伟大的科学家[M]. 金欣,译. 哈尔滨:黑龙江科学技术出版社,2008.

19. 吴国盛. 科学的历程[M]. 北京:北京大学出版社,2002.

20. 〔英〕W. C. 丹皮尔. 科学史[M]. 李珩,译. 北京:中国人民大学出版社,2010.

21. 〔英〕斯蒂芬·罗. 哲学[M]. 吕律,柯群胜,译. 北京:旅游教育出版社,2010.

22. 〔德〕威廉·魏施德. 哲学的后门阶梯[M]. 吴秦风,译. 北京:中国商业出版社,2009.

23. 〔美〕罗伯特·阿德勒. 他们创造了科学[M]. 邱文宝,曾蕙兰,译. 南宁:广西科学技术出版社,2008.

24. 〔美〕威廉·麦克尼尔. 世界史:第四版[M]. 钱乘旦,导读. 北京:北京大学出版社,2008.

25. 〔美〕安东尼·M. 阿里奥托. 西方科学史:第2版[M]. 鲁旭东,张敦敏,刘钢,赵培杰,译. 北京:商务印书馆,2011.

26. 〔美〕斯塔夫里阿诺斯. 全球通史:第7版[M]. 董书慧,王昶,徐正源,译. 北京:北京大学出版社,2005.

27. 〔美〕B. 格林. 宇宙的琴弦[M]. 李泳,译. 长沙:湖南科学技术出版社,2007.

28. 〔美〕雷·斯潘根贝格,〔美〕黛安娜·莫泽. 科学的旅程[M]. 郭奕玲,陈蓉霞,沈慧君,译. 北京:北京大学出版社,2008.

29. 〔美〕威尔·杜兰特. 哲学的故事[M]. 金发燊,译. 北京:生活·读书·新知三联书店,1997.

30. 陈嘉映. 哲学·科学·常识[M]. 北京:东方出版社,2007.

31. 曹天元. 上帝掷骰子吗——量子物理史话[M]. 沈阳:辽宁教育出版社,2011.

32. 文聘元. 西方科学的故事[M]. 天津:百花文艺出版社,2003.

33. 文聘元. 西方哲学的故事[M]. 天津:百花文艺出版社,2001.

34.〔美〕罗伯特·索罗门,〔美〕凯瑟琳·希金斯.最简洁的哲学[M].杨艳萍,译.北京:中国书籍出版社,2009.

35.江晓原.科学史十五讲[M].北京:北京大学出版社,2006.

36.〔英〕比尔·布莱森.万物简史[M].严维明,陈邕,译.北京:接力出版社,2005.

37.〔美〕约翰逊.历史上最美的10个实验[M].王悦,译.北京:人民邮电出版社,2010.

38.周林东.科学哲学[M].上海:复旦大学出版社,2004.

39.张文卓.大话量子通信[M].北京:人民邮电出版社,2020.

40.徐鲁.屠呦呦——影响世界的中国小草[M].北京:党建读物出版社,南宁:接力出版社,2020.

41.王华.仰望苍穹——中国天眼之父南仁东[M].合肥:安徽少年儿童出版社,2019.

42.肖显志.黄大年——给地球做CT检查的科学家[M].北京:党建读物出版社,南宁:接力出版社,2020.

43.李文林.数学史概论[M].北京:高等教育出版社,2011.

44.李建臣.站在数学之巅的奇人——陈景润[M].武汉:华中科技大学出版社,2020.

45.许鹿希,邓志典,邓志平,邓昱友.邓稼先传[M].北京:中国青年出版社,2015.

46.李建臣.与原子共传奇——钱三强[M].武汉:华中科技大学出版社,2020.

47.徐鲁.钱学森——月亮上的环形山[M].北京:党建读物出版社,南宁:接力出版社,2019.

48.吴尔芬.孙家栋——卫星之父的太空梦[M].北京:党建读物出版社,南宁:接力出版社,2020.

49.姚爱英.科星最亮——"两弹一星"元勋故事[M].北京:科学出版社,2012.

50.姚杜纯子.东方巨响壮神州——"两弹一星"故事[M].南昌:二十一世纪出版社集团有限公司,2021.

51.万婷.神舟飞天梦——一部中国载人航天简史[M].上海:东方出版社,2021.

从科学植根于哲学解读科学教育(代后记)

感谢各位读者耐心阅读完我对科学的前世今生所作的一个可能不够专业的介绍。之所以说不够专业,是因为我并非专门从事科学史工作的,而是在科学教育领域做一些基础性的工作。在科学教育的工作实践和理论探索中,我对科学史产生了浓厚的兴趣,并逐渐从中得出了一些有关科学教育的感悟。

1. 哲学是科学教育的重要内容

科学与哲学共同发源于泰勒斯提出的第一个哲学命题——什么是万物本原?有着同根同源的科学与哲学始终相辅相成、相互促进。历史上许多有名的科学家同时也是哲学家,他们的研究总是以某种哲学思想来作为构建其科学理论的基础。科学上的重大发现和突破,很多都是科学家受一种哲学思想启发后,通过持之以恒的努力取得的。开普勒坚持探索并发现行星运动定律的哲学思想,源于毕达哥拉斯和柏拉图的宇宙统一于数的和谐理念。电与磁的相互转化,源于奥斯特、法拉第坚信谢林、康德关于自然力——包括热、电、磁、光的统一性、等价性与可相互转化性的哲学思想,最终建立了电磁理论体系。爱因斯坦从创立相对论到探索统一场论,贯穿于他全部科学生涯的一个基本信念,就是坚信自然界的统一性和合理性。

同样,科学的研究方法以及取得的成果,也给予了哲学丰富的研究素材。"正如数学曾经在17世纪统治了哲学,给世界带来了笛卡儿、霍布斯、斯宾诺莎、莱布尼茨和帕斯卡;又正如心理学中的贝克莱、休谟、孔狄亚克和康德也写出了哲学一样;19世纪对谢林和叔本华、斯宾塞、尼采和柏格森来说,生物学便是其哲学思想的背景。"所以在科学教育中,只讲科学而不讲哲学,就相当于割断了科学的历史渊源。不了解哲学,不了解哲学与科学的联系,就不可能真正了解科学及科学教育,教师传递给学生的将会是一个割断了历史文化传统的、孤立的甚至是错误的科学观。正如我国有学者强调的:"要真正认识西方科学及其背后的精神,就需要同时全面地了解西方哲学、宗教,乃至其文明整体。"

2. 从自然科学的两大传统到科学教育的基本功能

自然科学在其发展过程中形成了两个非常重要的传统,即理性传统和经验传统,这两大传统相辅相成,共同成就了今日的科学伟业。理性传统对应着一个基本的科学方法,即建立在公理化基础上的数学演绎法,代表人物主要有巴门尼德、柏拉图、康德、笛卡儿等。理性传统强调的是人的理智与思维功能在科学中的意义和作用。经验传统也称经验论,它所对应的科学方法是建立在观察、实验基础上的归纳法,其主要强调观察、实验对科学发展所产生的作用和意义。代表人物主要是罗吉尔·培根和弗兰西斯·培根。

自然科学的两大传统反映到科学教育之中,意味着科学教育应该具有两大基本功能,即培养学生的两种能力——思维能力和实践能力。

科学教育的第一个基本功能是培养学生的思维能力。科学中的理性传统主要有两个方面。第一个方面是质疑的传统和批判的传统。众所周知,科学是从希腊哲学传统中产生的,而哲学的开端就在于懂得怀疑,哲学思维的本质就是质疑。哲学通过质疑形成了自己的传统,其目的不是维持传统,而是寻求真理。同样,科学的核心也是怀疑,没有怀疑,没有独立思考,就不会有创新,不会有今日的科学。理性传统的第二个方面是对逻辑推理的重视和应用,尤其是数理逻辑。科学发展到今天,数学已经成为科学的"硬核",这是由数学的精确性和推论的严密性所决定的,也是科学的严谨性和准确性所要求的。所以理性传统对应科学教育中思维能力的培养,主要体现为三种能力:第一种是独立思考能力,也可以表述为怀疑质疑能力,或者说批判性思维能力;第二种是逻辑思维能力;第三种是创新思维能力。在这三种能力中,首要的是独立思考能力,这也正是科学教育的核心和本质所在。而当前我国在科学教育方面,最缺乏的恰恰就是对"批判性思维"的重视和训练。批判与创新的关系其实是非常清楚的,在科学研究领域,不敢怀疑,没有独立思考,就不可能有创新,不可能出现一流的、有价值的工作。在缺乏独立思考和怀疑精神的环境中,"创新"是不可能有足够动力和后劲的。

科学教育的第二个基本功能是培养学生的实践能力。实践能力主要指实验设计与操作能力、技术设计与制造能力、表达交流和沟通协调能力。表达交流和沟通协调能力是综合性的能力素质,显然不是科学教育所独有的,但也是不能缺位的。而实验设计与操作能力和技术设计与制造能力，则非科学教育莫属，它们是其他任何教育都无法替代的。

毫无疑问，科学实验是经验传统中最重要的传统，也是自然科学最伟大的传统。科学实验即针对科学问题进行实验设计，科学上的重大发现、重要思想，几乎都是通过实验的确证后才被人们所接受。而科学问题的发现与提出，则是科学实验的基础和前提，是科学家们进行理性思维和智识活动的结果，是任何经验活动所不能替代的。

这里需要指出的一点是，由于各种因素叠加的影响，我国目前在科学教育中普遍存在一种倾向，就是只看到了科学经验性的一面，而忽视了科学理性传统的存在和意义。所以在科学教育教学活动中，教师普遍关注的是实践层面的内容和训练，对学生思维能力的培养还没有被充分认识，当然也不可能被重视。关于这个话题，不是在这里用几句话就能讲清楚的，拟将在另一本书《科学哲学与科学教育》中作进一步的讨论。

3. 科学教学的基本方法和课堂基本要求

在科学课的课堂上，教师教学设计的出发点非常关键。从培养学生的思维能力和实践能力这一基本原则出发，教师在科学课堂上需要把握的基本教学方法，就是让学生始终"有问题可想，有事情可做"。目前科学课的教学设计，已经从传统的传授知识转向实验探究，这是一个很大的进步，但还是处于操作层面的活动多，而思维层面的探究少。所以，将"科学探究"从操作层面转向思维层面，是科学教学必须实现的一个转折。换句话说，科学课的教学，应该从实验设计转向问题设计，让学生在科学课堂上始终处于有问题可想，带着问题去思考和探究的学习状态，真正实现探究型科学课"带着问题进行探究"的理念。

课堂的主体是学生，在科学课的课堂上，学生的主体性应该体现在"三多一少"，即"多想、多做、多听、少说"。多想，就是学生在课堂上要围绕教师设计的问题去思考；多做，就是让学生根据需要，完成有关的实验、制作或其他任务；多听，就是要求学生学会倾听，学会在充分表达个人意见的同时还能认真倾听老师，尤其是其他同学的观点和看法；少说，不是不说，学生要学会积极地表达交流，而且还要鼓励其多表达、多交流。但现实的课堂需要有纪律的约束，基本的课堂行为习惯必须养成并严格遵守,不能放任学生在课堂上随便讲话,影响正常的教学活动,影响其他学生学习。

4. 我国当前科学教育的现状及思考

目前在我国的科学教学活动中,大家普遍比较熟悉的是"探究式教学法"。"探究式教学法"是美国学者萨其曼和施瓦布根据瑞士心理学家皮亚杰和苏联心理学家维果茨基等关于儿童认知世界的理论和"建构主义"理论发展起来的,这一教育思想和教学模式,体现与传承的主要是经验主义的传统。探究型科学课的核心是探究,探究的本质在于思维层面的探索和思考,其次才是物化层面的行为。但是在实际的科学课堂上,鲜有真正能够引起学生思维的探究活动,所谓的"探究"就是学生按照教师的事先计划,按部就班地做完实验了事,很显然这不是真正意义上的探究课。另外,国内各种的优质课、比赛课、公开课、观摩课,基本成了参赛教师精心设计实验的大比拼,尽管其中确实有一些实验设计精巧新颖、独具匠心,但是真正能够启发学生思维活动的探究内容并不多见。更何况这在常态化的科学课堂中是很难移植和仿效的,甚至会误导科学课的发展方向,使一线教师望而生畏,尤其是在偏远贫困地区,实验器材、设备比较匮乏,更让教师感到束手无策。

出现上述问题的原因,主要是在探究型科学课中,教师只是片面强调了科学的经验性和实证性,而忽视了理性传统中最基本的思维层面的训练。当然,通过实验可以训练学生的思维能力,但是实验探究不是思维训练的唯一方式,况且科学课程中还有大量内容无法进行实验,或者根本就不需要安排实验。另外,目前对常态化科学课的考核,还缺乏有效的评价标准和方法。

探究型科学课起源于欧美国家,是当地文化传统与现实情况相结合的产物。被引入到国内后,我们需要一个将其吸收和改造的过程,使之更适合中国的文化传统,而不是全部照搬,被动接受。目前我国已有学者和一线教师提出并尝试"思维型科学课"的教学模式,这应该是一个好现象。思维型科学课追求的是思维层面的探究活动,即使在实验条件相对简陋的学校,如果能够根据教学内容为学生提供充分的思维空间,同样能够上好科学课,甚至上成高质量的科学课。也就是说,思维型科学课在常态化的科学教学中更易于实现。当然,我们在这里将探究型科学课与思维型科学课进行比较,并不是评价孰优孰劣,更不是试图以一种模式取代另一种模式,而是针对目前国内科学教育的现状,希望有更多的符合中国国情的教学模式互相取长补短,使常态化的科学课能够正常开展,健康前行。